高职高专国家示范性院校课改教材

电机与拖动技术

主　编　邹建华

副主编　王仁志　孟朝霞

西安电子科技大学出版社

内 容 简 介

本书的主要内容包括变压器、三相异步电动机的构造与原理、三相交流异步电动机的电力拖动、三相交流异步电动机的控制、直流电动机、其他常用电动机、电力拖动系统中电动机的选择和维护以及常用生产机械的电气控制。

本书注重基础，删繁就简，以实用为主，努力使学生一学就懂。本书除绪论外，各章一般编有本章实验实训、本章小结和练习题，有助于加强学生对所学知识的理解和掌握，进一步强化学生的动手能力，提高学习效果。

本书可作为高职高专电气自动化技术、机电一体化技术、机械制造等专业的教材，也可供自学考试人员和电气技术人员参考。

图书在版编目(CIP)数据

电机与拖动技术/邹建华主编. －西安：西安电子科技大学出版社，2016.1(2023.9 重印)
ISBN 978 - 7 - 5606 - 3922 - 2

Ⅰ. ① 电… Ⅱ. ① 邹… Ⅲ. ① 电机—高等职业教育—教材 ②电力传动—高等职业教育—教材 Ⅳ. ① TM3 ②TM921

中国版本图书馆 CIP 数据核字(2015)第 305528 号

策　　划　秦志峰
责任编辑　秦志峰
出版发行　西安电子科技大学出版社(西安市太白南路 2 号)
电　　话　(029)88202421　88201467　　邮　编　710071
网　　址　www.xduph.com　　　　　　电子邮箱　xdupfxb001@163.com
经　　销　新华书店
印刷单位　广东虎彩云印刷有限公司
版　　次　2016 年 1 月第 1 版　2023 年 9 月第 3 次印刷
开　　本　787 毫米×1092 毫米　1/16　印张　15.5
字　　数　367 千字
定　　价　39.00 元
ISBN 978 - 7 - 5606 - 3922 - 2/TM
XDUP　4214001 - 3

前　　言

"电机与拖动技术"课程是电气自动化技术和机电一体化技术两个专业的核心课程，也是机械制造和数控等机械类专业的必修课程。如何让学生在较短的时间内掌握电机与电力拖动的相关知识，树立电气操作的安全意识和职业道德意识，具备相应的电气操作技能，是该课程教师长期努力的出发点和落脚点。为此，我们根据教育部对高职高专教育人材的培养目标要求，结合电气和机电类相关岗位的国家职业技能鉴定标准，在对"电机与拖动技术"课程的结构体系和教学内容进行重新构建的基础上，编写了本教材。本教材具有以下特点：

（1）根据学生将来所从事的岗位要求，精简了过于抽象的理论内容，强调基本理论的实际应用；删除了学生在学习过程中难于掌握并且在实际应用中也使用得不多的变压器和异步电动机的各种参数折算及等效电路的内容，增加了电动机控制的内容。这样使知识结构连贯性更强，有助于学生在较短的时间内理解和掌握这些知识。

（2）根据高职教育的教学特点，将实验实训内容融入到教学过程中，学生通过实验实训可以将理论知识和实验实训相结合，从而加深对理论的理解，有助于学生在获得理论知识的同时掌握实际操作技能。

（3）从学生将来所从事的岗位要求和教学实际考虑，选择和安排教学内容，尽量做到选取的内容精练、实用和准确，使教材不仅在学校有用，将来在工作岗位上也有用。

本书的建议学时为 80 学时，各学校根据实训条件可适当增减。建议安排如下：

章号	章名	学时数		
		讲授	实验实训	合计
0	绪论	2	0	2
1	变压器	4	2	6
2	三相异步电动机的构造与原理	6	4	10
3	三相交流异步电动机的电力拖动	6	4	10
4	三相交流异步电动机的控制	8	4	12
5	直流电动机	6	2	8
6	其他常用电动机	10	4	14
7	电力拖动系统中电动机的选择和维护	4	0	4
8	常用生产机械的电气控制	10	4	14

本书由武汉职业技术学院邹建华担任主编并负责全书的统稿，湖南电气职业技术学院王仁志和山西能源学院孟朝霞担任副主编。其中，王仁志编写了第 3 章，孟朝霞编写了第 6 章，其余内容均由邹建华编写。

由于编者水平有限，书中难免存在疏漏和不足之处，敬请读者批评指正。

编者

2015 年 8 月

目　　录

第0章 绪 论

0.1 电机与电力拖动系统概述

电机是以电磁感应和电磁力定律为基本工作原理进行电能的传递或机电能量转换的机械。电机在国民经济中的作用主要表现为：

① 电能的生产、传输和分配中的主要设备，如发电机。

② 各种生产机械和装备的动力设备，如电动机。

③ 自动控制系统中的重要元件，如各种控制电机。

始于19世纪70年代的第二次工业技术革命，是以电力的广泛应用为显著特点的，从此人类社会由蒸汽机时代步入了电气化时代。在法拉第电磁感应定律基础上，一系列电气发明相继出现。1866年，德国工程师西门子制成发电机；1870年比利时人格拉姆发明了电动机，电动机开始成为取代蒸汽机来拖动机器的新动力。随后，各种用电设备相继出现。1882年法国学者德普勒发明了远距离送电的方法。同年，美国著名发明家爱迪生创建了美国第一个火力发电站，把输电线结成网络。从此电力作为一种新能源而广泛应用。那时，电机刚刚在工业上初步应用，各种电机初步定型，电机设计理论和电机设计计算初步建立。

随着社会生产的发展和科技的进步，对电机也提出了更高的要求，如：性能良好、运行可靠、单位容量的重量轻和体积小等。而且随着自动控制系统的发展，在旋转电机的理论基础上，又派生出多种精度高、响应快的控制电机，成为电机学科的一个独立分支。电机制造也向着大型、巨型发展。中小型电机正向多用途、多品种、高效节能方向发展。各种响应快速、启停快速的特种电机在各种复杂的计算机控制系统和无人工厂中实现了比人的手脚更复杂而精巧的运动。古老的电机学已经和电力电子学、计算机控制论结合起来，发展成了一门新的学科。

电机的分类方法有很多，按功能用途，可分为发电机、电动机和控制电机三大类。按电机的结构、转速和运动方式，可分为变压器、旋转电机和直线电机等，其中变压器是一种静止电机，旋转电机根据电源电流种类的不同又可分为直流电机和交流电机两大类，交流电机还可分为同步电机和异步电机两类。

综合以上两种分类方法，可归纳如下：

电动机拖动生产机械的运转称为电力拖动(或称为电气传动)。电力拖动系统一般由控制设备、电动机、传动机构、生产设备和电源五部分组成。它们之间的关系如图 0.1 所示。

图 0.1　电力拖动系统的构成

电力拖动代替蒸汽或水力拖动之初，电力拖动的方式是成组拖动，就是由一台电动机拖动一组生产机械，从电动机到各个生产机械的能量传递以及各个生产机械之间的能量分配完全用机械的方法，靠"天轴"以及机械传动系统来实现，车间里有大量的"天轴"、长皮带和皮带轮等。这种传动方式效率低下，灰尘大，劳动条件和卫生条件差，且容易出事故。另外，电动机发生故障，则成组拖动的所有生产机械都将停车，生产将可能停滞。显然这是一种落后的电力拖动方式。与电机发展过程一样，电力拖动技术也有一个不断发展的过程。电力拖动发展的第二阶段是单电动机拖动，就是由一台电动机拖动一台生产机械，从而可简化中间传动机构，提高效率，同时可充分利用电动机的调速性能，易于实现自动控制。电力拖动发展的第三阶段是多电动机拖动。随着工业技术的进步，生产机械越来越复杂，一台生产机械上往往有许多运动部件，如果仍用一台电动机拖动，传动机构将十分复杂，因此出现了一个生产机械由多台电动机分别拖动的多电动机拖动方式。这种拖动方式简化了生产机械的传动机构，提高了传动效率，且容易实现自动控制，提高生产效率。目前常用的生产机械大多数采用这种拖动方式。

0.2　本课程的性质、内容、任务和要求

本课程是电气自动化技术、机电一体化技术以及机械制造与自动化等专业的一门专业课，它是将"电机学""电力拖动技术""工厂电气控制"等课程结合而成的一门课。

本课程主要包括变压器、三相异步电动机的构造与原理、三相交流异步电动机的电力拖动、三相交流异步电动机的控制、直流电动机、其他常用电动机、电力拖动系统中电动机的选择和维护、常用生产机械的电气控制共八部分。

本课程的任务是使学生掌握电机的结构、工作原理，电力拖动系统的运行性能、分析计算，以及电气控制的基本环节和方法，为学习后续课程和今后的工作准备必要的基础知识，从而提高学生在电机及电气控制方面分析和解决问题的能力。

本课程的基本要求是：

(1) 掌握变压器和交直流电机的基本结构、工作原理、主要性能和用途。

(2) 掌握电力拖动系统中电动机的启动、制动和调速方法。

(3) 熟练掌握常用低压电器的结构、工作原理及其安装、调试和维修。

(4) 熟练掌握电气控制线路的基本环节，具有对一般电气控制线路独立分析的能力。

0.3 本课程常用的电工基本定律和定则

0.3.1 电路定律

1. 基尔霍夫第一定律

基尔霍夫第一定律也称为基尔霍夫电流定律(KCL)。它指出：对于电路中的任一节点，任一瞬时流入(或流出)该节点电流的代数和为零。我们可以选择电流流入时为正，流出时为负；或流出时为正，流入时为负。电流的这一性质也称为电流连续性原理，是电荷守恒的体现。

KCL 用公式表示为

$$\sum i = 0 \tag{0.1}$$

式(0.1)称为节点的电流方程。由此也可将 KCL 理解为流入某节点的电流之和等于流出该节点的电流之和。

基尔霍夫电流定律的相量形式：对于电路中的任一节点，在任一时刻有

$$\sum \dot{I} = 0 \tag{0.2}$$

2. 基尔霍夫第二定律

基尔霍夫第二定律又称基尔霍夫电压定律(KVL)。它指出：对于电路中的任一回路，任一瞬时沿该回路绕行一周，则组成该回路元件上电压的代数和恒等于零。可任意选择顺时针或逆时针的回路绕行方向，各段电压的正、负与绕行方向有关。一般规定当元件电压的方向与所选的回路绕行方向一致时为正，反之为负。

KVL 用公式表示为

$$\sum u = 0 \tag{0.3}$$

基尔霍夫电压定律的相量形式：在电路中，任一时刻沿任一闭合回路有

$$\sum \dot{U} = 0 \tag{0.4}$$

0.3.2 磁路定律

1. 磁路基尔霍夫第一定律

磁路中任一闭合面内，在任一瞬间，穿过该闭合面的各分支磁路磁通的代数和等于零，即

$$\sum \Phi = 0 \tag{0.5}$$

2. 磁路基尔霍夫第二定律

在磁场中，沿任意一个闭合磁回路的磁场强度线积分等于该回路环链的所有电流的代数和，即

$$\oint H \cdot \mathrm{d}l = \sum I \tag{0.6}$$

式中，$\sum I$ 就是该磁路所包围的全电流，故这个定律称为全电流定律，又称安培环路定律。在工程应用中，上式也可写成

$$\sum Hl = \sum I \tag{0.7}$$

即沿着闭合磁路，各段平均磁场强度与磁路平均长度的乘积之和 Hl 等于它所包围的全部电流 $\sum I$。

如图 0.2(a)所示，应用全电流定律可写成

$$\oint H \cdot \mathrm{d}l = I_1 + I_2 - I_3 \tag{0.8}$$

对于图 1.2(b)所示，可写成

$$\sum Hl = \sum IN \tag{0.9}$$

式中，N 为线圈匝数；Hl 称为磁压降；IN 称为磁动势，对于磁路中的任一闭合路径，在任一瞬间，沿该闭合路径的磁压降代数和等于该路径的所有磁动势的代数和。

图 0.2　全电流定律的应用

当 H 与闭合路径 l 的循行方向一致时，Hl 取正，而当电流方向与上述选定的 l 循行方向符合右手螺旋定则时，IN 取正。

0.3.3　电磁感应定律和定则

变化的磁场会产生电场，使导体中产生感应电动势，这就是电磁感应现象。在电机中电磁感应现象主要表现为切割电动势和变压器电动势两种形式。

1. 切割电动势和右手定则

导体或线圈切割磁感线而感应的电动势，称为切割电动势。

当 B、l、v 三量互相垂直时，切割电动势的表达式为

$$e = Blv \tag{0.10}$$

式中，B 为磁感应强度；l 为导体有效长度；v 为导体相对于磁场运动的线速度。

切割电动势的方向可由右手定则确定，即把右手手掌伸开，大拇指与其他四指成 $90°$角，如图 0.3 所示，如果让磁感线指向手心，大拇指指向运动方向，其他四指的指向就是导体感应电动势的方向。

图 0.3　右手定则

2. 变压器电动势

与线圈交链的磁通发生变化时，线圈将感应出电动势，其方向由楞次定律判定。若感应电动势的正方向与磁通的正方向符合右手螺旋定则，则感应电

动势的表达式为

$$e = -\frac{\mathrm{d}\Psi}{\mathrm{d}t} = -N\frac{\mathrm{d}\Phi}{\mathrm{d}t} \tag{0.11}$$

式中，Ψ 为磁链；Φ 为磁通；N 为线圈匝数。这一公式也称为法拉第电磁感应定律。

3. 楞次定律

当通过线圈中的磁通发生变化时，在线圈内部产生感应电动势 e，而感应电动势 e 的方向总是企图使它所形成的感应电流所产生的磁通阻止原磁通的变化。图 0.4 中(a)、(b)分别表示当线圈中磁通增加及减少时在线圈内产生的感应电动势 e 的方向。

图 0.4　楞次定律

0.3.4　电磁力定律和定则

载流导体在磁场中会受到电磁力的作用。当磁感线和导体方向互相垂直时，载流导体所受电磁力的公式为

$$F = BlI \tag{0.12}$$

式中，F 为载流导体所受的电磁力；B 为磁感应强度；l 为载流导体处在磁场中的有效长度；I 为载流导体中流过的电流。

载流导体所受的电磁力的方向由左手定则确定，即把左手伸开，大拇指与其他四指成 $90°$ 角，如图 0.5 所示，如果磁感线指向手心，其他四指指向导体中电流的方向，大拇指的指向就是导体受力的方向。

图 0.5　左手定则

第1章 变压器

变压器是利用电磁感应原理将某一电压的交流电变换成频率相同的另一电压的交流电的静止电机。本章先介绍磁路的基本概念，在此基础上重点讨论单相变压器的结构、工作原理及其使用。对三相变压器亦作简单的介绍。

1.1 磁路的基本概念

变压器、电动机以及继电器、接触器等控制电器的内部结构都有铁芯和线圈，其目的都是为了当线圈通以较小电流时，能在铁芯内部产生较强的磁场，使线圈上感应出电动势或者对线圈产生电磁力。线圈通电属于电路问题，而产生的磁场大部分局限于铁芯内部，这种人为地使磁通集中通过的路径称为磁路。因此铁芯线圈的磁场就属于磁路问题。

1.1.1 磁路的基本物理量

1. 磁通 Φ

磁通 Φ 表示垂直穿过某一截面积 S 的磁感线总数，单位为韦伯(Wb)。

2. 磁感应强度(磁通密度) B

磁感应强度 B 表示磁场内某点的磁场强弱和方向的物理量，它是一个矢量。规定其值 B 等于垂直于矢量 B 的单位面积的磁力线数。计算公式为

$$B = \frac{\Phi}{S} \tag{1.1}$$

对于电流产生的磁场，磁感应强度的方向和电流方向满足右手螺旋定则。在国际单位制中，磁感应强度的单位是特斯拉(T)，即韦伯/米^2(1 T=1 Wb/m^2)。

3. 磁导率 μ

磁导率 μ 是一个用来表示磁场中介质导磁能力的物理量，单位为亨利/米(H/m)。真空中的磁导率为常数，通常采用 μ_0 表示，其数值 $\mu_0 = 4\pi \times 10^{-7}$ H/m。

一般材料的磁导率 μ 和真空磁导率 μ_0 的比值，称为该物质的相对磁导率 μ_r，即

$$\mu_r = \frac{\mu}{\mu_0} \tag{1.2}$$

μ_r 越大，介质的导磁性能就越好。表1.1是几种常用磁性材料的磁导率。

表1.1 几种常用磁性材料的磁导率

材料名称	铸铁	硅钢片	镍锌铁氧体	锰锌铁氧体	坡莫合金
相对磁导率($\mu_r = \mu/\mu_0$)	200~100	7000~10 000	10~1000	300~5000	2×10~2×10^5

4. 磁场强度 H

磁场强度 H 是为建立电流与由其产生的磁场之间的数量关系而引入的物理量，反映

的是电流的磁场，其强弱和方向均取决于电流，与介质无关。其大小为磁感应强度和磁导率之比，即

$$H = \frac{B}{\mu} \tag{1.3}$$

在国际单位制中，磁场强度的单位是安/米（A/m）。

在充满均匀磁介质的情况下，当描述的磁场包括介质因磁化而产生的磁场在内时，用磁感应强度 B 表示，其单位为特斯拉（T），它是一个基本物理量；若是单独由电流或者运动电荷所引起的磁场（不包括介质磁化而产生的磁场）时，用磁场强度 H 表示，其单位为 A/m，它是一个辅助物理量。

1.1.2 铁磁材料的磁性能

1. 高导磁性和磁化性

高导磁性指铁磁材料的磁导率很高，$\mu_r \gg 1$，具有被强烈磁化的特性。铁磁材料之所以具有良好的导磁性能，是由于材料内部的结构决定的。在铁磁材料内部存在许多体积很小的磁性区域，这些天然小磁性区域叫磁畴。每个磁畴在无外磁场作用时，排列杂乱无章，极性任意取向，磁性相互抵消，对外不呈磁性。当磁畴受到磁场的作用时，排列无序的小磁畴将顺着外磁场的方向转向，形成一个与外磁场方向一致的附加磁场，使铁磁物质内部的磁感应强度大大增加，这种原来没有磁性，在外磁场的作用下而产生磁性的性质称为磁化性。非磁性材料内部由于没有磁畴结构，所以不能被磁化。

2. 磁饱和性

当外磁场（或励磁电流）增大到一定值时，磁性材料的全部磁畴的磁场方向都转向与磁场的方向一致，磁化磁场的磁感应强度 B_j 达到饱和值，这一特性称为磁饱和性。磁饱和性也可从铁磁材料的磁化曲线上看出，如图 1.1 所示。当外磁场逐渐增大时，铁磁材料中的小磁畴将随之逐渐转向，起初随外磁场的增加，磁感应强度 B 成正比增大（Oa 段）；接着磁感应强度 B 几乎呈直线上升（ab 段），这之后，由于铁磁材料内部的磁畴几乎全部转向完毕，所以再增加外磁场，磁感应强度 B 几乎不能再增加，此时称为磁饱和（cs 段）。

图 1.1 铁磁材料的磁化曲线

3. 磁滞性和剩磁性

当铁芯线圈中通有交变电流（大小和方向都变化）时，铁芯就受到交变磁化，电流变化时，B 随 H 而变化，当 H 已减到零值时，但 B 未回到零值，这种磁感应强度滞后于磁场强度变化的性质称磁性物质的磁滞性。当线圈中电流减到零（$H=0$），铁芯在磁化时所获得的磁性还未完全消失，这时铁芯中所保留的磁感应强度称为剩磁感应强度 B_r。

1.1.3 磁路的欧姆定律

如图 1.2 所示，设磁路由单一的铁磁材料构成，其横截面面积为 S，磁路的平均长度为 l。将磁路与电路相比较，可以知道，磁路中的磁通 Φ 相当于电路中的电流 I，电路中激发电流的因素是电压源电动势 U_s。那么磁路中激发磁通的因素是什么呢？通过实验发现，

励磁电流 I 越大，产生的磁通就越多；线圈的匝数越多，产生的磁通也越多，把励磁电流 I 和线圈匝数 N 的乘积 NI 看做是磁路中产生磁通的源泉，称为磁通势 F。因此，磁路欧姆定律可表述为

$$\Phi = \frac{F}{R_m} = \frac{IN}{R_m} \qquad (1.4)$$

式中，R_m 称为磁阻，反映了磁路中阻碍磁通的作用。磁阻的计算公式为

$$R_m = \frac{l}{\mu S} \qquad (1.5)$$

图 1.2　磁路中的各参数

式(1.5)显然与电路的电阻 $R = \rho l/S$ 形式相同，l 表示磁路的平均长度，单位为 m；S 是磁路的截面积，单位是 m^2；μ 是铁芯材料的磁导率，单位是 H/m(亨利/米)。磁阻的单位是 H^{-1}(亨$^{-1}$)。

空气(非磁性物质)磁导率为常量，故其磁阻为常量；而磁性物质的磁导率不为常量(μ 随磁路的饱和而减小)，故其磁阻随磁路的饱和而增大。因此，在非线性磁路中，一般不能用磁路的欧姆定律进行定量计算，它常用作定性分析。

1.1.4　交流铁芯线圈电路

图 1.3 所示为交流铁芯线圈示意图。电源和绕组构成铁芯线圈的电路部分，铁芯构成铁芯线圈的磁路部分。当铁芯线圈通以正弦电流 i 时，电流 i 通过 N 匝线圈形成磁动势 $f = iN$，从而产生磁通。磁通的绝大部分通过铁芯而闭合，这部分磁通称为主磁通或工作磁通 Φ。此外还有很少的一部分磁通主要经过空气或其他非磁性物质而闭合，这部分磁通称为漏磁通 Φ_σ。这两个磁通在线圈中产生主磁电动势 e 和漏磁电动势 e_σ。它们的电磁关系有

图 1.3　交流铁芯线圈示意图

$$u \to i(Ni) \to \Phi \to e$$
$$\qquad\qquad \hookrightarrow \Phi_\sigma \to e_\sigma$$

主磁电动势由主磁通产生，设主磁通

$$\Phi = \Phi_m \sin\omega t$$

根据法拉第电磁感应定律，有

$$e = -N\frac{d\Phi}{dt} = -N\frac{d(\Phi_m \sin\omega t)}{dt} = -N\omega\Phi_m \cos\omega t$$

$$= 2\pi f N\Phi_m \sin\left(\omega t - \frac{\pi}{2}\right) = E_m \sin\left(\omega t - \frac{\pi}{2}\right)$$

式中，$E_m = 2\pi f N\Phi_m$ 为主磁电动势 e 的幅值，e 的有效值为

$$E = \frac{E_m}{\sqrt{2}} = \frac{2\pi f N\Phi_m}{\sqrt{2}} = 4.44 f N\Phi_m \qquad (1.6)$$

它在时间相位上滞后主磁通 $\pi/2$ 弧度（rad），即 $90°$，写成相量形式为

$$\dot{E} = -\mathrm{j}4.44fN\dot{\Phi}_{\mathrm{m}} \tag{1.7}$$

漏磁电动势是由漏磁通感应产生的，由于漏磁通主要经非磁性物质构成回路，磁路不饱和，Φ_σ 与电流成线性关系，其漏感系数 L_σ 为常数，所以有

$$\dot{E}_\sigma = -\mathrm{j}\omega L_\sigma \dot{I} = -\mathrm{j}X_\sigma \dot{I} \tag{1.8}$$

式中，$X_\sigma = \omega L_\sigma$ 称为漏磁感抗，它是由漏磁通引起的。

由图 1.3 可知，根据 KVL 可写出

$$u + e + e_\sigma = iR$$

由式（1.7）和式（1.8）可知，上式可写成下列的相量形式

$$\dot{U} = -\dot{E} + R\dot{I} + \mathrm{j}X_\sigma \dot{I} = -\dot{E} + \dot{I}Z_\sigma \tag{1.9}$$

式中，$Z_\sigma = R + X_\sigma$ 为线圈漏阻抗；R 为线圈电阻。

因线圈漏阻抗压降很小，可忽略不计，于是有

$$\dot{U} = -\dot{E} \tag{1.10}$$

或者说

$$U \approx E = 4.44fN\Phi_{\mathrm{m}} = 4.44fNB_{\mathrm{m}}S \tag{1.11}$$

式中，B_{m} 为铁芯磁感应强度最大值；S 是铁芯截面积。式（1.11）表明，当线圈匝数 N 及电源频率 f 一定时，铁芯中工作磁通的幅值取决于励磁线圈外加电压的有效值，而与铁芯材料的尺寸无关。

交流铁芯线圈的功率损耗有两个方面，一是线圈电阻上的功率损耗 I^2R，又称为铜损 ΔP_{Cu}；另外一方面是处于交变磁化下的铁芯中的功率损耗，又称为铁损 ΔP_{Fe}，铁损是由磁滞和涡流产生的。

铁芯在反复交变的磁化过程中，内部磁畴的极性取向随着外磁场的交变来翻转，在翻转过程中，磁畴间相互摩擦而引起的能量损耗称为磁滞损耗。

铁芯不仅是导磁材料，同时也是导电材料，当穿过铁芯中的磁通发生变化时，在铁芯中将产生感应电流。这种感应电流在垂直于磁力线的平面内，呈旋涡状，故称为涡流。涡流在铁芯电阻上引起的功率损耗称为涡流损耗。

为了提高磁路的导磁性能和减少铁芯的损耗，铁芯通常用厚度 0.35 mm 或 0.5 mm，且表面涂有绝缘漆的硅钢片叠制而成。采用这样的办法可将涡流限制在较小的截面内流通，加上硅钢的电阻率较大，从而大大减小了涡流及涡流损耗。

1.2 变 压 器

1.2.1 变压器的用途与结构

1. 变压器的用途

在输电方面，采用变压器将电压升高，这样可以减小输电线的截面积和减小线路上的电压降以及线路上的功率损耗。在用电方面利用变压器降压，以保证用电安全和满足用电设备的电压要求。在电子线路上，除电源变压器外，变压器还用来耦合电路，传递信号，并

实现阻抗匹配。此外变压器还有许多特殊的用途。

2. 变压器的基本结构

变压器虽然种类很多，有电力变压器、控制变压器、电源变压器、焊接变压器、自耦变压器等，但其基本结构是相同的，都是由铁磁材料构成铁芯和绕在铁芯上的线圈（亦称绕组）两部分组成。变压器常见的结构形式有两类，芯式变压器和壳式变压器。芯式变压器如图 1.4（a）所示，它的特点是用绕组包围铁芯，用铁量少，构造简单，绕组的安装和绝缘处理比较容易，因此多用于容量较大的变压器中。壳式变压器如图 1.4（b）所示，它的特点是用铁芯包围绕组。这种变压器用铜量较少，多用于小容量的变压器。

(a) 芯式变压器　　　(b) 壳式变压器

图 1.4　变压器的两种类型

铁芯是变压器的磁路部分，并作为变压器的机械骨架。铁芯由铁芯柱和铁轭两部分组成。单相变压器的铁芯可分为叠片式和卷制式两种，如图 1.5 所示。铁芯柱上套装变压器绕组，铁轭起连接铁芯柱使磁路闭合的作用。对铁芯的要求是导磁性能要好，磁滞损耗及涡流损耗要尽量小，因此均采用 0.3～0.35 mm 的硅钢片制作。

(a) 叠片铁芯　　　(b) 卷制铁芯

图 1.5　变压器的两种类型

绕组是变压器的电路部分，小型变压器一般用具有绝缘的漆包圆铜线绕制而成。对容量稍大的变压器则用扁铜线或扁铝线绕制。电压高的绕组称为高压绕组，电压低的绕组称为低压绕组，低压绕组一般靠近铁芯放置，而高压绕组则置于外层。

为了便于分析，把与电源连接的一侧称为原边（或称初级绕组、一次绕组），原边各量均用下角标"1"表示，如 N_1、u_1、i_1 等；与负载连接的一侧称为副边（或称为次级绕组、二次绕组），副边各量均用下角标"2"表示，如 N_2、u_2、i_2 等。

1.2.2　变压器的工作原理

1. 变压器的空载运行与变换电压

如图 1.6 所示，变压器原绕组接交流电源，副绕组不接负载，这种情况称为变压器空载运行。

图 1.6　变压器空载运行工作原理图

在外加正弦交流电压 u_1 作用下，原绕组内便有交变电流 i_0 通过，由于副绕组开路，副绕组内没有电流，此时原绕组内的电流 i_0 称为空载电流。i_0 通过原绕组产生磁动势 $i_0 N_1$，该磁动势产生的磁通绝大部分经过铁芯而闭合，并与原、副绕组交链，这部分磁通称为主磁通，用 Φ 表示。主磁通 Φ 穿过原绕组和副绕组，而在其中产生感应电动势 e_1 和 e_2，另有一小部分漏磁通 $\Phi_{\sigma 1}$ 不经过铁芯仅与原绕组本身交链而闭合，漏磁通 $\Phi_{\sigma 1}$ 在变压器中感应的电动势仅起电压降的作用，而且作用较小，故一般略去漏磁通 $\Phi_{\sigma 1}$ 及其产生的电压降的作用。上述的电磁关系可表示如下：

$$u_1 \longrightarrow i_0 \longrightarrow i_0 N_1 \longrightarrow \Phi \begin{cases} e_1 = -N_1 \dfrac{\mathrm{d}\Phi}{\mathrm{d}t} \\ e_2 = -N_2 \dfrac{\mathrm{d}\Phi}{\mathrm{d}t} \longrightarrow u_{20} \end{cases}$$

其中，u_{20} 为副绕组的空载端电压。

根据基尔霍夫电压定律，按图 1.5 所规定的电压、电流和电动势的参考方向，可得

$$u_1 = i_0 R_1 - e_1 = i_0 R_1 + N_1 \frac{\mathrm{d}\Phi}{\mathrm{d}t}$$

$$u_{20} = e_2 = -N_2 \frac{\mathrm{d}\Phi}{\mathrm{d}t}$$

式中，R_1 为原绕组的电阻。用相量形式可写成

$$\dot{U}_1 = \dot{I}_0 R_1 + (-\dot{E}_1)$$

$$\dot{U}_{20} = \dot{E}_2$$

在一般的变压器中，i_0 很小，因而原绕组的电阻压降 $i_0 R_1$ 很小，故可近似认为

$$u_1 \approx -e_1 \ 或 \ \dot{U}_1 \approx -\dot{E}_1$$

因此有

$$\frac{\dot{U}_1}{\dot{U}_{20}} \approx -\frac{\dot{E}_1}{\dot{E}_{20}}$$

其有效值之比为

$$\frac{U_1}{U_{20}} \approx \frac{E_1}{E_{20}} = \frac{N_1}{N_2} = K \tag{1.12}$$

式中，K 称为变压器的变比。当 $K > 1$ 时，为降压变压器；当 $K < 1$ 时，为升压变压器。

例 1.1　一台 $S_N = 600\ \mathrm{kV \cdot A}$ 的单相变压器，接在 $U_1 = 10\ \mathrm{kV}$ 的交流电源上，空载运行时，它的副边电压 $U_{20} = 400\ \mathrm{V}$，试求变比 K；若已知 $N_2 = 32$ 匝，试求 N_1。

解：由式(1.12)可得

$$K \approx \frac{U_1}{U_2} = \frac{10\ 000}{400} = 25$$

$$N_1 = KN_2 = 25 \times 32(匝) = 800(匝)$$

2. 变压器的负载运行与变换电流

变压器的原绕组接上电源，副绕组接有负载，这种情况称为变压器的负载运行，如图1.7所示。

图 1.7　变压器负载运行工作原理图

变压器未接负载前其原边电流为 i_0，它在原边产生磁动势 i_0N_1，在铁芯中产生磁通 Φ。接上负载后，副边电流 i_2 产生磁动势 i_2N_2，它将阻碍主磁通 Φ 的变化，企图改变主磁通的最大值 Φ_m。但是，当电源 U_1 和 f 一定时，由式(1.11)可知，E_1 和 Φ_m 近似恒定。或者说，随着负载电流 i_2 的出现，通过原边的电流 i_0 及其产生的磁动势 i_0N_1 必然随之增至 i_1N_1 以维持主磁通的最大值 Φ_m 基本不变，即与空载时的 Φ_m 大小几乎一样。因此，有负载时产生主磁通的原、副绕组的合成磁动势 $(i_1N_1 + i_2N_2)$ 应该与空载时产生主磁通的原绕组的磁动势 i_0N_1 差不多相等，即

$$i_1N_1 + i_2N_2 \approx i_0N_1$$

用相量表示，有

$$\dot{I}_1N_1 + \dot{I}_2N_2 \approx \dot{I}_0N_1 \tag{1.13}$$

变压器的空载电流 $\dot{I}_0$ 主要用来励磁。由于铁芯的磁导率 μ 很大，故空载电流 I_0 很小，常可忽略不计，于是式(1.13)变为

$$\dot{I}_1 \approx -\frac{N_2}{N_1}\dot{I}_2$$

由上式可知，原、副绕组的电流有效值关系为

$$\frac{I_1}{I_2} \approx \frac{N_2}{N_1} = \frac{1}{K} \tag{1.14}$$

式(1.14)表明变压器原、副绕组的电流之比近似与它们的匝数成反比。

3. 变压器变换阻抗

设变压器副边接一阻抗为 $|Z|$ 的负载，有

$$|Z| = \frac{U_2}{I_2}$$

这时从原边看进去的阻抗，即为反映到原边的阻抗 $|Z'|$，即

$$|Z'| = \frac{U_1}{I_1} = \frac{\frac{N_1}{N_2}U_2}{\frac{N_2}{N_1}I_2} = \left(\frac{N_1}{N_2}\right)^2 \frac{U_2}{I_2} = K^2|Z| \qquad (1.15)$$

式(1.15)表明，在忽略漏磁阻抗影响下，只需调整匝数比，就可把负载阻抗变换为所需的、比较合适的数值，且负载的性质不变。这种做法通常被称为阻抗匹配。上述过程的图例见图1.8。

图 1.8　负载阻抗的等效变换

例 1.2　已知某收音机输出变压器的原边的匝数 $N_1 = 600$ 匝，副边的匝数 $N_2 = 30$ 匝，原接阻抗为 16 Ω 的扬声器，现要改接成 4 Ω 的扬声器，求副边匝数应为多少。

解：　原变比

$$K = \frac{N_1}{N_2} = \frac{600}{30} = 20$$

原边阻抗

$$|Z'| = K^2|Z_1| = 20^2 \times 16 = 6400 \ (\Omega)$$

扬声器改为 4 Ω 时，

$$|Z'| = K^2|Z_2| = \left(\frac{600}{N_2'}\right)^2 \times 4 = 6400 \ (\Omega)$$

所以

$$N_2' = \sqrt{\frac{600^2 \times 4}{6400}} = \frac{600 \times 2}{80} = 15 (\text{匝})$$

1.2.3　变压器的使用

1. 变压器的额定值

变压器正常运行的状态和条件，称为变压器的额定工作情况，表示变压器额定工作情况的电压、电流和功率等数值，称为变压器的额定值，它标在变压器的铭牌上，也称为铭牌数据。

变压器的主要额定值有如下四项：

(1) 额定容量 S_N。变压器的额定容量是指它的额定视在功率，单位是伏安(V·A)或千伏安(kV·A)。对于单相变压器，$S_N = U_{2N}I_{2N}$；对于三相变压器，$S_N = \sqrt{3}U_{2N}I_{2N}$。

(2) 额定电压 U_{1N} 和 U_{2N}。原绕组的额定电压 U_{1N} 是指原绕组应加的电源电压或输入电压，副绕组的额定电压 U_{2N} 是指原绕组加上额定电压时副绕组的空载电压。在三相变压器中，额定电压 U_{1N} 和 U_{2N} 均为线电压。

(3) 额定电流 I_{1N} 和 I_{2N}。变压器额定电流 I_{1N} 和 I_{2N} 是根据绝缘材料所允许的温度而规定的原、副绕组中允许长期通过的最大电流值。在三相变压器中，I_{1N} 和 I_{2N} 均指线电流。

(4) 额定频率 f_N。我国规定工业标准频率为 50 Hz。

变压器的额定值取决于变压器的构造和所用的材料。使用变压器时一般不能超过其额定值。

2. 变压器的外特性

变压器的外特性是指电源电压 U_1 为额定电压，负载功率因数 $\cos\varphi_2$ 一定时，U_2 随 I_2 变化的关系曲线，即 $U_2 = f(I_2)$，如图 1.9 所示。

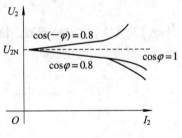

图 1.9　变压器的外特性

从外特性曲线可以看出，负载变化引起的变压器副边电压 U_2 的变化程度，既与原、副绕组的漏磁阻抗有关，又与负载的大小及性质有关。对于电阻性和电感性负载来说，U_2 随负载电流 I_2 的增加而下降，其下降程度还与负载的功率因数有关，功率因数越低，U_2 下降越快。对电容性负载来说，U_2 随 I_2 增加反而有所增加。

为反映电压 U_2 随 I_2 变化的程度，引入电压变化率

$$\Delta U = \frac{U_{20} - U_2}{U_{20}} \times 100\% \tag{1.16}$$

显然，电压变化率 ΔU 越小越好，说明变压器副边电压越稳定。一般变压器的漏阻抗很小，故电压变化率不大，在 5% 左右。

3. 变压器的损耗和效率

变压器的功率损耗，包括铁损 ΔP_{Fe}（磁滞损耗和涡流损耗）和铜损 ΔP_{Cu}（线圈导线电阻的损耗），即

$$\Delta P = \Delta P_{Fe} + \Delta P_{Cu} \tag{1.17}$$

铁损和铜损可以用试验方法测量或计算求出，铜损与负载大小有关，是可变损耗；而铁损与负载大小无关，当外加电压和频率确定后，一般是常数。

变压器的效率是变压器输出功率与输入功率的比值，通常用百分数表示，即

$$\eta = \frac{P_2}{P_1} \times 100\% = \frac{P_2}{P_2 + \Delta P_{Fe} + \Delta P_{Cu}} \times 100\% \tag{1.18}$$

式中，P_1 为变压器的输入功率；P_2 为变压器的输出功率。

变压器的效率较高。大容量变压器在额定负载时的效率可达 98%～99%，小型变压器的效率约为 70%～80%。变压器的效率还与负载有关，轻载时效率很低。因此，应合理选用变压器的容量，以使变压器能够处在高效率情况下运行。

例 1.3　有一台额定容量为 50 kV·A、额定电压为 3300/220 V 的变压器，高压绕组为 6000 匝。试求：(1) 低压绕组的匝数；(2) 高压边和低压边的额定电流；(3) 当原边保持额定电压不变，副边达到额定电流，输出有功功率为 39 kW，功率因数 $\cos\varphi_2 = 0.8$ 时的副边端电压 U_2。

解：(1) 根据 $\dfrac{U_1}{U_{20}} = \dfrac{N_1}{N_2}$ 可得

$$N_2 = \frac{U_{20}}{U_1} N_1 = \frac{220}{3300} \times 6000 = 400 \, (\text{匝})$$

(2) 根据 $S_N = U_{2N} I_{2N}$ 可得

$$I_{2N} = \frac{S_N}{U_{2N}} = \frac{50 \times 10^3}{220} = 227(\text{A})$$

由
$$\frac{I_1}{I_2} = \frac{N_2}{N_1}$$

得
$$I_{1N} = \frac{N_2}{N_1} I_{2N} = \frac{400}{6000} \times 227 = 15.1 \ (\text{A})$$

(3) 由 $P_2 = U_2 I_2 \cos\varphi_2$ 可得

$$U_2 = \frac{P_2}{I_2 \cos\varphi_2} = \frac{39 \times 10^3}{227 \times 0.8} = 215 \ (\text{V})$$

4. 变压器绕组极性及连接方法

1) 变压器绕组的同极性端(同名端)

当电流流入两个线圈(或流出)时,若产生的磁通方向相同,则两个流入端称为同极性端(同名端)。或者说,当铁芯中磁通变化(增大或减小)时,在两线圈中产生的感应电动势极性相同的两端为同极性端。常用"·"表示。图 1.10(a)中,A、a(或 X、x)绕向一致为同名端;图 1.10(b)中,A、x(或 X、a)绕向一致为同极性端。如果能观察出绕组的绕向时,只需根据其绕向就可确定同极性端。

图 1.10 变压器绕组的同极性端

对于一台已制成的变压器,如引出端未注明极性或标记脱落,或绕组经过浸漆及其他工艺处理,从外观上已看不清绕组的绕向,通常用下述两种实验方法,测定变压器的同极性端。

第一种方法称为直流法。如图 1.11(a)所示,当开关 S 闭合的瞬间,如果电流计的指针正向偏转,则 1 和 3 是同极性端;若反向偏转,则 1 和 4 是同极性端。

(a) 直流法　　　　　　(b) 交流法

图 1.11 用实验方法测绕组的同极性端

第二种方法是交流法。如图 1.11(b)所示,将两个绕组 1-2 和 3-4 的任意两端(如 2 与 4)连接在一起,在其中一个绕组(如 1-2)的两端加一个比较低的便于测量的交流电压。用伏特计分别测量 1、3 两端的电压 U_{13} 和两绕组的电压 U_{12} 和 U_{34}。若 U_{13} 的数值是两绕组电压之差,即 $U_{13} = U_{12} - U_{34}$,则 1 和 3 是同极性端;若 U_{13} 是两绕组电压之和,即 $U_{13} = $

$U_{12}+U_{34}$，则 1 和 4 是同极性端。

2）变压器绕组的连接方法

有些单相变压器具有两个相同的原绕组和几个副绕组，这样可以适应不同的电源电压和供给几个不同的输出电压，在使用这种变压器时，必须依据同极性端相连的原则正确地连接，否则会损坏变压器。

例如，一台变压器的原绕组有相同的两个绕组，如图 1.12(a)中的 1-2、3-4，假定每个绕组的额定电压为 110 V，当接到 220 V 的电源上时，应把两绕组的异极性端串联，如图 1.12(b)所示；接到 110 V 的电源上时，应把两绕组的同极性端并联，如图 1.12(c)所示。如果连接错误，譬如串联时将 2、4 两端连在一起，将 1、3 两端接电源，此时两个绕组的磁动势就互相抵消，铁芯中不产生磁通，绕组中也就没有感应电动势，绕组中将流过很大的电流，把变压器烧毁。

图 1.12　变压器绕组的正确连接

应该指出，只有额定电流相同的绕组才能串联，额定电压相同的绕组才能并联，否则，即使极性连接正确，也可能使其中某一绕组过载。

1.2.4　三相变压器

三相变压器是供电系统中的常用电器。现代电能的生产、传输和分配几乎都采用三相交流电，故三相变压器在电力系统中被广泛采用。图 1.13 所示为目前使用最为广泛的三相油浸式电力变压器外形图，它主要由铁芯、绕组、油箱、冷却装置和保护装置等部件组成。

图 1.13　三相油浸式电力变压器绕组外形图

图 1.14 所示是三相变压器结构示意图，从图中可以看出，三相变压器共有三个铁芯柱，每个铁芯柱都有一个原绕组和一个副绕组。原绕组的始端分别用 A、B、C 表示，其对应的末端用 X、Y、Z 表示；副绕组的始端分别用 a、b、c 表示，对应的末端用 x、y、z 表示，三相变压器的工作原理，从每一相看，和单相变压器完全一样。

图 1.14 三相变压器结构示意图

三相绕组由于可采用不同的连接，使得三相变压器原、副绕组中的对应线电压出现不同的相位差。因此按原、副绕组对应线电压的相位关系把变压器绕组的连接分成各种不同组合，称为连接组。对于三相绕组，无论怎么连接，原、副绕组对应的线电压相位差总是 30°的整数倍。因此，国际上规定了标志三相变压器原、副绕组线电压的相位关系采用时钟表示法，即原绕组线电压相量作为钟表上长针始终对着"12"，以副绕组对应的线电压相作为短针，它指向钟表上哪个数字，该数字就作为变压器连接组别的标号。三相变压器的连接组别较多，为了制造和使用方便，国家标准规定，三相双绕组电力变压器的标准连接有 5 种：Y，yn0；YN，y0；Y，y0；Y，d11；YN，d11。其中大写字母 Y 表示高压线组为星形连接方式，加 N 表示带中线；小写字母 y 或 d，表示低压绕组连接为星形或三角形，星形有中线引出时，后面加字母"n"，小写字母 y 后面的"0"表示副绕组线电压与原绕组线电压同相，d 后面的"11"表示副绕组线电压滞后原绕组线电压 30°。

图 1.15(a)所示为 Y，yn0 连接组的接线图，用于副边电压为 230～100 V 的配电变压器，图 1.15(b)所示为 Y，d11 连接组的接线图。

(a)   (b)

图 1.15 三相变压器的连接

在计算三相变压器变比时，如果原绕组和副绕组都是 Y 或△接法，K 可以采取和单相变压器一样的方法求解。即 $K = U_{N1}/U_{N2}$。如果原、副绕组的接法不同，一个是 Y 接法，一个是△接法，则应把 Y 接法的相电压与△接法的相电压比较。计算电压、电流时，要注意绕组和负载的连接方式。Y 接法的线电压是相电压的 $\sqrt{3}$ 倍，线电流与相电流相等；△接法的线电压与相电压相等，线电流是相电流的 $\sqrt{3}$ 倍。

例 1.4 某三相变压器，高压绕组为星形连接，低压绕组为三角形连接，容量为

500 kV·A、额定电压为 35/11 kV。试求该变压器在额定状态下运行时，高低压绕组的线电流和相电流。

解： 高压绕组的额定线电流

$$I_{1\text{Nl}} = I_{1\text{N}} = \frac{S_\text{N}}{\sqrt{3} U_{1\text{N}}} = \frac{500 \times 10^3}{1.73 \times 35 \times 10^3} = 8.26 \text{（A）}$$

高压绕组为星形连接，额定相电流为

$$I_{1\text{Np}} = I_{1\text{Nl}} = 8.26 \text{（A）}$$

低压绕组的额定线电流

$$I_{2\text{Nl}} = I_{2\text{N}} = \frac{S_\text{N}}{\sqrt{3} U_{2\text{N}}} = \frac{500 \times 10^3}{1.73 \times 11 \times 10^3} = 26.27 \text{（A）}$$

低压绕组为三角形连接，额定电流为

$$I_{2\text{Np}} = \frac{I_{2\text{N}}}{\sqrt{3}} = \frac{26.27}{1.73} = 15.18 \text{（A）}$$

1.2.5　其他用途变压器

1. 自耦变压器

图 1.16 所示是一种自耦变压器电路示意图，它的副绕组是原绕组的一部分。因此，原副绕组之间不仅有磁的联系，而且还有电的联系。原、副边电压、电流关系为

$$\frac{U_1}{U_2} = \frac{N_1}{N_2} = K, \quad \frac{I_1}{I_2} = \frac{N_2}{N_1} = \frac{1}{K}$$

实验室中常用的调压器是一种利用滑动触头改变副绕组匝数的自耦变压器，其外形和电路图如图 1.17 所示。其原边额定电压为 220 V，副边输出电压为 0～250 V。使用时从安全角度考虑，需把电源的零线接至 1 端子。若把相线接在 1 端子，调压器输出电压即使为零（端子 5 和 1 重合，$N_2 = 0$），但端子 5 仍为高电位，用手触摸时有危险。

图 1.16　自耦变压器

图 1.17　调压器的外形和电路

2. 仪用互感器

仪用互感器是专门用于测量用的变压器。它的作用是将原边的高电压或大电流，按比例缩小为副边的低电压或小电流，以供测量或继电保护装置使用。仪用互感器按其用途不同，可分为电压互感器和电流互感器两种。

1）电流互感器

电流互感器是一种将大电流转换为小电流的变压器，如图 1.18 所示。原绕组线径较粗，匝数很少，与被测电路负载串联；副绕组线径较细，匝数很多，与电流表及功率表、电度表、继电器的电流线圈串联。

为了工作安全，电流互感器的铁芯及副绕组的一端应该接地，正常运行时副绕组电路不允许开路。因为互感器不同于普通变压器，原边电流不取决于副边电流，而决定于被测主线路电流 I_1。所以当副边开路时，副边的电流和磁动势立即消失，原边电流成了励磁电流，使铁芯中的磁感应强度猛增，铁芯严重饱和，且严重过热，同时将在副绕组上产生很高的感应电动势，绝缘层可能被击穿，引起事故。

在实际工作中，经常使用钳形电流表，它是由一个特殊的电流互感器和一个电流表组合而成。其铁芯像钳子，可以开合，如图 1.19 所示。测量时，张开铁芯，纳入被测电流的一根导线后闭合铁芯，则待测导线成为电流互感器的原绕组，只有一匝，这样可从电流表直接读出被测电流数值。电流表一般有几个量程，使用时应注意，被测电流不能超过电流表的最大量程。

图 1.18　电流互感器接线图　　　　图 1.19　钳形电流表

2）电压互感器

电压互感器实质上是一种变比较大的降压变压器，图 1.20 所示为电压互感器的接线图。电压互感器原绕组匝数较多，并联于待测电路两端；副绕组匝数较少，与电压表及电度表、功率表、继电器的电压线圈并联，用于将高电压变换成低电压。通常副边的额定电压规定为 100 V。使用时副边电路不允许短路，否则将产生比额定电流大得多的短路电流，烧坏互感器。为了安全起见，必须将副绕组的一端与铁芯同时接地，以防止当绕组间的绝缘层损坏时副绕组上有高压出现。

图 1.20　电压互感器的接线图

3. 电焊变压器

变流电焊机或弧焊机，实际就是一台特殊的降压变压器，又称电焊变压器，其结构原理与普通变压器基本一样。

电焊变压器与普通变压器不同之处就在于它有特殊的工作要求，这些要求是：电焊变压器空载时要有足够的电弧点火电压（为 60～90 V），还应有迅速下降的外特性，额定负载时电压约为 30 V；在短路时，二次电流不能过大，一般不超过额定电流的两倍，焊接的工作电流要比较稳定，而且大小可调，以适应不同的焊条和被焊工件。

为了满足这些要求，电焊变压器在结构上有其特殊性，如需要调节空载时的电弧点火电压，可在绕组上抽头，用分接开关调节二次绕组开路电压。电焊变压器的两个绕组一般分装在两个铁芯柱上，再利用磁分路法或串联可变电抗法，使绕组漏抗较大且可调节，以产生快速下降的外特性，如图 1.21 所示。

图 1.21　可调电焊变压器的外特性

磁分路电焊变压器如图 1.22(a)所示，是在原、副绕组的两个铁芯柱之间加一铁芯分支磁路，通过螺杆来回移动进行调节。当磁分路移出时，两绕组漏磁通及漏抗较小，工作电流增大；当磁分路铁芯移入时，两绕组漏磁通经磁分路闭合而增大，漏抗就很大，有载电压迅速下降，工作电流较小。因此，调节分支磁路的磁阻即可调节漏抗大小，以满足焊条和工件对电流的要求。

串联可变电抗电焊变压器如图 1.22(b)所示，在副绕组串联一个可变电抗器，电抗器中的气隙可用螺杆调节。气隙越大，电抗越小，输出电流越大；气隙越小，电抗越大，输出电流越小，以满足其工作要求。

(a) 磁分路电焊变压器　　　　　　(b) 带电抗器的电焊变压器

图 1.22　电焊变压器原理图

本章实验实训

单相变压器实验

1. 实验目的

(1) 了解单相变压器的空载和负载实验方法，熟悉其使用。

（2）通过空载实验求取变压器的电压比和铁损耗。

（3）通过负载实验测定单相变压器运行特性。

2. 实验设备

实验设备如表 1.2 所示。

表 1.2 单相变压器实验设备

序号	型号	名　　称	数量
1	D33	交流电压表	1件
2	D32	交流电流表	1件
3	D34	单三相智能功率、功率因数表	1件
4	DJ11	三相组式变压器	1件
5	D42	三相可调电阻器	1件
6	D51	波形测试及开关板	1件

注：DJ11 三相组式变压器额定值：$P_N = 77$ W，$U_{1N}/U_{2N} = 220$ V/55 V，$I_{1N}/I_{2N} = 0.35$ A/1.4 A。

3. 实验内容

1）测定电压比

接线图如实验图 1.23 所示。

图 1.23　单相变压器变比实验

从控制屏上调压器的输出接线到单相变压器的低压线圈。高压线圈开路，闭合电源开关 Q，将低压线圈外施电压调至 50％额定电压左右，测量低压线圈电压及高压线圈电压，对应不同的输入电压共读取 5 组数据，记录于表 1.3 中。

表 1.3 变比及空载实验数据

序号	实验数据				$\cos\varphi_0$	
	U_0/V	I_0/A	P_0/W	U_{AX}/V	测量数据	计算数据

2）空载实验

变压器的铁耗与电源的频率及波形有关，试验电源的频率应接近被试变压器的额定频率（允许偏差不超过±1%），其波形应是正弦波。

接线图如实验图 1.24 所示。

图 1.24　单相变压器空载实验

在变压器低压侧施加电压，即在低压绕组上施加电压，高压绕组开路。变压器空载电流 $I_0 = (2.5\% \sim 10\%)I_N$ 选择电流表量程。变压器空载运行时功率因数很低，一般在 0.2 以下。

变压器接通电源开关 Q 前（绿色按钮），必须将调压器（在控制屏的左侧方）输出电压调至最小位置，以避免开关闭合时，电流表、功率表电流线圈被冲击电流所损坏。合上电源开关 Q 后，调节变压器一次侧电压至 $1.2U_N$，然后逐次降压，逐次测量空载电压 U_0、电流 I_0 及损耗 P_0（在数字功率因数表上读取），在 $(1.2 \sim 0.5)U_N$ 范围内，读取 6～7 组，（包括 $U_0 = U_N$ 点，在该点附近测量点应较密一些），结果记录于表 1.3 中。

3）负载试验

接线图如实验图 1.25 所示。

图 1.25　单相变压器负载实验

变压器一次绕组（高压侧）经调压器（在控制屏上）、开关 Q 接至电源，负载为六个 1.5 A，90 Ω 可变电阻串联（1.5 A，6×90 Ω）。先将负载电阻值调至最大，然后闭合电源开关 Q，调节调压器输出电压为 $U_1 = U_{1N} = 220$ V，减小负载电阻，即增大负载电流，保持 $U_1 = U_{1N}$，当负载电流从零（$I_2 = 0$，$U_2 = U_{20}$）至额定值范围内（0 A～1.4 A）变化时，测量负载电流 I_2 和二次侧电压 U_2，每改变一次负载电阻，将 I_2 和 U_2 数值记录于表 1.4 中，共读取数据 5～6 组（包括 $I_2 = I_{2N}$ 点）。

表 1.4　短路实验数据$(U_1 = U_{1N})$

序号	1	2	3	4	5	6
U_2/V						
I_2/A						

若需要进行非纯电阻而功率因数一定的负载实验,则实验方法和线路与纯电阻负载时的相同,此时二次侧需要一个可变电抗器,与负载电阻并联或串联组成感性负载。

4. 实验报告

(1) 计算变比。

(2) 根据空载试验所测得的数据画空载特性曲线 $I_0 = f(U_0)$,$P_0 = f(U_0)$。

(3) 根据负载试验数据,作纯电阻负载下受试变压器的外特性:

即当 $U_1 = U_{1N}$,$\cos\varphi = 1$ 时的外特性 $U_2 = f(I_2)$ 曲线。

(4) 根据实验数据,计算变压器运行性能。

① 计算额定负载功率因数 $\cos\varphi = 1$ 时,受试变压器的电压变化率 ΔU 及效率 η。

② 计算功率因数 $\cos\varphi = 1$ 时,受试变压器的效率特性 $\eta = f(P_2)$。

本 章 小 结

1. 铁磁材料具有高导磁性和磁化性、磁饱和性和磁滞性,因此大部分的电气设备都用铁磁材料构成磁路。

2. 磁路欧姆定律 $\Phi = \dfrac{F}{R_m} = \dfrac{IN}{R_m}$,而 $R_m = \dfrac{l}{\mu S}$。但由于磁性物质的磁导率不为常量(μ 随磁路的饱和而减小),故其磁阻随磁路的饱和而增大。因此,在非线性磁路中,一般不能用磁路的欧姆定律来进行定量计算,它常用来作定性分析。

3. 对交流铁芯线圈来说,当线圈匝数 N 及电源频率 f 一定时,铁芯中主磁通幅值的大小取决于励磁线圈外加电压的有效值,而与铁芯的材料尺寸无关,即

$$\Phi_m \approx \frac{U}{4.44 f N}$$

4. 所有的变压器都是由铁芯和绕组这两部分组成。变压器具有变电压,变电流和变阻抗的功能,这些变换与匝数的关系为

$$\frac{U_1}{U_2} = \frac{N_1}{N_2} = K, \quad \frac{I_1}{I_2} = \frac{N_2}{N_1} = \frac{1}{K}$$

$$|Z'| = \left(\frac{N_1}{N_2}\right)^2 |Z| = K^2 |Z|$$

5. 同极性端:当电流流入(或流出)两个线圈时,若产生的磁通方向相同,则两个流入端称为同极性端(同名端)。判断方法:若知道绕向,则用定义判断;若不知道绕向,则用交流法或直流法进行测量后再判断。

6. 三相双绕组电力变压器的标准连接有 5 种:Y,yn0;YN,y0;Y,y0;Y,d11;YN,d11。

7. 自耦变压器使用时应注意：① 不要把原、副边搞错；② 火线和零线不能接反；③ 调压从零位开始。

8. 严禁电流互感器的副边开路和电压互感器的副边短路运行。

练 习 题

一、选择题

1. 变压器的铁芯用彼此绝缘的硅钢片叠成是为了减小（　　）。

　　A. 铁损耗　　　　　　　　B. 铜损耗　　　　　　　　C. 附加损耗

2. 变压器的电压变换公式 $U_1/U_2 = k$，只有在（　　）时才准确。

　　A. 空载或接近空载　　　　B. 满载或接近满载　　　　C. 短路或接近短路

3. 变压器的电流变换公式 $I_1/I_2 = 1/k$，只有在（　　）时才准确。

　　A. 空载或接近空载　　　　B. 满载或接近满载　　　　C. 短路或接近短路

4. 变压器的额定电压是它在（　　）时电压的额定值。

　　A. 空载　　　　　　　　　B. 满载　　　　　　　　　C. 短路

5. 变压器的额定电流是它在（　　）时电流的额定值。

　　A. 空载　　　　　　　　　B. 满载　　　　　　　　　C. 短路

6. 变压器向感性和阻性负载供电时，输出电流增加，输出电压（　　）。

　　A. 增加　　　　　　　　　B. 降低　　　　　　　　　C. 不变

7. 只有变压器向（　　）供电时，电压变化率才会出现负值。

　　A. 电感性　　　　　　　　B. 电阻性　　　　　　　　C. 电容性

8. 变压器的铁损耗可通过（　　）测得。

　　A. 空载实验　　　　　　　B. 负载实验　　　　　　　C. 短路实验

9. 变压器的铁损耗和铜损耗（　　）。

　　A. 是铁损耗为可变损耗，铜损耗为不变损耗

　　B. 是铁损耗为不变损耗，铜损耗为可变损耗

　　C. 都是不变损耗

　　D. 都是可变损耗

10. 变压器二次侧开路，一次侧加额定电压，则变压器从电网吸取的功率（　　）。

　　A. 只包含有功功率

　　B. 只包含无功功率

　　C. 既包含有功功率，又包含无功功率

　　D. 为零，这是由于二次侧开路

二、问答题

1. 变压器的铁芯起什么作用？不用行吗？

2. 变压器能否用来变换直流电压？如将变压器接到与它的额定电压相同的直流电源上，会怎么样？

3. 某铁芯变压器接上电源运行正常，有人为减少铁芯损耗而抽去铁芯，结果一接上电源，线圈就烧毁，为什么？

4. 为什么变压器的空载损耗可近似看成铁损耗，短路损耗可否近似看成铜损耗？

5. 变压器负载运行时引起二次电压变化的原因是什么？电压变化率是如何定义的？它与哪些因素有关？当二次侧带什么性质的负载时有可能使电压变化率为零？

6. 什么是变压器的同名端？简述判定同名端的方法。

7. 三相变压器有几种标准连接组别？请任意选择两种，画出其接线图和相量图。

8. 使用电流互感器和电压互感器时都应注意哪些事项？

三、计算题

1. 一台 220/36 V 的行灯变压器，已知原绕组 $N_1 = 1100$ 匝，试求副绕组匝数；若在副边接一盏 36 V、100 W 的白炽灯，问原边电流为多少(忽略空载电流和漏阻抗压降)？

2. 单相变压器的原边电压 $U_1 = 3300$ V，其变比 $K = 15$，求副边电压 U_2；当副边电流 $I_2 = 60$ A 时，求原边电流 I_1。

3. 某单相变压器，额定电压为 10 000/230 V，额定电流为 5/217 A，在空载时，高压绕组自 10 000 V 交流电源取用功率为 340 W，空载功率因数为 $\cos\varphi_0 = 0.08$。求这台变压器的：

(1) 电压比；

(2) 空载电流；

(3) 空载电流占额定电流的百分数。

4. 电子线路，输出变压器带有一个负载 $R = 8\ \Omega$ 的扬声器，为了在输出变压器的原边获得一个 29 Ω 的等效电阻，试求输出变压器的变比 K。

5. 有一台单相变压器，容量为 10 kV·A，电压为 3300 V/220 V，若要在它的副边接入 60 W、220 V 的白炽灯或 10 W、220 V、功率因数为 0.5(感性)的日光灯。试求：

(1) 变压器满载运行时，可接白炽灯或日光灯的盏数；

(2) 原、副绕组的额定电流。

6. 某三相变压器原绕组每相匝数 $N_1 = 2080$ 匝，副绕组每相匝数 $N_2 = 80$ 匝。如果原边所加线电压 $U_1 = 6000$ V，试求 Y，y 和 Y，d 两种接法时，副边的线电压和相电压。

7. 一单相自耦变压器，$S_N = 2$ kV·A，一次额定电压 $U_{1N} = 220$ V，二次电压可以调节。二次电压调节到 $U_2 = 100$ V 时，输出电流为 $I_2 = 10$ A。求这时的一次绕组电流 I_1 和公共绕组电流 I 以及输出的视在功率 S_2。

8. 连接在电压互感器副绕组端的电压表读数为 80 V，设在互感器铭牌上注明的变换系数为 10 000/100，试求被测电压。

第 2 章　三相异步电动机的构造与原理

交流异步电动机是将交流电能转换为机械能最主要的能量转换机械设备。交流异步电动机按定子绕组的相数可分为单相异步电动机和三相异步电动机。三相交流异步电动机由于具有结构简单、运行可靠、维护方便，效率较高、价格低廉等优点，因此，被广泛地用来驱动各种金属切削机床、起重机械、鼓风机、水泵及纺织机械等，是工农业生产中使用得最多的电动机。本章主要介绍三相交流异步电动机的构造及工作原理。

2.1　三相异步电动机的构造

三相异步电动机主要由两部分组成，固定不动的部分称为电动机定子，简称定子；旋转并拖动机械负载的部分称为电动机转子，简称转子。转子和定子之间有一个非常小的空气气隙将转子和定子隔离开来，根据电动机容量大小的不同，气隙一般在 0.2～3 mm 的范围内。转子和定子之间没有任何电气上的联系，能量的传递全靠电磁感应作用，所以这样的电动机也称感应式电动机。三相异步电动机的外形如图 2.1 所示，基本构造如图 2.2 所示。

图 2.1　三相异步电动机外形图

图 2.2　三相异步电动机结构图

三相异步电动机定子由固定和支撑定子铁芯的钢制机座、定子铁芯和定子绕组线圈组

成。定子铁芯由 0.5 mm 厚的硅钢片叠制而成。定子铁芯上的插槽是用来嵌放对称三相定
子绕组线圈的。

　　三相异步电动机转子由转子铁芯、转子绕组和转轴组成。转子铁芯由表面冲槽的硅钢
片叠制而成一圆柱形。转子铁芯装在转轴上,转轴拖动机械负载。转子有两种形式:鼠笼
式转子和绕线式转子。

　　鼠笼式转子绕组像一个圆柱形的笼子,如图 2.3 所示,在转子心槽中放置铜条(或铸
铝),两端用端环短接。额定功率在 100 kW 以下的鼠笼式异步电动机的转子绕组端环及作
冷却用的叶片常用铝铸成一体。由于鼠笼式转子结构简单,因此这种电动机运用最为
广泛。

(a) 转子铁芯冲片　　　　　(b) 笼型绕组　　　　　(c) 铸铝鼠笼式转子

图 2.3　鼠笼式转子结构示意图

　　绕线式异步电动机的转子绕组同定子绕组一样也是三相的,它连接成星形。每相绕组
的始端连接在三个铜制的滑环上,滑环固定在转轴上。环与环、环与转轴之间都是互相绝
缘的,通过与滑环滑动接触的电刷和转子绕组的三个始端与外电路的可变电阻相连接,用
于启动和调速。绕线式异步电动机转子构造如图 2.4 所示。

图 2.4　绕线式异步电动机转子结构示意图

　　绕组式异步电动机的结构比鼠笼式的复杂,价格较高,一般用于要求具有较大启动转
矩以及有一定调速范围的场合,如大型立式车床和起重设备等。

　　鼠笼式电动机和绕线式电动机只是在转子的结构上不同,工作原理是相同的。

2.2　三相异步电动机的工作原理

三相交流异步电动机的定子绕组接通三相交流电源后，在定子中就会产生一个连续的旋转磁场，旋转磁场与转子绕组内的感应电流相互作用，产生电磁转矩，转子就可以转动起来。

2.2.1　旋转磁场

1. 旋转磁场的产生

三相异步电动机的定子绕组嵌放在定子铁芯槽内，按一定规律连接成三相对称结构。三相绕组 U_1U_2、V_1V_2、W_1W_2 在空间互成 $120°(2\pi/3)$，把它们连接成星形，如图 2.5 所示。当三相绕组接上三相对称电源时，电流的参考方向如图 2.5 所示，则三相绕组中便有三相对称电流。

$$i_u = I_m \sin\omega t$$

$$i_v = I_m \sin\left(\omega t - \frac{2\pi}{3}\right)$$

$$i_w = I_m \sin\left(\omega t + \frac{2\pi}{3}\right)$$

三相对称电流的波形图如图 2.6 所示。

图 2.5　三相定子绕组的布置

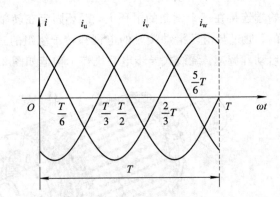

图 2.6　三相对称电流的波形图

由波形图可知，在 $t=0$ 时，$i_u = 0$；i_v 为负，说明实际电流的方向与 i_v 的参考方向相反，即 V_2 端流进，V_1 端流出；i_w 为正，说明实际电流方向与 i_w 的参考方向一致，即 W_1 端流进，W_2 端流出。合成磁场的方向由右手螺旋定则判断可知是自上而下，如图 2.7（a）所示。

当时间到达 $t=\dfrac{T}{3}$ 时，i_u 为正，电流方向与 i_u 的参考方向一致，即 U_1 端流进，U_2 端流出；$i_v = 0$；i_w 为负，电流的方向与 i_w 的参考方向相反，即 W_2 端流进，W_1 端流出。合成磁场的方向在空间顺时针方向转过了 $2\pi/3$，如图 2.7（b）所示。

当时间到达 $t=\dfrac{2}{3}T$ 时，i_u 为负，电流方向与 i_u 的参考方向相反，即 U_2 端流进，U_1 端流出；i_v 为正，电流的方向与 i_w 的参考方向一致，即 V_1 端流进，V_2 端流出；$i_w = 0$。合成磁场的方向在空间顺时针方向又转过了 $2\pi/3$，如图 2.7（c）所示。

当时间到达 $t=T$ 时，三相电流与 $t=0$ 时的情况相同，合成磁场的顺时针方向又转过 $2\pi/3$，回到 $t=0$ 时的位置，如图 2.7（d）所示。

图 2.7　三相电流产生的旋转磁场

由此可见，三相绕组通入三相交流电流时，将产生旋转磁场。如果绕组对称，电流也对称，则这个磁场的大小便恒定不变。

2. 旋转磁场的方向

从图 2.7 中可见，旋转磁场是按顺时针方向旋转的，而三相电流的相序也按顺时针方向布置，由此可知，旋转磁场的方向与三相电流的相序一致。如改变三相电流的相序（将连接三相电源的三根导线中的任意两根互换），则仍按图 2.7 分析可知，旋转磁场将按逆时针方向旋转。

3. 旋转磁场的转速

图 2.7 所示为一对磁极时的旋转情况。磁极对数用"p"表示，$p=1$ 时，电流每变化一周，旋转磁场在空间正好也旋转一周。设电源频率为 f_1，则旋转磁场的转速为 $n_0=60f_1$。

假设电动机的每相绕组由两个串联的线圈组成，三相绕组连接成 Y 形，如图 2.8 所示。各相绕组的首端或尾端在空间上互差$(\pi/3)$放置，如图 2.9 所示。采用上面同样的分析方法可判断出这时的磁场有两对磁极（4 个磁极），也就是 $p=2$，仍按绕组位置沿 U_1、V_1、W_1 方向旋转，与三相电流相序一致，但电流变化一周时，磁场在空间上仅旋转半周，设电源频率为 f_1，则旋转磁场的转速为 $n_0=\dfrac{60f_1}{2}$。

图 2.8　三相四极异步电动机的定子绕组示意图

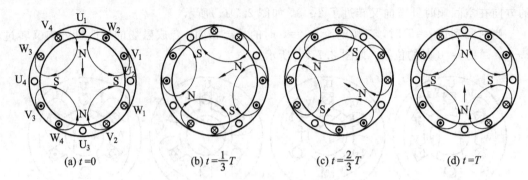

(a) $t=0$ (b) $t=\frac{1}{3}T$ (c) $t=\frac{2}{3}T$ (d) $t=T$

图 2.9 三相四极异步电动机的旋转磁场示意图

进一步分析更多磁极对数的旋转磁场及其旋转过程可以发现，磁场的旋转速度反比于磁极对数 p。根据分析可得旋转磁场的转速为

$$n_0 = \frac{60f_1}{p} \tag{2.1}$$

式中，f_1 为电源频率；p 为磁极对数；n_0 为旋转磁场的转速，亦称为同步转速。

我国工业用电频率为 50 Hz。对于一台具体的电动机来说，磁极对数是确定的，因此，n_0 也是确定的，如 $p=1$ 时，$n_0 = 3000$ r/min；$p=2$ 时，$n_0 = 1500$ r/min；$p=3$ 时，$n_0 = 1000$ r/min 等。

2.2.2 三相异步电动机的转动原理

如图 2.10 所示，当定子对称的三相绕组中通入对称的三相电流时，则可产生转速为同步转速 n_0，转向与电流的相序一致的旋转磁场（图中为顺时针方向）。固定不动的转子绕组就会与旋转磁场相切割，在转子绕组中产生感应电动势，其方向可用右手定则来判断。由于转子绕组自身闭合，感应电动势便会在转子绕组中产生感应电流从而使转子绕组成为载流导体。

图 2.10 三相异步电动机转动原理

载流转子导体在旋转磁场中受到电磁力的作用，方向可用左手定则判断。这些电磁力对转轴形成电磁转矩 T，其方向与旋转磁场的转向一致。于是转子是在电磁转矩的作用下，沿着旋转磁场的转向转动起来，转速为 n。

异步电动机的转速 n 总是小于并接近同步转速 n_0。如果 $n=n_0$，则转子与旋转磁场间无相对运动，转子导体将不再切割磁力线，因而其感应电动势、感应电流和电磁转矩就不能形成，转子也就不能转动了。因此，转子的转速与同步转速不能相等，且 $n<n_0$，这就是"异步"的含义。又因转子电流是由电磁感应产生的，所以又称感应电动机。

电动机的同步转速与转子的转速之差称为转速差，转速差与同步转速的比值称为转差率，用 s 表示，即

$$s = \frac{n_0 - n}{n_0} \times 100\% \tag{2.2}$$

s 是分析异步电动机运行的一个重要参数。s 不同时，电机将在不同的状态下工作。如果电机刚与电源接通而尚未转动，则这种状态称为堵转，这是电动机刚要启动的瞬间状

态，这时 $n=0$，$s=1$，转差率最大；如果电机的转速等于同步转速，则这种状态称为理想空载，这时 $n=n_0$，$s=0$。如果电机作电动机运行，则这种状态称为电动机状态，这时 n 在 $0\sim n_0$ 之间变化，s 在 $0\sim 1$ 之间变化，稳定运行时工作转速与同步转速比较接近，因此，s 较小。通常异步电动机的 $s_N=2\%\sim 8\%$。

　　如果电机的定子三相绕组仍然接在三相电源上，同时又利用原动机拖动转子，使其转向与旋转磁场转向相同，但转速超过同步转速，则这时与电动机状态相比，转子与旋转磁场相对运动的方向改变，转子绕组切割磁感线的方向改变，使得转子电流并引起定子电流的相位都反了过来，异步电机从电源输入电功率改为向外输出电功率。异步电机改作发电机运行，这种状态称为发电机状态。这时，$n>n_0$，$s<0$。

　　如果电机的定子三相绕组仍然接在三相电源上，同时又因某种原因（例如利用外力）使转子转向与旋转磁场转向相反，从而使电磁转矩的方向与转子方向相反，成为阻碍转子转动的制动转矩，则这时异步电机所处的状态称为制动状态。这时，$n<0$，$s>0$。

　　例 2.1　有一台三相异步电动机，其额定转速 $n=1460$ r/min，试求电动机在额定负载时的转差率（电源频率 $f_1=50$ Hz）。

　　解：

$$n\approx n_0=\frac{60f}{p}$$

$$p=\frac{60f_1}{n}=\frac{60\times 50}{1460}=2.05，取\ p=2$$

$$n_0=\frac{60f_1}{p}=\frac{60\times 50}{2}=1500\ (\text{r/min})$$

$$s=\frac{n_0-n}{n_0}=\frac{1500-1460}{1500}\times 100\%\approx 2.7\%$$

2.3　三相异步电动机的空载运行

2.3.1　电磁关系

　　三相异步电动机空载运行时，定子三相绕组接到三相交流电源上，转子转轴未接负载（生产机械），即转子在空转，这时定子绕组的电流称为空载电流。

　　三相空载电流通过定子三相绕组产生旋转磁场。旋转磁场与静止不动的三相定子绕组存在相对运动，在定子三相绕组中产生感应电动势，与三相变压器一次绕组中的感应电动势一样，都是由电磁感应现象产生的，计算公式也基本相同。但是由于它们的结构不同，变压器的绕组是集中绕在铁芯上的，主磁通在各匝线圈中产生的电动势大小相等，相位相同，绕组的电动势等于各匝线圈电动势的算术和。而三相异步电动机由于各铁芯槽内的线圈边在空间的位置不同，旋转磁场经过它们的时刻不同，因而各线圈边中的感应电动势的相位不同，绕组的电动势等于各串联线圈电动势的相量和，它的数值比算术和小。也就是说，在匝数 N 和磁通 Φ_m 的最大值相同的情况下，三相异步电动机绕组中的电动势将小于三相变压器绕组中的电动势，两者之比称为绕组因数，用 k_w 表示，其值小于 1。因此三相异步电动机定子绕组中的感应电动势 E_1 在数值上就为

$$E_1=4.44k_{w1}N_1f_1\Phi_m \tag{2.3}$$

式中，Φ_m 是旋转磁通的最大值；$k_{w1}N_1$ 是定子每相绕组的有效匝数；f_1 是三相绕组中感应电动势的频率，简称定子频率。由于 p 对磁极的旋转磁场每分钟绕定子绕组转了 n_0 圈，感应电动势每分钟变化了 pn_0 个周期，因此每秒变化的周期数，即定子频率为

$$f_1 = \frac{pn_0}{60} \tag{2.4}$$

比较式(2.1)与式(2.4)，两者一致，即定子感应电动势的频率，与定子电压和电流的频率即电源的频率相同。

定子三相电流通过定子三相绕组除了产生旋转磁场之外，每相电流还会产生仅与该相绕组相交链的主要经空气隙而闭合的漏磁通，与之对应的漏电抗为 X_1。此外定子绕组每相还有电阻 R_1。于是，三相异步电动机空载运行时，每相绕组的电动势平衡方程式与变压器一样为

$$\dot{U}_1 = -\dot{E}_1 + (R_1 + jX_1)\dot{I}_0 = -\dot{E}_1 + Z_1\dot{I}_0 \tag{2.5}$$

式中，R_1、X_1、Z_1 是定子每相绕组的电阻、漏电抗和漏阻抗；U_1、I_0、E_1 是定子每相绕组的相电压、相电流和相电动势。

如果忽略 R_1、X_1、I_0，则由式(2.5)和式(2.3)可知

$$U_1 = E_1 = 4.44k_{w1}N_1f_1\Phi_m$$

或者

$$\Phi_m = \frac{U_1}{4.44k_{w1}N_1f_1} \tag{2.6}$$

可见，Φ_m 正比于定子绕组相电压 U_1。

再看转子电路的情况，由于空载运行时，转子不带机械负载，转速很高，接近同步转速，即 $n \approx n_0$ 转差率很小，$s \approx 0$，即转子与旋转磁场之间的相对运动速度几乎为零。而转子绕组中的感应电动势 $E_2 = 0$，转子电流 $I_2 = 0$，转子磁动势 $F_2 = 0$。

2.3.2　空载损耗

空载损耗是指三相异步电动机在空载运行时，转子没有输出机械功率，定子从电源输入少量的电功率供电动机空载运行的功率损耗。它包括铁损耗 P_{Fe}、铜损耗 P_{Cu} 以及因转子旋转产生的轴承摩擦和风阻机械损耗 P_{Me}。与变压器一样，空载铜损耗很少，可忽略不计。空载损耗近似等于铁损耗与机械损耗之和，即

$$P_0 = P_{Fe} + P_{Me} \tag{2.7}$$

由空载损耗所形成的转矩 T_0 称为空载转矩，这是一个阻碍转子旋转的制动性质转矩。它与空载损耗 P_0 和转子转速 n 之间的关系为

$$T_0 = \frac{P_0}{2\pi \dfrac{n}{60}} = 9550\frac{P_0}{n} \tag{2.8}$$

式中，P_0 的单位为 kW；n 的单位为 r/min；T_0 的单位为 N·m。

三相异步电动机在空载运行时，电磁转矩 T 应与空载转矩 T_0 保持平衡关系，即大小相等，方向相反，也就是

$$T = T_0 \tag{2.9}$$

例 2.2　有一台三相异步电动机，空载运行时，定子线电压 $U_{1L} = 380$ V，定子线电

$I_{1L}=1.24$ A，功率因数 $\lambda=0.49$，空载转速 $n=1497$ r/min，求该电动机的空载损耗和空载转矩。

解： $P_0=\sqrt{3}U_{1L}I_{1L}\lambda=1.73\times380\times1.24\times0.49=399$ W $=0.399$ kW

$$T_0=9550\frac{P_0}{n}=9550\times\frac{0.399}{1497}=2.55 \text{ N}\cdot\text{m}$$

2.4　三相异步电动机的负载运行

2.4.1　磁动势平衡方程式

三相异步电动机在负载运行时，转子将拖动生产机械旋转，输出机械功率。这时转子转速将低于空载转速，转子绕组中的电动势和电流将增加，定子绕组的电流也相应增加。这一点与变压器相似。定子绕组相当于一次绕组，从电源取用电功率，转子绕组相当于二次绕组，通过电磁感应产生电动势和电流，只不过变压器将感应电流作输出电流，从而输出电功率，而三相异步电动机利用感应电流产生电磁转矩，从而输出机械功率。转子电流通过转子绕组也要产生旋转磁场，故负载运行时的旋转磁场是由定子旋转磁动势和转子旋转磁动势共同作用产生的。由于负载运行和空载运行时，定子电压没有改变，由式(2.6)可知，它们所产生的旋转磁通的最大值不变。因而，三相异步电动机负载运行时的定子旋转磁动势 F_1 和转子旋转磁动势 F_2 与空载旋转磁动势 F_0 之间也应该满足下述的磁动势平衡方程式

$$\dot{F}_1+\dot{F}_2=\dot{F}_0 \tag{2.10}$$

2.4.2　电动势平衡方程式

三相异步电动机工作时三相是对称的，只需取出一相来分析就可以了。负载运行时，定子电流由空载时的 I_0 增加到了 I_1，三相异步电动机定子的每相绕组的电动势平衡方程式应为

$$\dot{U}_1=-\dot{E}_1+(R_1+\mathrm{j}X_1)\dot{I}_1=-\dot{E}_1+Z_1\dot{I}_1 \tag{2.11}$$

对于转子电路，由于定子是静止的，而转子是旋转的，旋转磁场与定子和转子的相对运动速度不同，定子、转子绕组中的感应电动势的频率也就不同。p 对磁极的旋转磁场每分钟只绕转子转了 (n_0-n) 圈，转子绕组中感应电动势每分钟只变化了 $p(n_0-n)$ 个周期，每秒变化的周期数即转子绕组感应电动势的频率，简称转子频率，应为

$$f_2=\frac{p(n_0-n)}{60}=\frac{p(n_0-n)}{60}\cdot\frac{n_0}{n_0}=\frac{n_0-n}{n_0}\cdot\frac{pn_0}{60}$$

将式(2.2)和式(2.4)代入，得

$$f_2=sf_1 \tag{2.12}$$

可见，转子频率与转差率 s 成正比。只有在转子静止不动时，三相异步电动机才与变压器一样 $f_2=f_1$。既然 f_2 与 s 成正比，那么转子电路中与 f_2 有关的各物理量都与 s 有关，我们将这些物理量的下标加上"s"，比如转子每相绕组上的电动势 E_{2s}，转子每相绕组的漏电抗 X_{2s}，转子每相绕组的漏阻抗 Z_{2s}。

转子每相绕组的电动势

$$E_{2s} = 4.44k_{w2}N_2f_2\Phi_m \tag{2.13}$$

式中，Φ_m 是旋转磁通的最大值；$k_{w2}N_2$ 是转子每相绕组的有效匝数；f_2 是转子绕组中感应电动势的频率。若用 E_2 表示转子静止不动时每相绕组的电动势，则

$$E_2 = 4.44k_{w2}N_2f_1\Phi_m$$

于是

$$E_{2s} = sE_2 \tag{2.14}$$

转子每一相绕组的漏电抗

$$X_{2s} = 2\pi f_2 L_{\sigma2} = 2\pi sf_1 L_{\sigma2} = sX_{20} \tag{2.15}$$

式中，$L_{\sigma2}$ 是转子绕组的漏电感；$X_{20} = 2\pi f_1 L_{\sigma2}$，为转子不转时的漏电抗。

转子每相绕组的漏阻抗

$$Z_{2s} = R_2 + jX_{2s} = R_2 + jsX_{20} \tag{2.16}$$

三相异步电动机的转子绕组正常运行时处于短接状态，其端电压 $U_2 = 0$，所以，转子绕组的电路图如图 2.11 所示。

图 2.11　三相异步电动机转动原理

转子每相绕组电动势平衡方程为

$$\dot{E}_{2s} - Z_{2s}\dot{I}_2 = 0 \text{ 或 } \dot{E}_{2s} = (R_2 + jX_{2s})\dot{I}_2 \tag{2.17}$$

转子每相绕组的电流为

$$\dot{I}_2 = \frac{\dot{E}_{2s}}{Z_{2s}} = \frac{\dot{E}_{2s}}{R_2 + jX_{2s}} = \frac{s\dot{E}_2}{R_2 + jsX_{20}} \tag{2.18}$$

其有效值为

$$I_2 = \frac{sE_2}{\sqrt{R_2^2 + (sX_{20})^2}} \tag{2.19}$$

式(2.19)说明，转子绕组电流 I_2 也与转差率 s 有关，当 $s = 0$ 时，$I_2 = 0$；当转子转速降低时，转差率 s 增大，转子电流也随之增大。

转子每相绕组功率因数

$$\cos\varphi_2 = \frac{R_2}{\sqrt{R_2^2 + (sX_2)^2}} \tag{2.20}$$

式(2.20)说明，转子回路功率因数也与转差率 s 有关，当 $s = 0$ 时，$\cos\varphi_2 = 1$；当 s 增大时，则 $\cos\varphi_2$ 减小。

2.4.3　功率平衡方程式

三相异步电动机从三相电源输入的有功功率称为输入功率，用 P_1 表示，则

$$P_1 = 3U_1I_1\cos\varphi_1 \tag{2.21}$$

式中，U_1、I_1、$\cos\varphi_1$ 分别为转子绕组每一相的电压、电流和功率因数。

输入功率的一小部分消耗在电动机内部成为电动机的功率损耗。它包括铜损耗 P_{Cu}、铁损耗 P_{Fe} 和机械损耗 P_{Me}。铜损耗包括定子绕组的铜损耗 P_{Cu1} 和转子绕组的铜损耗 P_{Cu2}。负载变化时，定子、转子电流都将随之变化，铜损耗也随之变化，故铜损耗为可变损耗。负载变化时，定子电压不变，Φ_m 基本不变，故铁损耗基本不变；电动机的转速变化也不大，故机械损耗也可认为基本不变，两者之和即上节介绍的空载损耗，即

$$P_0 = P_{Fe} + P_{Me}$$

输入功率减去上述损耗剩下的就是从转轴上输出的机械功率，称为输出功率，用 P_2 表示，三相异步电动机的功率平衡方程式为

$$P_2 = P_1 - P_{Cu} - P_{Fe} - P_{Me} \tag{2.22}$$

输出功率与输入功率的百分比为电动机效率，即

$$\eta = \frac{P_2}{P_1} \times 100\% \tag{2.23}$$

2.4.4　转矩平衡方程式

负载运行时，三相异步电动机的电磁转矩 T 减去空载转矩 T_0 就是从轴上输出的转矩，称为输出转矩，用 T_2 表示，三相异步电动机的转矩平衡方程式为

$$T_2 = T - T_0 \tag{2.24}$$

输出转矩与输出功率的关系为

$$T_2 = \frac{P_2}{2\pi n/60} = 9550 \frac{P_2}{n} \tag{2.25}$$

式中，P_2 的单位为 kW；n 的单位为 r/min；T_2 的单位为 N·m。

负载运行时，电动机的负载（即拖动的生产机械）施加在转子上的转矩称为负载转矩 T_L。电动机在稳定运行时，有

$$T_2 = T_L \tag{2.26}$$

若 T_L 减小，则原来的平衡被打破，T_L 减小的瞬间，$T_2 > T_L$，电动机加速，n 增大，s 减小，转子电动势 E_{2s} 减小，转子电流和定子电流都随之减小。转子电流减小又会使电磁转矩 T 减小，直到恢复 $T_2 = T_L$ 为止，电动机便在比原来更高的转速和比原来更小的电流下重新稳定运行。

T_0 一般很小，电动机在满载或接近满载运行时，$T_0 \ll T$，T_0 可忽略不计，这时

$$T = T_2 = T_L \tag{2.27}$$

例 2.3　有一台三相异步电动机，三角形连接，额定线电压 $U_N = 380$ V，在拖动某负载时，转速 $n = 1446$ r/min，相电流 $I_1 = 11.5$ A，功率因数 $\lambda = 0.86$，效率 $\eta = 82\%$，铜损 $P_{Cu} = 1.2$ kW，求该电动机的输入功率 P_1、输出功率 P_2、总损耗 P_{al}、电动机的输出转矩 T_2、空载转矩 T_0 和电磁转矩 T。

解：　　$P_1 = 3U_1 I_1 \lambda = 3 \times 380 \times 11.5 \times 0.86 = 11\,270$ (W) $= 11.27$ (kW)

$P_2 = P_1 \eta = 11.27 \times 0.82 = 9.24$ (kW)

$$P_{al} = P_1 - P_2 = 11.27 - 9.24 = 2.03 \text{ (kW)}$$

$$T_2 = 9550 \frac{P_2}{n} = 9550 \times \frac{9.24}{1446} = 61.02 \text{ (N · m)}$$

空载损耗

$$P_0 = P_{al} - P_{Cu} = 2.03 - 1.2 = 0.83 \text{ (kW)}$$

$$T_0 = 9550 \frac{P_0}{n} = 9550 \times \frac{0.83}{1446} = 5.48 \text{ (N · m)}$$

电磁转矩 $\qquad T = T_2 + T_0 = 61.02 + 5.48 = 66.5 \text{ (N · m)}$

2.5 三相异步电动机的工作特性

三相异步电动机的工作特性是指在额定电压和额定频率下,电动机转速 n、输出转矩 T_2、定子电流 I_1、功率因数 $\cos\varphi_1$、效率 η 等随输出功率 P_2 变化的关系曲线。图 2.12 为三相异步电动机的工作特性曲线。

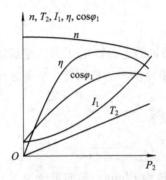

图 2.12 三相异步电动机的工作特性曲线

2.5.1 转速特性 $n = f(P_2)$

空载时,输出功率 $P_2 = 0$,转子转速接近于同步转速,即 $n = n_0$。负载增加时,转速 n 将下降,旋转磁场以较大的转差速度 $n = n_0 - n$ 切割转子,使转子导体中的感应电动势及电流增加,以便产生较大的电磁转矩与机械负载转矩相平衡。额定运行时,转差率很小,一般 $s_N = 0.01 \sim 0.06$,这表明负载由空载增加到额定时,转速仅下降 $1\% \sim 6\%$,故转速特性 $n = f(P_2)$ 是一条稍微向下倾斜的曲线。

2.5.2 转矩特性 $T_2 = f(P_2)$

由 $T_2 = 9550 P_2/n$ 可知,如果 n 为常数,则 T_2 与 P_2 成正比,即 $T_2 = f(P_2)$ 应该是一条通过原点的直线。但随负载增加,转速略有下降,故转矩特性是一条略微上翘的曲线。

2.5.3 定子电流特性 $I_1 = f(P_2)$

由磁动势方程式 $\dot{F}_1 + \dot{F}_2 = \dot{F}_0$ 或 $\dot{I}_1 + \dot{I}_2 = \dot{I}_0$ 可知,空载时,转子电流 $I_2 \approx 0$,定子电流 $I_1 = I_0$。当负载增加时,转速下降,转子电流增大,定子电流也相应增加。因此定子电

流 I_1 随输出功率 P_2 增加而增加。

2.5.4　定子功率因素特性 $\cos\varphi_1 = f(P_2)$

空载时，定子电流主要是无功性质的励磁电流，故功率因数很低，约为 0.2。负载后，由于要输出机械功率，根据功率平衡关系可知，输入功率随之增加，即定子电流中的有功分量随之增加，所以功率因数逐渐提高。在额定负载附近，功率因数将达到最大数值，一般为 0.8～0.9。负载超过额定值后，由于转速下降较多，转差率增大较多，转子漏抗迅速增大，故转子的功率因数 $\cos\varphi_2$ 将下降，于是转子电流无功分量增大，与之相平衡的定子电流无功分量也增大，致使电动机功率因数 $\cos\varphi_1$ 下降。

2.5.5　效率特性 $\eta = f(P_2)$

电动机在正常运行范围内，其主磁通和转速变化很小，铁芯损耗和机械损耗基本不变，故称不变损耗；铜损耗和附加损耗是随负载变化而变化的，所以称为可变损耗。

根据

$$\eta = \frac{P_2}{P_1} = 1 - \frac{\sum P}{P_2 + \sum P}$$

可知，空载时，$P_2 = 0$，$\eta = 0$，负载运行时，随着 P_2 增加，η 也随之增加。当负载增加到可变损耗与不变损耗相等时，效率达最大值。此后负载增加，由于定子、转子电流增加，可变损耗增加很快，效率反而降低。对中小型异步电动机，通常在 $(0.7\sim1)P_N$ 范围内效率最高。三相异步电动机的效率通常在 74%～94% 之间，电动机容量越大，其额定效率越高。

由于额定负载附近的功率因数和效率均较高，因此，电动机应运行在额定负载附近。所以电动机容量的选择要与负载容量相匹配，若电动机容量选择过大，电动机长期处于轻载运行，效率及功率因数均较低，很不经济。所以在选用电动机时，应注意其容量与负载相匹配。

2.6　三相异步电动机的使用

正确地选择异步电动机，就要详细了解电动机的铭牌数据，电动机铭牌提供了许多有用的信息，上面标有电动机的型号、规格和有关技术参数。下面以 Y180—4 型电动机铭牌为例，来说明铭牌上各个数据的意义。

三相异步电动机		
型号　Y180M—4	功率　18.5 kW	频率　50 Hz
电压　380 V	电流　35.9 A	接法　△
转速　1470 r/min	绝缘等级　E	功率因数　0.86
效率　0.91	温升　60℃	工作制　S1
防护等级　IP44	LW　79dB	
出厂编号××××	出厂日期××××××	×××××电机厂

1. 型号

为了适应不同用途和不同工作环境的需要，电动机制成不同的系列和种类，每种电动机用不同的型号表示。型号说明如下：

2. 额定功率和效率

铭牌上所标额定功率值是指电动机在额定电压、额定频率、额定负载下运行时轴上输出的额定机械功率 P_N。效率就是电动机铭牌上给出的功率同电动机从电网输入电功率的比值。

3. 额定频率

额定频率是指电动机定子绕组所加交流电源的频率，我国工业用交流电标准频率为 50 Hz。

4. 额定电压

铭牌上所标的额定电压是指电动机在额定运行时定子绕组上加的额定线电压值。Y 系列三相异步电动机的额定电压统一为 380 V。

5. 额定电流

铭牌所标的额定电流值是指电动机在额定运行时定子绕组的额定线电流值。当电动机空载或轻载时，都小于这个电流值。

6. 功率因数

因为电动机是电感性负载，定子相电流比定子相电压滞后一个 φ 角，$\cos\varphi$ 就是电动机的功率因数。三相异步电动机功率因数较低，在额定负载时约为 0.7～0.9，而在轻载和空载时更低，空载时只有 0.2～0.3。因此，必须正确选择电动机的容量，尽量使电动机能保持在满载下工作。

三相异步电动机的额定功率与其他额定数据之间有以下关系

$$P_N = \sqrt{3}U_N I_N \cos\varphi_N \eta_N \tag{2.28}$$

式中，$\cos\varphi_N$ 为额定功率因数；η_N 为额定效率。

7. 额定转速

铭牌所给出的额定转速是电动机在额定电压、额定功率、额定频率下运行时每分钟的转数。电动机所带负载不同转速略有变化。轻载时稍快，重载时稍慢些。如果是空载，则接近同步转速。

8. 接法

接法表示电动机在额定电压下定子三相绕组的连接方法。一般电动机定子三相绕组的首、尾端均引至接线板上，国家标准规定用符号 U_1、V_1、W_1 分别表示电动机三相绕组线圈的首端，用符号 U_2、V_2、W_2 分别表示电动机三相绕组线圈的尾端。电动机的六个线头可以接成星形和三角形，如图 2.13 所示。但必须按铭牌所规定的接法连接，才能正常运行。

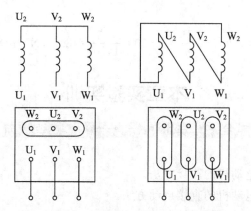

图 2.13　三相异步电动机的接线图

9. 定额工作制

定额工作制是指三相电动机按铭牌值工作时，可以允许连续运行的时间和顺序。分为连续定额(S1)、短时定额(S2)和周期断续定额(S3)三种。

10. 绝缘等级及温升

绝缘等级是指电动机定子绕组所用的绝缘材料允许的最高温度的等级。中小型电动机常用的绝缘分为 A、E、B、F、H、C 六级。目前一般电动机采用较多的是 E 级绝缘和 B 级绝缘。

温升是指电动机运行时定子铁芯和绕组温度高于环境温度的允许温差。

11. 防护等级

防护等级指防止人体接触电机转动部分、电机内带电体和防止固体异物进入电机内的防护级别，共分为四级。

(1) IP00——无专门防护。

(2) IP23——能防止直径大于 12 mm 的固体异物进入壳内，并能防淋水。

(3) IP44——能防止直径大于 1 mm 的固体异物进入壳内，并能防溅水。

(4) IP54——防尘防溅水。

12. LW 值

LW 值是指电动机总噪声等级，LW 值小表示电动机的噪声低。

例 2.4　有一三相异步电动机，其铭牌给出额定数据为：$P_N = 7.5$ kW，$n_N = 1470$ r/min，$U_1 = 380$ V，$\eta = 86.2\%$，$\cos\varphi = 0.81$。试求：

(1) 额定电流；

(2) 额定转差率；

(3) 额定转矩。

解：(1) 额定电流

$$I_N = \frac{P_N}{\eta\sqrt{3}U_1\cos\varphi} = \frac{7.5\times10^3}{0.862\times\sqrt{3}\times380\times0.81} = 16.3 \text{ (A)}$$

(2) 由 $n = 1470$ r/min 可知，其极对数 $p = 2$，同步转速 $n_0 = 1500$ r/min，所以

$$s = \frac{n_0 - n}{n_0}\times100\% = \frac{1500-1470}{1500}\times100\% = 2\%$$

（3）额定转矩

$$T_N = 9550 \frac{P_N}{n_N} = 9550 \times \frac{7.5}{1470} = 48.7 （N \cdot m）$$

本章实验实训

实验一　三相异步电动机的空载运行

1. 实验目的

（1）掌握三相异步电动机的连接方法。

（2）掌握三相异步电动机的直接启动方法。

（3）掌握三相异步电动机的反转方法。

2. 实验内容

（1）熟悉电动机铭牌数据和接线盒绕组首尾端的布置方式。

（2）根据电动机铭牌上给出的额定电压和连接方式以及实验室的电源电压，确定电动机定子绕组的连接方式，并接好电路。

（3）合上电源开关，启动电动机，注意观察启动瞬间电流表指针摆动的幅度和变化。将最后的空载电流值记录下来。

（4）断开电源开关，注意电动势的变化。

（5）将电源线的任意两相对调改接好电路，重新启动电动机，观察电动机的转向是否改变，然后断开电源开关，结束实验。

实验二　三相异步电动机的负载运行

1. 实验目的

（1）进一步熟悉三相异步电动机的连接方法。

（2）通过实验了解三相异步电动机负载运行时 I、n、λ 和 η 随 P_2 如何变化。

2. 实验内容

（1）按图 2.14 接好电路，图中电动机负载选用转矩仪。

图 2.14　三相异步电动机负载实验电路

(2) 将调压器 T 置于起始位置(输出电压为零位置),转矩仪电源开关置于断开位置,调节电阻 R_T 置于电阻最大位置,然后合上断路器 QF。

(3) 调节调压器 T 的输出电压,使其逐渐增加,电动机开始启动。将调压器的输出电压升至电动机的额定电压,测出此时电动机的线电压、线电流和两个功率表的读数(采用二功率表法测量三相功率)以及电动机的转速,将测得的结果填入表 2.1 中。

表 2.1　三相异步电动机负载实验数据

测量值					计算值				
U_1/V	I_1/A	P_1'/W	P_1''/W	$T_2/(N \cdot m)$	$n/(r/min)$	P_1/W	P_2/W	λ	η

(4) 合上转矩仪直流电源开关 Q,逐渐减小 R_T,使电动机的输出 T_2 转矩增加。从电动机空载到电动机电流等于 $1.2I_N$ 之间读取 6 组左右数据,记入表 2.1 中。实验过程中要注意时刻微调调压器,保持电压为电动机额定电压不变。

(5) 实验结束后,务必先将 R_T 调至最大位置,再断开 Q,将调压器电压减小至零,最后断开 QF。

(6) 由表 2.1 中的测量值求出计算值,并用坐标纸画出 I_1、n、λ、$\eta = f(T_2)$,并讨论其变化规律。

本 章 小 结

1. 电动机主要由定子和转子组成。三相异步电动机的定子铁芯槽中嵌放着对称的三相绕组,转子有鼠笼和绕线式两种结构。

2. 三相异步电动机的转动原理。

① 电生磁:在三相定子绕组中通入三相交流电流产生旋转磁场;

② 磁生电:旋转磁场切割转子绕组,在转子绕组中产生感应电动势(电流);

③ 电磁共生转矩:转子感应电流与旋转磁场相互作用产生电磁转矩,驱动电动机旋转。

3. 旋转磁场的方向与转速。旋转磁场的方向与三相电流的相序一致。旋转磁场的转速,亦称为同步转速

$$n_0 = \frac{60 f_1}{p}$$

4. 转差率 s。$s = \dfrac{n_0 - n}{n_0} \times 100\%$，转子转速 n 恒小于同步转速 n_0，即转差存在是异步电动机旋转的必要条件；转子的转向与旋转磁场方向一致。

5. 空载运行时，电动势平衡方程式为 $U_1 = E_1 = 4.44 k_{w1} N_1 f_1 \Phi_m$，功率平衡方程式为 $P_0 = P_{Fe} + P_{Me}$，转矩平衡方程式为 $T = T_0$。

6. 负载运行时，定子每相绕组的电动势平衡方程式为 $\dot{U}_1 = -\dot{E}_1 + Z_1 \dot{I}_1$，转子每相绕组电动势平衡方程式为 $\dot{E}_{2s} = (R_2 + jX_{2s})\dot{I}_2$，转子频率为 $f_2 = s f_1$，转子每相绕组功率因数为 $\cos\varphi_2 = \dfrac{R_2}{\sqrt{R_2^2 + (sX_2)^2}}$，功率平衡方程式为 $P_2 = P_1 - P_{Cu} - P_{Fe} - P_{Me}$，转矩平衡方程式 $T_2 = T - T_0$。

7. 三相异步电动机的工作特性是指在额定电压和额定频率下，电动机转速 n、输出转矩 T_2、定子电流 I_1、功率因数 $\cos\varphi_1$、效率 η 等随输出功率 P_2 变化的关系曲线。

8. 三相异步电动机的铭牌数据包括型号、额定功率、效率、额定频率、额定电压、额定电流、功率因数、额定转速、接法、定额工作制、绝缘等级及温升、防护等级、LW 值等内容。

练 习 题

一、选择题

1. 额定频率 $f = 50$ Hz、4 磁极的三相异步电动机，其同步转速为（　　）。

    A. 900 r/min   B. 1500 r/min   C. 1800 r/min

2. 旋转磁场的旋转方向与三相电流的相序（　　）。

    A. 一致   B. 相反   C. 无关

3. 三相异步电动机作电动机运行时，其转差率的范围为（　　）。

    A. $s < 0$ B. $0 < s < 1$ C. $s > 1$

4. 额定电压 $U_N = 380$ V，△形连接的三相异步电动机若要连接成 Y 形运行，则电源线电压应为（　　）。

    A. 220 V   B. 380 V   C. 660 V

5. 额定转速 $n_N = 1460$ r/min 的三相异步电动机，其磁极数 p 为（　　）。

    A. 1   B. 2   C. 3

6. 三相异步电动机不希望空载可轻载运行的主要原因是（　　）。

    A. 转速太高不安全   B. 电流太大有危险   C. 功率因数和效率低

7. 三相异步电动机在作电动机运行时，转子电流的频率 f_2 与定子电流的频率 f_1 之间的关系为（　　）。

    A. $f_2 < f_1$ B. $f_2 = f_1$ C. $f_2 > f_1$

8. 三相异步电动机额定功率是指（　　）。

    A. 输入的视在功率   B. 输入的有功功率   C. 输出的机械功率

9. 三相异步电动机机械负载加重时，其定子电流将（　　）。

    A. 增大   B. 减小   C. 不变

10. 三相异步电动机的旋转速度跟(　　)无关。

    A. n_0　　　　　　　B. f　　　　　　　C. p　　　　　　　D. U_N

二、问答题

1. 三相交流异步电动机定子和转子分别包括哪几部分? 具有什么作用?

2. 异步电机"异步"的含义是什么? 异步电动机为什么又称感应电动机?

3. 三相交流异步电动机的转子是如何转动起来的?

4. 三相交流异步电动机产生旋转磁场的条件是什么?

5. 三相交流异步电动机的转子转向由什么决定? 怎样改变其转向?

6. 三相交流异步电动机空载运行时,为什么功率因数很低?

7. 三相交流异步电动机在一定负载下运行时,如果电源电压降低,则电动机的转矩、定子电流和转速有何变化?

8. 一台三相交流异步电动机的额定转速为 1460 r/min,当负载转矩只为额定转矩的 1/2 时,电动机的转速如何变化?

三、计算题

1. 有一台三相异步电动机,其额定转速 $n=975$ r/min,试求电动机的磁极对数和在额定负载下的转差率(电源频率 $f=50$ Hz)。

2. 一台 $P_N=4.5$ kW, Y/△连接,380/220V, $\cos\varphi=0.8$, $\eta_N=0.8$, $n_N=1450$ r/min 的三相异步电动机,试求:

(1) 接成 Y 连接及△连接时的额定电流;

(2) 同步转速及磁极对数;

(3) 带额定负载时的转差率。

3. 有一台四极三相异步电动机,电源电压频率为 50 Hz,满载时电动机的转差率为 0.022,求电动机的同步转速、转子转速和转子电流频率。

4. 有 Y112M—2 型和 Y160M1—8 型异步电动机各一台,其额定功率都是 4 kW,但前者额定转速为 2890 r/min,后者为 720 r/min,试比较它们的额定转矩,并由此来说明电动机的极对数、转速和转矩之间的关系。

5. 三相异步的数据铭牌如下。电压:220 V/380 V,接法:△/Y,功率:3 kW,转速: 2 960 r/min,功率因数:0.88,效率:0.86。试回答下列问题:

(1) 若电源的线电压为 220 V,则定子绕组应如何连接? I_N、T_N 应各为多少?

(2) 若电源的线电压为 380 V,则定子绕组应如何连接? I_N、T_N 应各为多少?

6. 一台三相异步电动机,额定功率 $P_N=4.5$ kW,额定频率 $f_N=50$ Hz,极数 $2p=6$,额定转速 $n_N=960$ r/min。额定情况下,机械损耗 P_{Me} 为输出功率的 2%,试求额定情况下:

(1) 电磁功率;

(2) 转子铜损耗;

(3) 电磁转矩。

第3章　三相交流异步电动机的电力拖动

三相交流异步电动机由于具有结构简单、运行可靠、维护方便,效率较高、价格低廉等优点,因此,被广泛应用于电力拖动系统中。尤其是随着电力电子技术的发展和变频调速技术的日益完善,三相异步电动机的电力拖动已经成为电力拖动的主流。本章主要讨论三相交流异步电动机的的机械特性,并在此基础上研究三相交流异步电动机的启动、制动和调速等问题。

3.1　三相异步电动机的机械特性

三相异步电动机的作用是将电能转换成机械能,向负载输出机械功率,机械功率的大小正比于转矩和转速的乘积,因此,转矩与转速的关系便成了所有电动机的重要工作特性。三相异步电动机机械特性是指电动机的转速 n 与电磁转矩 T 之间的关系,即 $n = f(T)$。因为异步电动机的转速 n 与转差率 s 之间存在着一定的关系,所以异步电动机的机械特性通常又用 $T = f(s)$ 表示,这一关系也称为转矩特性。

3.1.1　三相异步电动机的机械特性的表达式

三相异步电动机的转子电流与旋转磁场相互作用产生电磁力,电磁力对电动机的转子产生了电磁转矩。由此可见,电磁转矩是由转子电流和旋转磁场共同作用所产生的结果。因此,电磁转矩 T 的大小与转子每相电流的有功分量 $I_2 \cos\varphi_2$ 以及旋转磁场每极的磁通最大值 Φ_m 成正比。用公式表示,即

$$T = C_T \Phi_m I_2 \cos\varphi_2 \tag{3.1}$$

此式称为转矩的物理表达式。式中,C_T 为与电动机结构有关的常数。

将式(2.6)、式(2.19)和式(2.20)代入式(3.1),电磁转矩的公式还可表示为

$$T = K_T U_1^2 \frac{sR_2}{R_2^2 + (sX_{20})^2} \tag{3.2}$$

此式称为转矩的参数表达式。式中,$K_T = C_T \dfrac{k_{W2} N_2}{4.44 f_1 k_{w1}^2 N_1^2}$ 是一常数;U_1 为定子绕组相电压的有效值;R_2 为转子每相绕组的电阻;X_{20} 为转子静止时转子电路漏磁感抗,通常也是常数。

从式(3.2)可知,三相异步电动机的转矩与每相电压的有效值平方成正比,也就是说,当电源电压变动时,对转矩产生较大的影响。此外,转矩与转子电阻也有关。U_1、R_2、X_2 都保持不变时,电磁转矩 T 是转差率 s 的函数,其关系曲线如图 3.1 所示,通常称 $T = f(s)$ 曲线为异步电动机的转矩特性曲线。由 $n = (1-s)n_0$,可将 $T = f(s)$ 转换为 $n = f(T)$,这就是三相异步电动机的机械特性。$n = f(T)$ 曲线称为电动机的机械特性曲线,如

图 3.2 所示。

由转矩特性可以看到，当 $s=0$ 时，即 $n=n_0$ 时，$T=0$，这是理想空载运行状态，随着 s 的增大，T 也增大；但到达最大值 T_{max} 以后，随着 s 的增大，T 反而减小，最大转矩 T_{max} 称为临界转矩，与其对应的 s_m 称为临界转差率。

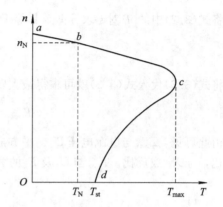

图 3.1 三相异步电动机的转矩特性曲线　　图 3.2 三相异步电动机的机械特性曲线

3.1.2 三相异步电动机的固有机械特性和人为机械特性

1. 固有机械特性

三相异步电动机的固有机械特性是指电动机在额定电压和额定频率下，按规定的接线方式接线，定子和转子电路不接外接电阻或电抗时的机械特性。图 3.2 表示的就是三相异步电动机的固有机械特性曲线。下面着重讨论固有特性上几个特殊的工作点。

1) 额定运行点 b

电动机额定运行时，工作点位于 b 点。这是电动机的电压、电流、功率和转矩都等于额定值时的状态。此时，$n=n_N$，$s=s_N$，$T=T_N$，$I_1=I_N$。额定转矩 T_N 是电动机在额定负载时的转矩。忽略 T_0，额定转矩可从电动机铭牌数据给出的额定功率 P_{2N}（注意：电动机铭牌数据给出的功率是输出到转轴上的机械功率，而不是电动机消耗的电功率）和额定转速 n_N 求得

$$T_N = \frac{P_{2N} \times 10^3}{\frac{2\pi n_N}{60}} = 9550 \frac{P_{2N}}{n_N} \tag{3.3}$$

式中，功率的单位是 kW；转速的单位是 r/min；转矩的单位是 N·m。

在电动机运行过程中，负载通常会变化，如电动机机械负载增加时，打破了电磁转矩和负载转矩间的平衡，此时负载转矩大于电磁转矩，电动机的速度将下降，同时，旋转磁场对于转子的相对速度加大以及旋转磁场切割转子导条的速度加快，都将导致转子电流 I_2 增大，从而电磁转矩增大，直到同负载转矩相等为止，这样电动机就维持一个略低于原来转速的速度平稳运转，如图 3.2 所示，电动机有载运行一般工作在机械特性较为平坦的 ac 段。

电动机转速随负载的增加而下降得很少的机械特性称为硬特性。电动机的转速随负载

的增加而下降得很多的机械特性称为软特性。因此，从图 3.2 中可看出，三相异步电动机的硬特性表现显著。

2）最大转矩点 c

c 点是机械特性曲线中线性段（a～c）与非线性段（c～d）的分界点，这是电动机的电磁转矩等于最大值的状态。此时 $s=s_m$，$T=T_{max}$。s_m、T_{max} 分别称为临界转差率和最大转矩。

将式（3.2）中的 T 对 s 求导并令其等于零，即令 $\dfrac{\mathrm{d}T}{\mathrm{d}s}=0$，便可得到临界转差率为

$$s_m = \frac{R_2}{X_{20}} \tag{3.4}$$

将式（3.3）代入式（3.2）就可求得最大转矩为

$$T_{max} = K_T \frac{U_1^2}{2X_{20}} \tag{3.5}$$

由此可见，T_{max} 与电源电压 U_1 的平方成正比，与 X_{20} 成反比，而与 R_2 无关；而 s_m 与 R_2 成正比，与 X_{20} 成反比。T_{max} 与 U_1 及 R_2 的关系曲线分别如图 3.3 和图 3.4 所示。

 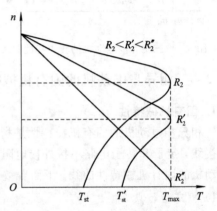

图 3.3　U_1 变化的 $n=f(T)$ 曲线（U_1 为常数）　　图 3.4　R_2 变化的 $n=f(T)$ 曲线（R_2 为常数）

当异步电动机的负载转矩超过最大转矩 T_{max} 时，电动机将发生"堵转"的现象，此时电动机的电流是额定电流的数倍，若时间过长，电动机会剧烈发热，以致烧坏。

电动机短时允许的过载能力，通常用最大转矩 T_{max} 与额定转矩 T_N 的比值来表示，称为过载系数 λ_T，即

$$\lambda_T = \frac{T_{max}}{T_N} \tag{3.6}$$

Y2 系列三相异步电动机的过载系数为 2～2.2。

3）启动点 d

电动机接通电源开始启动瞬间，其工作点位于 d 点，此时，$n=0$，$s=1$，$T=T_{st}$，$I_1=I_{st}=(4\sim6)I_N$（I_N 为额定电流）。

启动转矩 T_{st} 是电动机运行性能的重要指标。因为启动转矩的大小将直接影响到电动机拖动系统的加速度的大小和加速时间的长短。如果启动转矩小，电动机的启动会变得十分困难，有时甚至难以启动。在电动机启动时，$n=0$，$s=1$，将 $s=1$ 代入式（3.2）可得

$$T_{st} = K_T \frac{sR_2U_1^2}{R_2^2 + (X_{20})^2} \tag{3.7}$$

由式(3.7)可以看出，异步电动机的启动转矩同电源电压 U_1 的平方成正比，再参看图 3.3 所示，当 U_1 降低时，启动转矩 T_{st} 明显降低。结合刚才讨论过的最大转矩可以看出，异步电动机对电源电压的波动十分敏感，运行时，如果电源电压降得太多，会大大降低异步电动机的过载和启动能力，这个问题在使用异步电动机时要充分重视。由式(3.7)并结合图 3.4，当转子电阻 R_2 适当加大时，最大转矩 T_{max} 没有变化(最大转矩同 R_2 无关)，但启动转矩 T_{st} 会加大。这是因为转子电路电阻增加后，提高了转子回路的功率因数，转子电流的有功分量增大，因而启动转矩增大。

只有当启动转矩大于负载转矩时，电动机才能启动。通常将机械特性上的启动转矩与额定转矩之比称为启动转矩倍数

$$K_{st} = \frac{T_{st}}{T_N} \tag{3.8}$$

它反映电动机启动负载能力。Y2 系列三相异步电动机的 $K_{st} = 1.6\sim2.2$。

2. 人为机械特性

三相异步电动机的人为机械特性是人为地改变电源参数或电动机参数而得到的机械特性。由电磁转矩的参数表达式(3.2)可知，可以改变的电源参数有：电压 U_1 和频率 f_1；可以改变的电动机参数有：极对数 p、定子电路参数 R_1 和 X_1、转子电路参数 R_2 和 X_2 等。所以，三相异步电动机的人为机械特性的种类很多，这里只介绍两种常见的人为机械特性。

1) 定子电压降低时的人为特性

由式(3.4)、式(3.5)和式(3.7)可知，临界转差率 s_m 与电压无关，而最大转矩和启动转矩正比于电压平方，因此，临界转差率不变，而最大转矩和启动转矩随定子电压的降低而减小，人为特性如图 3.3 所示。

2) 转子电阻增加时的人为特性

由式(3.4)和式(3.5)可知，临界转差率 s_m 正比于转子电阻 R_2，最大转矩却与转子电阻 R_2 无关，因此，绕线型异步电动机在转子电路中串入电阻时的人为特性如图 3.4 所示。由图 3.4 可见，在一定范围内增加转子电阻，可以增大电动机的启动转矩。当所串接的电阻使其 $s_m = 1$ 时，对应的启动转矩将达到最大转矩，如果再增大转子电阻，启动转矩反而会减小。另外，转子串接对称电阻后，其机械特性线性段的斜率增大，特性变软。转子电路串接对称电阻适用于绕线转子异步电动机的启动、制动和调速。

3.2　电力拖动系统的负载转矩特性

电力拖动系统是用电动机作为原动机来拖动生产机械的机电运动的动力学整体。由于电动机的种类繁多、特性又不一样，而生产机械的性质也是多种多样，但若从动力学的角度来讲，则都应遵循动力学的统一规律。因此，下面先分析电力拖动系统的运动方程式，进而分析电力拖动系统的稳定运行条件。

3.2.1　电力拖动系统的运动方程式

图 3.5 所示为一单轴电力拖动系统，它是由电动机 M 产生电磁转矩 T，并由 T 来克服负载转矩 T_L，以驱动生产机械运动。

(a) 传动系统　　　　　　　　　　(b) 转矩、转速的正方向

图 3.5　单轴电力拖动系统

　　如果忽略电动机的空载转矩 T_0，根据牛顿第二定律可知，这一电力拖动系统旋转时的运动方程式为

$$T - T_L = J \frac{\mathrm{d}\Omega}{\mathrm{d}t} \tag{3.9}$$

式中，T 为电动机的电磁转矩，T_L 为负载转矩，它们的单位均为 N·m；J 为单轴传动系统的转动惯量，单位为 kg·m²；Ω 为单轴传动系统的旋转角速度，单位为 rad/s；$J \frac{\mathrm{d}\Omega}{\mathrm{d}t}$ 为系统的惯性转矩，单位均为 N·m。

　　式(3.9)也可以写成实用形式，即

$$T - T_L = \frac{GD^2}{4g} \cdot \frac{\mathrm{d}n}{\mathrm{d}t} \tag{3.10}$$

式中，n 为电动机转速，单位为 r/min；GD^2 为旋转体飞轮矩，它们的单位均为 N·m²。

　　由式(3.10)可知：

　　(1) 当 $T = T_L$ 时，$\mathrm{d}n/\mathrm{d}t = 0$，$n =$ 常数，系统恒速运转，系统处于稳态。稳态时，电动机产生电磁转矩的大小，仅由电动机所带负载(生产机械)决定。

　　(2) 当 $T > T_L$ 时，$\mathrm{d}n/\mathrm{d}t > 0$，传动系统作加速运动，即处于动态过程。

　　(3) 当 $T < T_L$ 时，$\mathrm{d}n/\mathrm{d}t < 0$，传动系统作减速运动，也是处于动态过程。

　　可见，当 $\frac{\mathrm{d}n}{\mathrm{d}t} \neq 0$ 时，系统处于加速或减速运行，即处于动态，所以常把 $\frac{GD^2}{4g} \cdot \frac{\mathrm{d}n}{\mathrm{d}t}$ 称为动负载转矩，而把 T_L 称为静负载转矩。式(3.10)也称动态的转矩平衡方程式。

3.2.2　电力拖动系统中的拖动转矩和制动转矩

1. 电力拖动系统中转矩的正方向的规定

　　由于电力拖动系统有各种运动状态，对应的运动方程式(3.10)中的转速和转矩就有不同的符号。在应用运动方程式(3.10)时，必须注意转矩的正、负号。一般规定如下：

　　首先选定电动机处于电动状态时的旋转方向为转速的正方向，然后按下列规则确定转矩的正、负号。

　　如图 3.6 所示，电磁转矩 T 与 n 方向一致为正，相反为负，负载转矩 T_L 与转速 n 方向相反为正向，相同时为负。

2. 电力拖动系统中的拖动转矩和制动转矩

　　按上述转矩正方向的规定，就可以从转矩和转速的符号判定 T 与 T_L 的性质：

　　(1)若 T 与 n 符号相同(同为正或同为负)，则表示 T 的作用方向与 n 相同，T 为拖动转矩；若 T 与 n 符号相反，则表示 T 的作用方向与 n 相反，T 为制动转矩。

(2)若 T_L 与 n 符号相同(同为正或同为负),则表示 T_L 的作用方向与 n 相反,T_L 为制动转矩;若 T_L 与 n 符号相反,则表示 T_L 的作用方向与 n 相同,T_L 为拖动转矩。T 和 T_L 的符号判定如图 3.6 中(a)、(b)、(c)所示。

图 3.6　电力拖动系统转矩方向的规定

3.2.3　生产机械的机械特性

同一转轴上负载转矩和转速之间的函数关系,称为生产机械的机械特性,即 $n = f(T_L)$。不同生产机械在运动中由于所受阻力的性质不同,其机械特性曲线的形状也不尽相同,一般可归纳为以下三种典型的机械特性。

1. 恒转矩型负载机械特性

属于恒转矩型负载的生产机械有各种提升设备、皮带传输机构以及金属切削机床等。恒转矩机械特性的特点是负载转矩为常数,如图 3.7 所示。

恒转矩型负载转矩的类型:根据负载转矩与运动方向的关系可将其分为反抗转矩和位能转矩。

反抗转矩也叫摩擦转矩,是由于物体的摩擦、非弹性体的压缩、拉伸与扭转等作用产生的负载转矩,机床切削过程中的切削力所产生的负载转矩就是反抗转矩。反抗转矩的方向恒与运动方向相反,若运动方向发生改变时,负载转矩的方向也会发生改变,因此它总是阻碍运动的。其特性曲线在第一象限或第三象限,具体方向判定如图 3.7(a)所示。

(a) 反抗性恒转矩　　　　　　　(b) 位能性恒转矩

图 3.7　恒转矩型负载机械特性

位能转矩是由于物体的重力和弹性体的压缩、拉伸与扭转等作用产生的负载转矩。如卷扬机起吊重物时重力所产生的负载转矩就是位能转矩。位能转矩的作用方向恒定,与运动方向无关,它有时阻碍运动,有时又促进运动(如重物的提升及下降)。其特性曲线在第一象限或第四象限,具体方向判定如图 3.7(b)所示。

反抗转矩与位能转矩的比较:反抗转矩 T_L 的符号总是正的;位能转矩 T_L 的符号则有时为正,有时为负。

2. 恒功率型负载机械特性

恒功率型负载机械特性的负载转矩与转速 n 成反比,即 $T_L n = $ 常数,机械功率基本恒定，而 T_L 的方向始终与 n 相反，如图 3.8 所示。例如车床加工，在粗加工时，切削量大，负载阻力大，开低速；在精加工时，切削量小，负载阻力小，开高速。无论选择什么样的加工方式，不同转速下，切削功率基本不变。

图 3.8　恒功率型负载机械特性

3. 通风机型负载机械特性

通风机型负载的机械工作原理是离心力，如离心式鼓风机、水泵等。它们的负载转矩 T_L 与 n 的平方成正比，即 $T_L = Cn^2$，C 为常数，如图 3.9 所示。

应当指出的是，实际负载可能是单一类型的，也可能是几种类型的综合。比如实际通风机除了主要的通风机性质的负载特性外，轴上还有一定的摩擦转矩 T_f，所以实际通风机的机械特性应是 $T_L = T_f + Cn^2$，如图 3.9 中的虚线所示。

图 3.9　通风机型负载机械特性

3.2.4　电力拖动系统的稳定运行条件

在电力拖动系统中，电动机和生产机械是连成一体的，为了使系统合理运行，就要想办法使电动机的机械特性和负载的机械特性尽量相配合。特性配合好的基本要求是系统能稳定运行。

电力拖动系统的稳定运行包含两重含义：一是系统应能以一定的速度匀速运转。二是系统受到某种外部干扰而使运行速度稍有变化，应保证在干扰消除后系统能恢复到原来的运行速度。

电力拖动系统稳定运行的必要条件是电动机轴上的拖动转矩 T 和电动机轴上的负载

转矩 T_L 应大小相等，方向相反，能相互平衡。从图 3.10 中可以得出结论：在 $T-n$ 坐标平面上，负载机械特性曲线 $n=f(T_L)$ 和电动机的机械特性曲线 $n=f(T)$ 必须有交点，即 $T=T_L$。但是有交点只是系统稳定运行的必要条件，不是充分条件。只有在某交点上工作而遇到外界的临时干扰打破了原来的平衡，使得转速稍有变化时，在干扰过后，系统仍能恢复到原来的转速，回到原来的交点工作，这才是真正的稳定运行。否则在该交点上的运行仍然是不稳定的。这就是说，若遇到瞬时干扰，使转速 n 减小，即转速的变化量 $\Delta n<0$ 时，转矩的变化量必须 $\Delta T>\Delta T_L$ 使得 $T>T_L$，转速才能自动恢复。反之，当 n 增加，即 $\Delta n>0$ 时，转矩的变化必须 $\Delta T<\Delta T_L$ 使得 $T<T_L$，转速才能自动恢复。

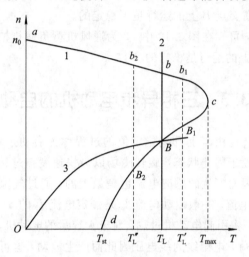

图 3.10　稳定工作点的判别

因此电力拖动系统稳定运行的条件是：电动机的机械特性与生产机械的负载机械特性交点，而且在该交点处满足公式

$$\frac{\mathrm{d}T}{\mathrm{d}n}<\frac{\mathrm{d}T_L}{\mathrm{d}n} \tag{3.11}$$

现以三相异步电动机拖动恒转矩负载为例说明这一问题。如图 3.10 所示，1 为电机机械特性曲线，2 为负载机械特性曲线。以临界点 c 为界分成性质不同的两段，电机机械特性与负载机械特性有可能存在两个交点 b 和 B。在电机机械特性 ac 段，n 减小，T 增大，即该段的 $\frac{\mathrm{d}T}{\mathrm{d}n}<0$，在电机机械特性 cd 段，n 减小，T 减小，即该段 $\frac{\mathrm{d}T}{\mathrm{d}n}>0$。由于恒转矩负载特性 $\frac{\mathrm{d}T_L}{\mathrm{d}n}=0$，因此在交点 b 处工作时，满足 $\frac{\mathrm{d}T}{\mathrm{d}n}<\frac{\mathrm{d}T_L}{\mathrm{d}n}$，能稳定运行。在交点 B 处，$\frac{\mathrm{d}T}{\mathrm{d}n}>\frac{\mathrm{d}T_L}{\mathrm{d}n}$，不满足稳定运行的条件，在该点的运行是不稳定的。具体分析如下：

当系统工作在 b 点时，若由于某种原因使得负载转矩瞬时增加到 T_L' 时，此时，$T<T_L'$。系统的转速 n 就要下降，T 逐渐增加，工作点向 b_1 点移动。当干扰过后，负载转矩又恢复到 T_L，这时 $T_L<T$，系统的转速 n 又会增加，工作点又由 b_1 向 b 点移动，在此过程中，T 不断减小，直到重新回到 b 点，$T=T_L$，系统重新稳定运行。相反地，若由于某种原因使得负载转矩瞬时到 T_L'' 时，此时，$T_L''<T$。系统的转速 n 就要上升，T 逐渐减小，工作点向 b_2 点移动。当干扰过后，负载转矩又恢复到 T_L，这时 $T<T_L$，系统的转速 n 又会减

小，工作点又由 b_2 向 b 点移动，在此过程中，T 不断增大，直到重新回到 b 点，$T=T_L$，系统重新稳定运行。可见在交点 b 上的运行是稳定的。

当系统工作在 B 点时，若由于某种原因使得负载转矩瞬时增加到 T'_L 时，此时，$T<T'_L$。系统的转速 n 就要下降，T 也在不断减小，转速不断下降，即使负载转矩恢复到到 T_L，工作点也无法回到 B 点，而是沿着电动机的机械特性曲线向下移动，直到 d 点为止，电动机处于堵转状态。相反地，若由于某种原因使得负载转矩瞬时到 T''_L 时，此时，$T''_L<T$。系统的转速 n 就要上升，T 也在不断增大，转速不断增加，即便负载转矩又恢复到 T_L，工作点也无法回到 B 点，而是沿着电动机的机械特性曲线向上移动，经过 c 点，最后稳定在 b 点上，可见在交点 B 上的运行是不稳定的。

用同样的分析方法，可知在图 3.10 中，3 为通风机型负载机械特性曲线，如果是通风型负载，系统在交点 B 上的运行是稳定的。

3.3　三相异步电动机的启动

电动机接通电源，转速由零上升到稳定值的过程称为启动过程。启动开始时，$n=0$，$s=1$，由于电动机转子处于静止状态，旋转磁场以最快速度扫过转子绕组，此时转子绕组感应电动势是最大的，因而产生的感应电流也是最大的，通过气隙磁场的作用，电动机定子绕组也出现非常大的电流。一般启动电流 I_{st} 是额定电流 I_N 的 5～7 倍。对于这样大的启动电流，如果频繁启动，将引起电动机过热。对于大容量的电动机，在启动的这段时间内，甚至引起供电系统过负荷，电源线的线电压因此而产生波动，这可能严重影响其他用电设备的正常工作。为了减小启动电流，同时又有足够大的启动转矩，必须采用适当的启动方法。

3.3.1　直接启动

直接启动就是用闸刀开关或交流接触器将电动机直接接到具有额定电压的电源上，如图 3.11 所示。此时 I_{st} 是额定电流 I_N 的 5～7 倍，而 $K_{st}=1.7～2.2$。直接启动法的优点是操作简单，无需很多的附属设备；缺点是启动电流较大。鼠笼式异步电动机能否直接启动，要视三相电源的容量而定。

图 3.11　直接启动线路

一般规定，7.5 kW 以下的笼型异步电动机可以直接启动。7.5 kW 以上，电源容量能满足下述条件者也可以直接启动，即启动电流倍数

$$K_1 = \frac{I_{st}}{I_N} \leqslant \frac{1}{4}\left(3 + \frac{电源容量}{电机容量}\right) \tag{3.12}$$

不满足上述条件或启动过于频繁时，就不允许直接启动了，必须采用能够减小启动电流的其他启动方法。

3.3.2　降压启动

降压启动是用降低三相异步电动机端电压的方法来减小启动电流。由于异步电动机的启动转矩与端电压的平方成正比，所以采用此方法时，启动转矩会同时减小。该方法只适用于对启动转矩要求不高的场合，即空载或轻载的场合。

1. Y/△启动法

Y/△启动法适用于正常运行时绕组为三角形连接的电动机。电动机的三相绕组的六个出线端都要引出，并接到转换开关上。启动时，将正常运行时三角形接法的定子绕组改接为星形连接，启动结束后再换为三角形连接。这种方法只适用于中小型鼠笼式异步电动机。图 3.12 所示的是这种方法的电路图。

由三相交流电路知识可推得：星形连接时的启动电流为三角形连接直接启动时的 $1/3$，其启动转矩也为后者的 $1/3$。

$$\begin{cases} I_Y = \dfrac{1}{3}I_\triangle \\ T_Y = \dfrac{1}{3}T_\triangle \end{cases} \tag{3.13}$$

图 3.12　Y/△启动电路图

Y/△启动设备简单，成本低，操作方便，动作可靠，使用寿命长。目前，$4\sim100$ kW三相异步电动机多数设计成 380 V 的三角形连接，因此这种方法应用非常广泛。

2. 自耦变压器启动法

自耦变压器启动法用三相自耦变压器来降低启动时加在定子绕组上的电压，如图 3.13 所示。启动前先将 Q_2 扳向"启动"位置，电源电压经自耦变压器降压后送到定子绕组上。启动完毕，将 Q_2 扳至"运行"位置，自耦变压器被切除，三相电源直接接在电动机定子绕组上，在额定电压下正常运行。

用自耦变压器启动法启动时，有

$$\begin{cases} I'_{st} = \dfrac{1}{K_a^2}I_{st} \\ T'_{st} = \dfrac{1}{K_a^2}T_{st} \end{cases} \tag{3.14}$$

图 3.13　自耦变压器降压启动线路

式中，I_{st}、T_{st} 为直接启动的启动电流和启动转矩；I'_{st}、T'_{st} 为自耦变压器启动时的启动电流和启动转矩；K_a 为自耦变压器的变比。

自耦变压器常备有 3 个抽头，其输出电压分别为电源电压的 80%、60% 和 40%，可以根据对启动转矩的不同要求选用不同的输出电压。

3. 绕线式电动机的启动

　　绕线式异步电动机可以在转子电路中串接电阻启动，图 3.14 为原理接线图。启动时，转子绕组电路中接入外接电阻，在启动过程中逐步切除启动电阻，启动完毕后将外接电阻全部短接，电动机进入正常运行状态。

图 3.14　绕线式异步电动机启动线路图

　　转子电路接入电阻以后，减小了启动电流，同时，由于转子电路电阻的增加，可使启动转矩增大，可见，其启动性能优于鼠笼式电动机，故常用于启动频繁及启动转矩要求较大的生产机械上(如起重机械等)。

3.4　三相异步电动机的制动

　　在生产实际中，经常要求电动机能够在很短的时间内停止运转或准确定位，这就对电动机进行制动，使其转速迅速下降。制动可分为机械制动和电气制动。机械制动一般为电磁铁操纵抱闸制动；电气制动就是在转子上产生一个与转子旋转方向相反的电磁转矩，这个转矩称为制动转矩，使电动机的转速迅速下降。三相交流异步电动机常用的制动方法有反接制动、能耗制动和发电反馈制动。

3.4.1　电源反接制动

　　如图 3.15 所示，若三相异步电动机正在稳定运行时，将定子电源线中的任意两相反接，电动机三相电源的相序突然转变，旋转磁场也立即随之反向，转子由于惯性的原因仍在原来的方向上旋转，此时旋转磁场转动的方向同转子转动的方向刚好相反。转子导条切割旋转磁场的方向也同原来相反，所以产生的感应电流的方向也相反，由感应电流产生的电磁转矩也同转子的转向相反，对转子产生强烈的制动作用，电动机转速迅速下降为零，使被拖动的负载快速刹车。这时，需及时切断电源，否则电动机将反向启动旋转。

图 3.15　三相异步电动机的电源反接制动

　　这种制动的特点是制动时在转子回路产生很大的冲击电流，从而也对电源产生冲击。为了限制电流，在制动时，常在鼠笼式电动机定子电路中串接电阻限流。在电源反接制动下，电动机不仅从电源吸取能量，而且还从机械轴上吸收机械能(由机械系统降速时释放的动能转换而来)并转换为电能,这两部分能量都消耗在转子电阻上。这种制动方法的优点是制动强度大,制动速度快;缺点是能量损耗大,对电动机和电源产生的冲击大,也不易实现准确停车。

3.4.2 能耗制动

使用异步电动机电源反接制动的方法来实现准确停车有一定困难,因为它容易造成反转,能耗制动则能较好地解决这个问题。如图 3.16 所示,能耗制动方法就是在电动机切断三相电源同时,将一直流电源接到电动机三相绕组中的任意两相上,使电动机内产生一恒定磁场。由于异步电动机及所带负载有一定的转动惯量,电动机仍在旋转,转子导条切割恒定磁场产生感应电动势和电流,与磁场作用产生电磁转矩,其方向与转子旋转方向相反,对转子起制动作用。在它的作用下,电动机转速迅速下降,此时机械系统存储的机械能被转换成电能后消耗在转子电路的电阻上,所以称能耗制动。

图 3.16 三相异步电动机的能耗制动

这种制动方式的特点是通过调节激磁直流电流的大小,来对制动转矩的大小进行调节,从而实现准确停车。当转速等于零时,转子不再切割磁场,制动转矩也随之为零。

3.4.3 发电反馈制动

三相异步电动机的发电反馈制动主要用于起重机械。当重物快速下放时,由于受重物拖动,转子转速 n 将会超过同步转速 n_0,且转子导体切割旋转磁场的磁力线所产生的感应电动势、感应电流和电磁力矩的方向将与原来相反,如图 3.17 所示。也就是说,电磁转矩变为制动转矩,使重物不至于下降过快。此时重物的位能已转换为电能反馈到电网中去了,电动机也转入了发电运行状态,因此,这种制动方式称为发电反馈制动。

图 3.17 异步电动机的
发电反馈制动

3.5 三相异步电动机的调速

调速就是电动机在同一负载下得到不同的转速,以满足生产过程的需要。有些生产机械,为了加工精度的要求,例如一些机床,需要精确调整转速。另外,像鼓风机、水泵等流体机械,根据所需流量调节其速度,可以节省大量电能。所以三相异步电动机的速度调节是它的一个非常重要的应用方面。

从式(2.1)和式(2.2)可导出三相异步电动机的转速公式

$$n = (1-s)n_0 = (1-s)\frac{60f_1}{p} \qquad (3.15)$$

式中，n 为转子转速；n_0 为同步转速；s 为转差率；f_1 为供电电源的频率；p 为旋转磁场的磁极对数。

由式(3.14)可知，三相异步电动机可以通过三种方式进行调速：

① 改变电动机旋转磁场的磁极对数 p；

② 改变供电电源的频率 f_1；

③ 改变转差率 s。

3.5.1　三相异步电动机的变极调速

变极调速就是改变电动机旋转磁场的磁极对数 p，从而使电动机的同步转速发生变化而实现的电动机调速，通常通过改变电机定子绕组的连接来实现，这种方法的优点是操作设备简单；缺点是只能有级调速，调速的级数不可能多，因此只适用于不要求平滑调速的场合。改变绕组的连接可以有多种方法，可以在定子上安装一套能变换为不同磁极对数的绕组；也可以在定子上安装两套不同磁极对数的单独绕组；还可以混合使用这两种方法以得到更多的转速。

应当指出的是，变极调速只适用于鼠笼式异步电动机，因为鼠笼转子的磁极对数能自动随定子绕组磁极对数的变化而变化。

采用改变定子绕组极数的方法来调速的异步电动机称为多速电动机。最常见的是双速电动机。图 3.18 所示为△/YY 连接双速异步电动机定子绕组接线原理图。双速电动机的定子绕组的连接方式常有两种：一种是绕组从三角形改成双星形，如图 3.18(a)所示的连接方式转换成如图 3.18(c)所示的连接方式，另一种是绕组从单星形改成双星形，如图 3.18(b)所示的连接方式转换成如图 3.18(c)所示的连接方式，这两种接法都能使电动机产生的磁极对数减少一半即电动机的转速提高一倍。

图 3.18　双速电动机定子绕组接线

3.5.2　三相异步电动机的变频调速

三相异步电动机的变频调速是一种很好的调速方法。由式(3.14)可知，三相异步电动机的转速正比于电源的频率 f_1，若连续调节电动机供电电源的频率，即可连续改变电动机的转速。随着电力电子技术的发展，很容易大范围且平滑地改变电源频率，因而可以得到平滑的无级调速，且调速范围较广，有较硬的机械特性。因此，这是一种比较理想的调速方法，是交流调速的发展方向。

在进行变频调速时，为了保证电动机的电磁转矩不变，就要保证电动机内旋转磁场的磁通量不变。由式(2.6) $\Phi_m = \dfrac{U_1}{4.44 k_{w1} N_1 f_1}$ 可知，为了改变频率 f_1 而保持磁通 Φ_m 不变，必须同时改变电源电压，使比值 U_1/f_1 保持不变。

工频电源频率是固定的 50 Hz，所以要改变电源频率 f_1 来调速，需要一套变频装置。目前变频装置有两种：一种是交-直变频装置；它的原理是先用可控硅整流装置将交流电转换成直流电，再采用逆变器将直流电变换成频率可调、电压值可调的交流电供给电动机。另一种是交-交变频装置；它得用两套极性相反的晶闸管整流电路向三相异步电动机供电，交替地以低于电源频率切换正、反两组整流电路的工作状态，使电动机绕组得到相应频率的交变电压。

图 3.19 所示为晶闸管变频装置，它由晶闸管整流器和晶闸管逆变器组成。整流器先将50 Hz 的交流电变换为直流电，再由逆变器变换为频率可调且比值 U_1/f_1 保持不变的三相交流电，供给鼠笼式异步电动机，连续改变电源频率可以实现大范围的无级调速，而且电动机的机械特性的硬度基本不变，是一种比较理想的调速方法，近年来发展很快，正得到越来越多的应用。

图 3.19　晶闸管变频调速装置

3.5.3　三相异步电动机的变转差率调速

变转差率调速是在不改变同步转速 n_0 条件下的调速，包括改变电压调速、绕线式电动机转子串电阻调速和串级调速。变转差率调速使用最多的是绕线式电动机转子串电阻调速，只用于绕线式电动机。转子串电阻调速是通过转子电路串接调速电阻(与启动电阻一样接入)来实现的，其原理如图 3.20 所示。设负载转矩为 T_L，当转子电路的电阻为 R_a 时，电动机稳定运行在 a 点，转速为 n_a，若 T_L 不变，转子电路的电阻增大为 R_b，则电动机机械特性变软，转差率 s 增大，工作点由 a 点移至 b 点，于是转速降低为 n_b。转子电路串接的电阻越大，则转速越低。

图 3.20　变转差率调速原理

转子串电阻调速方法简单，调速平滑，但由于一部分功率消耗在变阻器上，使电动机的效率降低，且转速太低时机械特性很软，运行不稳定。这种调速方法在起重设备上使用较多。

本章实验实训

实验一　三相异步电动机的 Y/△ 启动

1. 实验目的

熟悉三相笼型异步电动机的 Y/△ 降压启动。

2. 实验内容

按图 3.12 接好实验电路，合上电源开关 Q_1，启动开关 Q_2 合到启动位置，观察电动机在 Y 形连接下启动，待电动机启动起来后，迅速将开关 Q_2 换接到运行位置，观察电动机在 △ 形连接下运行。启动结束后，断开电源开关 Q_1，拆除电路。

实验二　三相异步电动机的反接制动和能耗制动

1. 实验目的

(1) 熟悉三相异步电动机的反接制动。

(2) 熟悉三相异步电动机的能耗制动。

2. 实验内容

(1) 按图 3.15 接好反接制动实验电路，开关 Q 合到运行位置，使电动机启动运行。电机运行正常后，将开关 Q 迅速换接到制动位置，并迅速断开，观察电动机制动过程。

实验结束后，拆除电路。

(2) 按图 3.16 接好能耗制动实验电路，制动电阻调至最大位置。断开开关 Q_2，合上开关 Q_1，使电动机启动运行。制动时，断开开关 Q_1，合上开关 Q_2，观察电动机制动过程。

减小制动电阻，重复上述实验，观察电动机制动过程。

实验结束后，拆除电路。

本 章 小 结

1. 三相异步电动机的电磁转矩

$$T = K_T U_1^2 \frac{sR_2}{R_2^2 + (sX_{20})^2}$$

2. 三个特征转矩：

额定转矩

$$T_N = 9550 \frac{P_{2N}}{n_N}$$

最大转矩

$$T_{max} = \lambda_T T_N$$

它是表示电动机所能产生的最大电磁转矩值，它的大小决定了异步电动机的过载能力。

启动转矩 $\qquad\qquad\qquad\qquad T_{st}=K_{st}T_N$

即 $n=0$ 时的电磁转矩，它的大小反映了异步电动机的启动性能。

3. 三相异步电动机的人为机械特性：定子电压降低时，临界转差率不变，而最大转矩和启动转矩随定子电压的降低而减小；转子电阻增加时，临界转差率 s_m 正比于转子电阻 R_2，最大转矩却与转子电阻 R_2 无关，在一定范围内增加转子电阻，可以增大电动机的启动转矩。

4. 生产机械有三种典型的机械特性，分别是恒转矩机械特性、恒功率型负载机械特性、通风机型负载机械特性。

5. 电力拖动系统的稳定运行条件是 $T=T_L$，而且 $\dfrac{dT}{dn}<\dfrac{dT_L}{dn}$。

6. 三相异步电动机的启动包括直接启动和降压启动两种形式。直接启动的 I_{st} 是额定电流 I_N 的 $5\sim7$ 倍。常用的降压启动方法有 Y/△换接法和自耦变压器启动法。

7. 笼型异步电动机的调速有变频调速和变极调速，变频调速是发展趋势。

8. 三相异步电动机的制动有反接制动、能耗制动和发电反馈制动。

练　习　题

一、选择题

1. 三相异步电动机长期运行时，电磁转矩的大小应为（　　）。

　　A. $T\leqslant T_S$ 　　　　　　　　　　B. $T\leqslant T_N$ 　　　　　　　　　　C. $T\leqslant T_{max}$

2. 三相异步电动机，当定子电压降低时，最大转矩 T_{max} 和启动转矩 T_S 变化情况是（　　）。

　　A. T_{max} 和 T_S 都减小 　　　　　　　B. T_{max} 减小，T_S 增大

　　C. T_{max} 增大，T_S 减小 　　　　　　　D. T_{max} 和 T_S 都增大

3. 三相异步电动机在稳定运行时，输出转矩 T_2 与负载转矩 T_L 之间的关系为（　　）。

　　A. $T_2<T_L$ 　　　　　　　　　　B. $T_2=T_L$ 　　　　　　　　　　C. $T_2>T_L$

4. 电力拖动系统稳定运行的条件是电动机的机载特性和生产机械的负载特性有交点，而且在该交点处满足（　　）。

　　A. $\dfrac{dT}{dn}<\dfrac{dT_L}{dn}$ 　　　　　　B. $\dfrac{dT}{dn}=\dfrac{dT_L}{dn}$ 　　　　　　C. $\dfrac{dT}{dn}>\dfrac{dT_L}{dn}$

5. 三相笼型异步电动机采用星形-三角形降压启动，减小的电压是（　　）。

　　A. 减小定子线电压，也减小了相电压

　　B. 减小定子线电压，没有减小相电压

　　C. 减小定子相电压，没有减小线电压

6. 三相异步电动机采用自耦变压器降压启动时，减小的电压是（　　）。

　　A. 减小定子线电压，从而也减小了相电压

　　B. 减小定子线电压，没有减小相电压

　　C. 减小定子相电压，没有减小线电压

7. 电动机调速时，若生产机械要求电动机在转速低时允许输出的转矩大，转速高时允许输出的转矩小。这种调速时的允许负载为（　　）。

　　A. 恒转矩负载 　　　　　　　B. 恒功率负载 　　　　　　　C. 通风机负载

8. 绕线型三相异步电动机转子电路的电阻增加时，其转速（　　）。

    A. 增加   B. 不变   C. 减小

9. 三相异步电动机采用能耗制动和反接制动使拖动系统迅速停机，当转速降至为 0 时，若不及时断开电源，系统（　　）。

    A. 两者都不会自动启动

    B. 前者不会自动启动，后者会反向启动

    C. 前者会反向启动，后者不会

    D. 两者都会自动启动

10. 同一台三相异步电动机，采用反接制动和回馈制动稳定放下重物，它们的下放速度为（　　）。

    A. 反接制动快   B. 两者速度相同   C. 回馈制动快

二、问答题

1. 三相交流异步电动机在一定负载下运行时，如果电源电压降低，电动机的转矩、定子电流和转速有何变化？

2. 何为三相异步电动机的固有机械特性和人为机械特性？

3. 三相异步电动机的定子电压、转子电阻及定、转子漏电抗对最大转矩、临界转差率及启动转矩有何影响？

4. 一台额定频率为 60 Hz 的三相异步电动机，用在频率为 50 Hz 的电源上（电压大小不变），问电动机的最大转矩和启动起矩有何变化？

5. 三相异步电动机直接启动时，为什么启动电流很大，而启动转矩却不大？

6. 三相笼形异步电动机在什么条件下可以直接启动？不能启动时采用什么方法启动？

7. 三相异步电动机采用自耦变压器降压启动时，启动电流和启动转矩与自耦变压器的变比有什么关系？

8. 为使三相异步电动机快速停车，可采用哪几种制动方法？如何改变制动的强弱？试用机械特性说明其制动过程。

9. 三相绕线异步电动机转子串接电阻调速时，为什么低速时的机械特性变软？为什么轻载时的高速范围不大？

三、计算题

1. 一台三相异步电动机的数据为 $P_N = 22$ kW，$I_N = 42.5$ A，$n_N = 1470$ r/min，$f_N = 50$ Hz，$\lambda_N = 0.86$，$\eta_N = 91.5\%$，$K_I = 7.0$，$K_{st} = 2.0$，$\lambda_T = 2.2$，求：（1）额定转差率；（2）额定转矩 T_{max}；（3）额定输入功率；（4）最大转矩；（5）启动转矩；（6）启动电流。

2. 某异步电动机的额定功率为 15 kW，额定转速为 970 r/min，频率为 50 Hz，最大转矩 $T_{max} = 295.36$ N·m，试求电动机的过载系数。

3. 有一 Y225M—4 型三相异步电动机，其额定数据如表 3-1 所示。试求：（1）额定电流 I_N；（2）额定转差率 s_N；（3）额定转矩 T_N、最大转矩 T_{max}、启动转矩 T_{st}。

表 3-1　Y225M-4 型三相异步电动机额定数据

功率	转速	电压	频率	效率	功率因数	I_{st}/I_N	T_{st}/T_N	T_{max}/T_N
45 kW	1480 r/min	380 V	50 Hz	92.3%	0.88	7.0	1.9	2.2

4. 在题 3 中，① 如果负载转矩为 $510.2\ N \cdot m$，试问在 $U = U_N$ 和 $U = 0.9U_N$ 两种情况下电动机能否启动？② 采用 Y/△ 变换启动时，求启动电流和启动转矩；又当负载转矩为额定转矩 T_N 的 80% 和 50% 时，电动机能否启动？

5. 某三相异步电动机，$U_N = 380\ V$，$I_N = 15.4\ A$，$K_I = 7.0$，已知电源电压为 380 V，要求将电压降低到 220 V 启动，试求：（1）采用定子电路串联电阻降压启动，电动机从电源取用的电流是多少？（2）采用自耦变压器降压启动，电动机从电源取用的电流是多少？

6. 某三相异步电动机拖动某生产机械运行，当 $f_1 = 50\ Hz$ 时，$n_N = 2930\ r/min$。当 $f_1 = 40\ Hz$ 和 $f_1 = 60\ Hz$ 时，转差率都为 $s = 0.035$，求这两种频率时的转子速度。

第4章 三相交流异步电动机的控制

三相交流异步电动机是现代工农业生产中使用得最多的电动机，它的控制方法有继电器-接触器控制法、单片机控制法和可编程控制法等，其中继电器-接触器控制法是最基本、应用最广泛的方法，也是其他控制方法的基础。本章主要介绍常用低压电器、三相交流异步电动机继电器-接触器控制电路。

4.1 常用低压电器

4.1.1 低压电器的基本知识

低压电器通常指工作在交流 1200 V、直流 1500 V 以下电路中起通断、保护、控制或调节作用的电器元件以及利用电能来控制、保护和调节非电过程和非电装置的用电装备。

1. 低压电器的分类

低压电器种类繁多，构造各异，用途广泛。它的分类方法很多，常用的分类方法有以下几类：

（1）按操作方式分可分为手动电器和自动电器。

① 手动电器：这类电器包括刀开关、转换开关、按钮等。这些电器的动作由操作人员手工操控的。

② 自动电器：这类电器包括接触器、继电器等。这类电器的动作是按照指令或物理量（如电流、电压、时间、速度等）的变化而自动动作的。

（2）按工作原理分可分为电磁式电器和非电量控制电器。

① 电磁式电器：依据电磁感应原理来工作的电器。如交直流接触器、各种电磁式继电器、电磁阀等。

② 非电量控制电器：这类电器是指靠外力或某种非电物理量的变化而动作的电器。例如行程开关、按钮、时间继电器、温度继电器、压力继电器等。

（3）按用途分可分为控制电器、主令电器、保护电器、配电电器和执行电器。

① 控制电器：用于各种控制电路和控制系统的电器。如接触器、继电器等。

② 主令电器：用于自动控制系统中发送指令的电器。如按钮、行程开关等。

③ 保护电器：用于保护电路及用电设备的电器。如熔断器、热继电器等。

④ 配电电器：用于电能输送和分配的电器。如断路器、刀开关等。

⑤ 执行电器：用于完成某种动作或传动功能的电器。如电磁铁、电磁离合器等。

2. 低压电器的性能参数

1）额定绝缘电压

额定绝缘电压是一个由电器结构、材料、耐压等因素决定的名义电压值。它表示电器最大的额定工作电压。

2）额定工作电压

额定工作电压指低压电器在规定条件下长期工作时，能保证电器正常工作的电压值，通常是指主触点的额定电压。有电磁机构的控制电器还规定了吸引线圈的额定电压。

3）额定发热电流

额定发热电流指在规定条件下，电器长时间工作，各部分的温度不超过极限值时所能承受的最大电流值。

4）额定工作电流

额定工作电流是在具体的使用条件下，能保证电器正常工作时的电流值。它与规定的使用条件（电压等级、电网频率、工作制、使用类别等）有关，同一个电器在不同的使用条件下有不同的额定电流等级。

5）通断能力

通断能力指低压电器在规定的条件下，能可靠接通和分断的最大电流。通断能力与电器的额定电压、负载性质、灭弧方法等有很大关系。

6）电气寿命

电气寿命指低压电器在规定条件下，在不需修理或更换零件时的负载操作循环次数。

7）机械寿命

机械寿命指低压电器在需要修理或更换机械零件前所能承受的无载操作次数。此外，还有线圈的额定参数及辅助触点的额定参数等。

3. 低压电器的基本结构

低压电器中大部分为电磁式电器，各类电磁式电器的工作原理基本相同，都是由电磁机构、触点系统和灭弧系统三部分组成的。

1）电磁机构

电磁机构是电磁式电器的信号感测部分。它的主要作用是将电磁能量转换为机械能量并带动触头动作，从而完成电路的接通或分断。

（1）电磁机构的结构和工作原理。

电磁机构由铁芯、衔铁和线圈等部分组成，电磁机构常用的形式如图 4.1 所示。电磁机构工作原理是：当线圈中有电流通过时，产生电磁吸力，电磁吸力克服弹簧的反作用力，使衔铁与铁芯闭合，衔铁带动连接机构运动，从而带动相应触点动作，完成通、断电路的控制作用。

电磁式电器分为直流与交流两大类。直流电磁铁铁芯由整块铸铁制成，而交流电磁铁的铁芯则用硅钢片叠成，以减小铁损（磁滞损耗和涡流损耗）。

吸引线圈的作用是将电能转化为磁场能。按通入线圈的电流性质不同，分为直流线圈和交流线圈两种。

实际应用中，由于直流电磁铁仅有线圈发热，所以线圈匝数多，导线细，制成细长型，且不设线圈骨架，线圈与铁芯直接接触，利于线圈的散热。而交流电磁铁由于铁芯和线圈均发热，所以线圈匝数少，导线粗，制成短粗型，吸引线圈设有骨架，且铁芯与线圈隔离，利于铁芯和线圈散热。

1—线圈；2—铁芯；3—衔铁

图 4.1　常用电磁机构的形式

（2）交流电磁铁中的短路环。

由于交流电磁铁的磁通是交变的，线圈磁场对衔铁的吸引力也是交变的。当交流电流为零时，线圈磁通为零，对衔铁的吸引力也为零，衔铁在复位弹簧作用下将产生释放运动，这就使得铁芯、衔铁之间的吸引力随着交流电的变化而变化，从而产生振动和噪声，加速铁芯、衔铁接触面积的磨损，引起结合不良，严重时还会使触点烧蚀。为了消除这一弊端，通常在交流电磁铁铁芯端面上开一个槽，在槽内安置一个铜制的短路环（又称分磁环），短路环包围铁芯端面约 2/3 的面积，如图 4.2 所示。

1—衔铁；2—铁芯；3—线圈；4—短路环

图 4.2　交流电磁铁的短路环

在铁芯端面装设短路环后，气隙磁通 Φ 分为两部分，即不穿过短路环的 Φ_1 和穿过短路环的 Φ_2，根据电磁感应定律，磁通 Φ_2 在相位上滞后 Φ_1，而且它们的幅值也不一样。由于相位接近 90°，并且无短路不端面的吸力 F_1 和有短路环吸力 F_2 近似相等，则合成电磁吸力就会比较平稳，只要最小合成电磁吸力大于反力，那么衔铁就会牢牢地被吸住，不会产生振动和噪声。

2）触点系统

触点是低压电器的执行机构，起接通和断开被控制电路的作用。

触点按其控制的电路可分为主触点和辅助触点。主触点用于接通或断开主电路，允许通过较大的电流；辅助触点用于接通或断开控制电路，只能通过较小电流。

触点按其平常状态分为常开触点和常闭触点。平常状态时（即触点没动作时）断开，动作后（包括手动让其动作或电磁铁通电让其动作）闭合的触点称为常开触点，也叫动合触点；平常状态时（即触点没动作时）闭合，动作后（包括手动让其动作或电磁铁通电让其动作）断开的触点称为常闭触点，也叫动断触点，如图 4.3 所示。

图 4.3　常开触点和常闭触点

触点按其结构形式可分为桥式触点和指形触点，如图 4.4 所示。

图 4.4 中的(a)、(b)所示为桥式触点，其中图 4.4(a)为点接触式触点，图 4.4(b)为面接触式触点。点接触式触点适用于电流小且触点压力小的场合；面接触式触点适用于电流较大的场合。

图 4.4(c)所示为指形式触点，其接触区为一直线，触点在接通与分断时产生滚动摩擦，可以去掉氧化膜，故其触点可以用紫铜制造，特别适合于触点分合次数多、电流大的场合。

(a) 点接触桥式触点　　　　(b) 面接触桥式触点　　　　(c) 指形触点

图 4.4　触点系统的结构形式

为使触点具有良好的接触性能，触点通常采用铜质材料制成。由于在使用中，铜的表面容易氧化生成一层氧化铜，使触点接触电阻增大，引起触点过热，影响电器的使用寿命，因此对于电流容量较小的电器（如接触器、继电器等），常采用银质材料作为触点材料，因为银的氧化膜电阻率与纯银相似，从而避免触点面氧化膜电阻率增加而造成触点接触不良。

4. 电弧的产生与熄灭

1）电弧的产生

当动、静触点分开瞬间，两触点间距极小，电场强度极大，在高热及强电场的作用下，金属内部的自由电子从阴极表面逸出，奔向阳极，这些自由电子在电场中运动时撞击中性气体分子，使之激励和游离，产生正离子和电子。这些电子在强电场的作用下继续向阳极移动，同时撞击其他中性分子，因此在触点间隙中产生了大量的带电粒子，使气体导电形成了炽热的电子流即电弧。所以说，电弧实际上是触点间气体在强电场作用下产生的电离放电现象，是一种炽热的电子流。

电弧产生高温并有强光，可将触点烧损，并使电路的切断时间延长，严重时可引起事故和火灾。因此，在电器中应采取适当的措施熄灭电弧。

电弧分直流电弧和交流电弧，交流电弧过零点，故其电弧较易熄灭。

2）灭弧的方法

（1）机械灭弧：通过机械将电弧拉长，用于开关电路。

（2）磁吹灭弧：在一个与触点串联的磁吹电线圈产生的磁力作用下，电弧被拉长且被吹入由固体介质构成的灭弧罩内，电弧冷却熄灭。

（3）窄缝灭弧：在电弧形成的磁场、电场力的作用下，将电弧拉入灭弧罩的窄缝中，使其分成数段并迅速熄灭。

（4）栅片灭弧：当触点分开时，产生的电弧在电场力的作用下被推入一组金属栅片而被分成数段，彼此绝缘的金属片相当于电极，因而就有许多阴、阳极压降，对交流电弧而言，在电弧过零时使电弧无法维持而熄灭。

5. 电气保护的种类

常用的电气保护有以下几种：短路保护、过载保护、过电流保护、欠压保护、失压保护以及弱磁保护等。

1）短路保护

当电动机绕组和导线的绝缘损坏或者控制电器及线路发生故障时，线路将出现短路现象，产生很大的短路电流，导致电动机、电器及导线等电气设备严重损坏。因此，在发生短路故障时，保护电器必须立即动作，迅速将电源切断。

常用的短路保护电器是熔断器和低压断路器。

2）过载保护

当电动机负载过大、启动操作频繁或缺相运行时，会使电动机的工作电流长时间超过其额定电流，电动机绕组过热，温升超过其允许值，导致电动机的绝缘材料变脆，寿命缩短，严重时会使电动机损坏。因此，当电动机过载时，保护电器应动作切断电源，使电动机停转，避免电动机在过载下运行。

常用的过载保护电器是热继电器。

3）欠电压和失压（零压）保护

当电网电压降低时，电动机便在欠压下运行。由于电动机负载没有改变，所以欠压下电动机转速下降，定子绕组的电流增大。因为电流增大的幅度尚不足以使熔断器和热继电器动作，所以这两种电器起不到保护作用。如不采取保护措施，时间一长将会使电动机过热损坏。另外，欠压将引起一些电器释放，使线路不能正常工作，也可能导致人身设备事故。另外由于某种原因而发生电网突然停电，这时电源电压下降为零，电动机停转，生产机械的运动部件也随之停止运转。如果停电后来电，电动机能自动进入启动运行状态，有可能导致人身设备事故。因此，当电源电压低于一定值或下降为零时，保护电器应动作切断电源，使电动机和控制电器停止工作并保证电压正常后电动机和控制电器也不能自动进入工作状态。

实现欠压保护的电器是接触器、中间继电器和电磁式电压继电器。

4)（弱磁）欠电流保护

直流电动机的启动电流和转速与磁场（激磁电流）成反比，当磁场减弱时电机的转速增加。所以直流电动机的励磁电流，必须大于某一数值，当小于这一数值时称为欠励（磁）或欠电流。欠电流时，将会使电动机的启动电流很大；若电动机在正常运转过程中，电动机的转速会超过电动机的额定转速，造成飞车事故。检测欠电流通常是由欠电流继电器完成，发生欠电流故障时，如果电动机还未启动，则不允许启动，如果电动机已运行，则立即切断主电路停止电动机运行。

5) 过电流保护

过电流是指电动机或电器元件超过其额定电流的运行状态，过电流一般比短路电流小，在 6 倍额定电流以内。电气线路中发生过电流的可能性大于短路，特别是在电动机频繁启动和频繁正反转时。在过电流情况下，若能在达到最大允许温升之前电流值恢复正常，电器元件仍能正常工作，但是过电流造成的冲击电流会损坏电动机，所产生的瞬时电磁转矩会损坏机械传动部件，因此要及时切断电源。过电流保护常用过电流继电器实现。将过电流继电器线圈串接在被保护线路中，当电流达到其整定值时，过电流继电器动作，其常闭触点串接在接触器线圈所在的支路中，使接触器线圈断电，通过主电路中接触器的主触头断开，使电动机电源及时切断。

4.1.2　开关电器

开关电器是指低压电器中作为不频繁地手动接通和分断电路的开关，或作为机床电路中电源的引入开关，它包括刀开关、组合开关及低压断路器等。刀开关结构简单，手动操作，在低压控制柜中作为电源的引入开关。在机床中组合开关和低压断路器的应用更加广泛。

1. 刀开关

刀开关又叫闸刀开关，是低压配电电器中结构最简单、应用最广泛的电器。刀开关主要用在低压成套装置中，作为不频繁地手动接通和分断交直流电路或作隔离开关用。有时也用来控制小容量电动机的直接启动与停机。根据不同的工作原理、使用条件和结构形式，刀开关及其与熔断器组合的产品有以下几种：

① 刀开关和刀形转换开关。

② 开启式负荷开关。

③ 封闭式负荷开关。

④ 组合开关。

1) 刀开关和刀形转换开关

（1）结构与符号。

刀开关的典型结构如图 4.5 所示，它由静插座、手柄、触刀、铰链支座和绝缘底板组成。

1—手柄；2—静插座；3—触刀；4—铰链支座；5—绝缘底板

图 4.5　刀开关的典型结构

刀开关按极数分为单极、双极和三极三种；按操作方式分为直接手柄操作式、杠杆操作式和电动操作式三种；按刀开关转换方向分为单投和双投两种。

刀开关的图形符号及文字符号如图 4.6 所示。

(a) 一般图形符号　　　　(b) 手动符号　　　　(c) 三极单投刀开关符号

图 4.6　HD 系列刀开关的图形符号和文字符号

（2）型号及主要参数。

刀开关目前常用的两种型号有单投（HD）和双投（HS）等系列。刀开关主要在交流电压 380 V、频率 50 Hz 的电力网络中作电源隔离或电路转换使用，是电力网络中必不可少的电器元件，常用于低压配电柜、配电箱、照明箱中。电路中首先是接刀开关、之后再接熔断器、断路器、接触器等其他电器元件，以满足各种配电柜、配电箱的功能要求。当刀开关以下的电器元件或线路中出现故障，切断隔离电源就靠它来实现，以便对设备、电器元件进行修理更换。HS 刀形转换开关，主要用于转换电源，即当一路电源不能供电，需要另一路电源供电时就由它来进行转换，当转换开关处于中间位置时，可以起隔离作用。

（3）刀开关在使用时应注意的事项。

① 当刀开关被用做隔离开关时，合闸顺序是先合上刀开关，再合上其他用以控制负载的开关电器。分闸顺序则相反，要先使控制负载的开关电器分闸。

② 严格按照电器说明书规定的分断能力来分断负载，若是无灭弧罩的产品，一般不允许分断负载，否则，有可能导致稳定持续燃弧，并因之造成电源短路。

③ 若是多极开关，应保证各极动作的同步，并且接触良好，否则当负载是笼型异步电动机时，便有可能发生电动机因单相运转而烧坏的事故。

④ 如果刀开关不是安装在封闭的箱内，则应经常检查、防止因积尘过多而发生相间闪络现象。

2）开启式负荷开关

开启式负荷开关又称胶盖瓷底刀开关，主要用于电气照明的控制开关和分支电路的配电开关。三极开启式负荷开关还可用于小容量笼形异步电动机非频繁启动控制开关。

（1）外形结构与符号。

开启式负荷开关的外形如图 4.7(a)所示，结构如图 4.7(b)所示，图形符号和文字符号如图 4.7(c)所示。开启式负荷开关一般都由刀开关和熔断器两部分组成。

图 4.7　开起式负荷开关的外形结构图及符号

（2）型号和主要参数。

开启式负荷开关型号的表示方法及含义如下：

开启式负荷开关的常用型号有 HK1、HK2、HK4 和 HK8 等系列。

（3）使用、安装及操作注意事项。

对于普通负载，开启式负荷开关可以根据其额定电流来选择。用它来控制 6.5 kW 以下的电动机时，若电动机直接启动，开启式负荷开关的额定电流应当是电动机额定电流的 3 倍。

安装开启式负荷开关时，电源线应接在静触点上，负荷线接在与闸刀相连的端子上也就是负荷线应接在闸刀下侧熔断丝的另一端，以确保刀开关切断电源后闸刀和熔断丝不带电。在垂直安装时，手柄向上合为接通电源，向下拉为断开电源，不能反装，否则会因闸刀松动自然落下而误将电源接通。

开启式负荷开关操作时要迅速，一次合闸到位。

3）封闭式负荷开关

封闭式负荷开关又称铁壳开关，主要用于配电电路，用于电源开关、隔离开关和应急开关。在控制电路中，也可用于不频繁启动的 28 kW 以下三相异步电动机。

（1）外形结构及符号。

封闭式负荷开关的外形如图 4.8(a)所示，结构如图 4.8(b)所示，图形符号和文字符号如图 4.8(c)所示。常用的 HH 系列封闭式负荷开关的 3 个 U 形闸刀装在与手柄相连的转动杆上，熔断器有瓷插式或无填料封闭管式；操作机构上装有速断弹簧和机械连锁装置。速断弹簧使电弧快速熄灭，降低刀片的磨损；机械连锁装置保证箱盖打开时开关不能闭合及开关闭合后箱盖不能打开，确保使用安全。

图 4.8　封闭开启式负荷开关的外形结构及符号

（2）型号表示方法。

封闭式负荷开关型号的表示方法及含义如下：

封闭式负荷开关的常用型号有 HH3、HH4、HH10、HH11 等系列。

4）组合开关

组合开关又称转换开关，是刀开关的另一种形式，不同之处是它的操作手柄不是上下操作，而是左右旋转。在设备自动控制系统中，一般用作电源引入开关或电路功能切换开关，也可直接用于控制小容量交流电动机的不频繁操作。

（1）外形结构及符号。

组合开关的外形如图 4.9（a）所示，结构如图 4.9（b）所示，图形符号和文字符号如图 4.9（c）所示。组合开关有单极、双极和三极之分，由若干个动触点及静触点分别装在数层绝缘件内组成。动触点随手柄旋转而改变其通断位置，顶盖部分是由凸轮、扭簧及手柄等零件构成操作机构，由于该机构采用了扭簧储能结构从而能快速闭合及分断开关，使开关闭合和分断的速度与手动操作无关，提高了产品的通断能力。

图 4.9　组合开关的外形结构及符号

（2）型号和主要参数。

组合开关型号的表示方法及含义如下：

常用的组合开关型号有 HZ5、HZ10 和 HZ15 等系列。

2. 低压断路器

低压断路器俗称自动开关或空气开关，用于低压配电电路中不频繁的通断控制。在电路发生短路、过载或欠电压等故障时能自动分断故障电路，是一种控制兼保护电器。

断路器的种类繁多，按其用途和结构特点可分为 DW 型框架式断路器、DZ 型塑料外壳式断路器、DS 型直流快速断路器和 DWX 型、DWZ 型限流式断路器等。框架式断路器主要用于配电线路的保护开关，而塑料外壳式断路器除可用于配电线路的保护开关外，还可用于电动机、照明电路及电热电路的控制开关。

图 4.10 所示为各种断路器的外形图。

图 4.10　低压断路器的外形

下面以塑壳断路器为例简单介绍断路器的结构、工作原理、使用和选用方法。

断路器主要由三个基本部分组成，即触点、灭弧系统和各种脱扣器，包括过电流脱扣器、失压(欠电压)脱扣器、过载脱扣器、分励脱扣器。

图 4.11(a)所示是断路器工作原理示意图，图 4.11(b)所示是断路器一般图形符号，图 4.11(c)所示是断路器详细图形符号。断路器开关是靠操作机构手动或电动合闸的，触点闭合后，锁扣机构将触点锁在合闸位置上。当电路发生上述故障时，通过各自的脱扣器使锁扣机构动作，自动跳闸以实现保护作用。过电流脱扣器用于线路的短路和过电流保护，当线路的电流大于整定的电流值时，过电流脱扣器所产生的电磁力使挂钩脱扣，动触点在弹簧的拉力下迅速断开，实现断路器的跳闸功能。过载脱扣器用于线路的过负荷保护，工作原理和热继电器相同。失压(欠电压)脱扣器用于失压保护，失压脱扣器的线圈直接接在电源上，处于吸合状态，断路器可以正常合闸；当停电或电压很低时，失压脱扣器的吸力小于弹簧的反力，弹簧启动铁芯向上使挂钩脱扣，实现断路器的跳闸功能。分励脱扣器用于远方跳闸，当在远方按下按钮时，分励脱扣器得电产生电磁力，使其脱扣跳闸。

不同断路器的保护是不同的，使用时应根据需要选用。在图形符号中也可以标注其保护方式，如图4.11(c)所示，断路器详细图形符号中标注了失压、过载、过电流三种保护方式。

1—过载脱扣器；2—过电流脱扣器；3—分闸弹簧；4—主触点；5—锁扣；6—远控按钮；
7—分励脱扣器；8—失压脱扣器；9—失压保护；10—过流保护；11—过载保护

图4.11　低压断路器的工作原理示意图和图形符号

3. 漏电保护器

漏电保护器是一种安全保护电器，在电路中作为触电和漏电保护之用。在线路或设备出现对地漏电或人身触电时，能迅速自动断开电路，有效地保证人身和线路安全。

电气设备漏电时，将出现异常的电流或电压信号，漏电保护器通过检测、处理此异常电流或电压信号，促使执行机构动作。我们把根据故障电流动作的漏电保护器叫电流型漏电保护器，根据故障电压动作的漏电保护器叫电压型漏电保护器。由于电压型漏电保护器结构复杂，受外界干扰动作特性稳定性差，制造成本高，现已基本淘汰。国内外漏电保护器的研究和应用均以电流型漏电保护器为主导地位。图4.12所示为漏电保护器外形图。

图4.12　漏电保护器的外形图

1) 漏电保护器的工作原理

如图4.13所示，被保护的相线、中性线穿过环形铁芯，构成了零序电流互感器的一次线圈 N_1，缠绕在环形铁芯上的绕组构成了互感器的二次线圈 N_2，如果没有漏电发生，这时流过相线、零线的电流相量和等于零，因此在 N_2 上也不能产生相应的感应电动势，开关保持闭合状态。如果发生了漏电，相线、零线的电流相量和不等于零，就使 N_2 上产生感应电动势，这个信号就会被送到电子开关输入端，促使电子开关导通，磁力线圈通电产生吸力断开电源，完成人身触电或漏电保护。

图 4.13　漏电保护器的工作原理示意图

2) 漏电保护器的结构及动作参数

电流动作型漏电保护器主要由电子线路、零序电路互感器、漏电脱扣器、触点、试验按钮、操作机构及外壳等组成。漏电保护器的额定漏电动作电流为 30～100 mA，漏电脱扣器动作时间小于 0.1 s。

3) 漏电保护器的使用方法

漏电保护器接入电路时，应接在电能表和熔断器后面，安装时应按开关规定的标志接线。接线完毕后应按动试验按钮，检查保护断路器是否可靠动作。漏电保护器投入正常运行后，应定期校验，一般每月需在合闸通电状态下按动试验按钮一次，检查漏电保护器是否正常工作，以确保其安全性。

4.1.3　主令电器

电器控制系统中用于发送控制指令的电器称为主令电器。常用的主令电器有控制按钮、行程开关、接近开关、万能转换开关、凸轮控制器、主令控制器等。

1. 控制按钮

控制按钮是发出控制指令和信号的电器开关，是一种手动且一般可以自动复位的主令电器。按钮主要用于远距离操作继电器、接触器接通或断开，从而控制电动机或其他电气设备的运行。

按钮的结构、外形及符号如图 4.14 所示，它由按钮帽、复位弹簧、接触元件、支持件和外壳等部件组成。图 4.14 所示为复合按钮，有一组动断(常闭)静触点和一组动合(常开)静触点。按钮帽有红、黄、蓝、白等颜色，可供值班人员根据颜色来辨别和操作，一般以红色表示停止按钮，绿色表示启动按钮，黑色表示点动按钮，红色蘑菇表示急停按钮。

图 4.14　按钮结构、外形图及其符号

按钮的触点分常闭(动断)触点和常开(动合)触点两种。常闭触点是按钮未按下时闭合、按下后断开的触点。常开触点是按钮未按下时断开、按下后闭合的触点。复合触点按钮按下时，常闭触点先断开，然后常开触点闭合；松开后，依靠复位弹簧使触点恢复到原来的位置。按钮内的触点对数及类型可根据需要组合，最少具有一对常闭触点或常开触点。

按钮触点的接触面积小，其额定电流一般只有 2 A。

2. 行程开关

行程开关也称为限位开关。主要用于将机械位移变为电信号，以实现对机械运动的电气控制。行程开关外形及符号如图 4.15 所示。

当机械的运动部件撞击触杆时，触杆下移使常闭触点断开，常开触点闭合；当运动部件离开后，在复位弹簧的作用下，触杆回复到原来位置，各触点恢复常态。根据操作部分运动的特点，行程开关可分为直动式、滚轮式、微动式等。常用的行程开关有 LX5、LX10、LX19、LX23、LX29LX33、LXW2 等系列。

图 4.15　行程开关的外形图及其符号

3. 接近开关

接近开关是一种无接触式物体检测装置，即某一物体接近某一信号机构时，信号机构发出动作指令的开关。它可以代替有触点行程开关来完成行程控制和限位保护。除此之处，接近开关还可用于高频计数、测速、液位控制、零件尺寸检测、加工程序的自动衔接等的非接触式开关。由于它具有非接触式触发、动作速度快、可在不同的检测距离内动作、发出的信号稳定无脉动、工作稳定可靠、寿命长、重复定位精度高以及能适应恶劣的工作环境等特点，所以在机床、纺织、印刷、塑料等工业生产中应用广泛。

接近开关分为有源型和无源型两种，多数无触点行程开关为有源型，主要包括检测元件、放大电路、输出驱动电路三部分，一般采用 2～24 V 的直流电流，或 220 V 交流电源等。图 4.16 所示为三线式有源型接近开关结构框图。

图 4.16　有源型接近开关结构框图

接近开关按检测元件工作原理可分为高频振荡型、超声波型、电容型、电磁感应型、永磁型、霍尔元件型与磁敏元件型等。不同型式的接近开关所检测的被检测体不同。

接近开关的主要系列产品有：LJ2、LJ6、LXJ0、LXJ6、LXJ9、LXJ12 和 3SG 等。接近开关的主要技术参数有工作电压、输出电流、动作距离、重复精度等。

接近开关的外形图如图 4.17(a)所示，它的文字符号与行程开关相同。其图形及文字符号如图 4.17(b)所示。

图 4.17　接近开关外形图和符号

4. 万能转换开关

万能转换开关是一种多操作位置，可以控制多个回路的主令电器，常用于控制电路发布控制指令或用于远距离控制。也可作为电压表、电流表的换相开关，或作为小容量电动机的启动、调速和换向控制。专门用来小容量电动机正反向控制的转换开关又称做倒顺开关。由于转换开关换接电路多，用途广泛，故又称为万能转换开关，其外形图如图 4.18(a)所示。

1) 万能转换开关的基本结构和工作原理

万能转换开关是由多组相同结构的触点组件叠装而成的多回路控制电器。它由面板、操作机构、定位装置、触点、接触系统、转轴、手柄等部件组成。万能转换开关的单层结构示意图如图 4.18(b)所示，每层基底座均可装三对触点，并由基底座中间的凸轮进行控制。

触点是在绝缘基座内，为双断点触点桥式结构，动触点设计成自动调整式以保证通断时的同步性，静触点装在触点座内。使用时依靠凸轮和支架进行操作，控制触点的闭合和断开。

　　　　　　　(a)　　　　　　　　　　　　　　(b)

图 4.18　万能转换开关外形图和结构原理图

2）万能转换开关的型号和符号

目前常用的万能转换开关有 LW5、LW6、LW8、LW9、LW12 和 LW15 等系列（其中，LW9、LW12 符合国际 IEC 标准）。

万能转换开关各挡位电路通断状况有两种表示方法：一种是图形表示法，另一种是列表法。图 4.19(a)所示为万能转换开关的图形符号和文字符号。图形符号中每一横线代表一路触点，而用竖的虚线代表手柄的位置。哪一路接通就在代表该位置的的虚线下面用黑点表示。触点通断也可用通断表来表示，如图 4.19(b)所示。当手柄置于"1"时，触点"1""3"接通，其他触点断开；当手柄置于"2"时，触点"2""4""5""6"接通，其他触点断开，当手柄置于"0"时，所有触点均接通。

（a）图形符号和文字符号

触点号	1	0	2
1	+	+	
2		+	+
3	+	+	
4		+	+
5		+	+
6		+	+

（b）通断表

图 4.19　万能转换开关图形符号与通断表

5. 主令控制器和凸轮控制器

1) 主令控制器

主令控制器可用来频繁地按预定顺序切换多个控制电路，主令控制器是按照预定程序控制线路的主令电器，主要用于接照预定程序分合触点，向控制系统发出指令，通过接触器控制电动机启动、制动、调速及反接制动等，同时也可以实现控制线路的联锁。它通过触点接通或断开接触器线圈电源，并不直接控制电动机。

(1) 主令控制器的结构及工作原理。

图 4.20(a)所示是主令控制器的外形图，图 4.20(b)所示是主令控制器某一层结构示意图。当转动方轴时，凸轮块随之转动，当凸轮块的凸起部分转到与小轮 8 接触时，则推动支架 6 向外张开，使动触点 2 离开静触点 3，将被控回路断开。当凸轮块的凹陷部分与小轮 8 接触时，支架 6 在复位弹簧作用下复位，使动触点闭合，从而接通被控回路。像这样安装一串不同形状的凸轮块，可使触点按一定顺序闭合与断开，以获得按一定顺序进行控制的电路。

(a)　　　　　　　　　　　　　　　　(b)

1—方形转轴；2—动触点；3—静触点；4—接线柱；5—绝缘板；
6—支架；7—凸轮块；8—小轮；9—转动轴；10—复位弹簧

图 4.20　主令控制器的外形图和结构原理图

(2) 主令控制器的型号及符号。

主令控制器型号的表示方法及含义如下：

主令控制器的主要产品有 LK1、LK4、LK5、LK14、LK15、LK16 等系列。LK14 系列主令控制器的额定电压为 380 V，额定电流为 15 A，控制电路数达 12 个。LK14 系列属于调整式主令控制器，闭合顺序可根据实际情况调整。

主令控制器图形符号及触点在各挡位通断状态的表示方法与万能转换开关类似，文字标号也用 SA 表示。

2）凸轮控制器

凸轮控制器是一种大型的手动控制器，主要用于起重设备中直接控制中小型绕线式异步电动机的启动、停止、调速、反转和制动，也适用于有相同要求的其他电力拖动场合。

（1）凸轮控制器的结构及工作原理。

凸轮控制器的外形如图 4.21(a)所示，结构原理图如图 4.21(b)所示。凸轮控制器主要由触点、转轴、凸轮、杠杆、手柄、灭弧罩及定位机构等组成，其工作原理与主令控制器基本相同。由于凸轮控制器可直接控制电动机工作，所以其触点容量大并有灭弧装置。这是与主令控制器的主要区别。

(a)　　　　　　　　　　　　　　　(b)

1—手轮；2、11—转轴；3—灭弧罩；4、7—动触点；5、6—静触点；
8—触点弹簧；9—弹簧；10—滚轮；12—凸轮

图 4.21　凸轮控制器的外形图和结构原理图

凸轮控制器的特点：优点是控制线路简单，开关元件少，维修方便等。缺点是体积较大，操作笨重，不能实现远距离控制。

（2）凸轮控制器的型号及符号。

主令控制器型号的表示方法及含义如下：

常用的国产凸轮控制器主要有 KT10、KT12、KT14 及 KT16 等系列和 KTJ1—50/5、KTJ1—80/1 等型号。

凸轮控制器图形符号及触点在各挡位通断状态的表示方法与万能转换开关类似，文字标号也用 SA 表示。

4.1.4　熔断器

熔断器是一种当电流超过规定值一定时间后，以它本身产生的热量使熔体熔化而分断电路的电器。广泛应用于低压配电系统及用电设备中作短路和过电流保护。

熔体是熔断器的主要部分，根据熔点的高低一般可分为低熔点和高熔点两类，低熔点熔断器是由铅、锡及其合金制成；高熔点熔断器是由银、铜和铝等制成。熔体切断故障电流有时会产生电弧，在要求切断能力较强的场合，可以采用充有石英砂填料的封闭式熔断管。它是在用陶瓷制成的熔断管内装上熔体和石英砂，在切断故障电流产生电弧时，颗粒石英砂与电弧接触后，能吸收电弧产生的热量使之快速冷却而熄灭电弧。另有一种管式熔断器是把熔体装在空心的有机纤维管中，熔体熔断时电弧所产生的高温可使有机纤维管放出大量绝缘气体从而熄灭电弧。

常用的熔断器按结构分有瓷插式、螺旋式、无填料封闭管式和有填料封闭管式熔断器。典型产品有：RL6、RL7、RL96、RLS2 系列螺旋式熔断器，RL1B 系列带断相保护螺旋式熔断器，RT18 系列熔断器以及 RT14 系列有填料密封管式熔断器。还有国外引进技术生产的 NT 系列有填料密闭式刀型触点熔断器与 NGT 系列半导体器件保护用熔断器等。

图 4.22(a)所示为瓷插式熔断器，图 4.22(b)所示为螺旋式熔断器，图 4.22(c)所示为无填料封闭管式熔断器，图 4.22(d)所示为有填料封闭管式熔断器，图 4.22(e)所示为熔断器图形符号和文字符号。

(a)　　　　　　　　　　(b)

(c)　　　　　(d)　　　　　(e)

图 4.22　熔断器外形及符号

熔断器的选用按下列原则进行：

(1) 熔断器的额定电压 U_N 应大于或等于线路的工作电压 U_L。

(2) 熔断器的额定电流 I_N 必须大于或等于所装熔体的额定电流 I_{RN}。

选择熔体额定电流的方法如下：

(1) 作为电灯支线的熔体，应使

$$熔体额定电流 \geq 支线上所有电灯的工作电流之和$$

(2) 作为一台电动机的熔体，应使

$$熔体额定电流 \geq \frac{电动机的启动电流}{4.2}$$

如果电动机启动频繁，应使

$$熔体额定电流 \geqslant \frac{电动机的启动电流}{1.6\sim2}$$

（3）作为几台电动机合用的总熔体，应使

$$熔体额定电流 = (1.2\sim4.2) \times 容量最大的电动机的额定电流$$
$$+ 其余电动机的额定电流之和$$

4.1.5　交流接触器

　　接触器是一种适用于远距离频繁接通和切断交、直流主电路和控制电路的自动电器。其主要控制对象是电动机，也可用于其他电力负载，如电炉、电焊机等。接触器具有欠压保护、零压保护、控制容量大，工作可靠、寿命长等优点，它是自动控制系统中应用最多的一种电器。接触器按主触点通过电流的种类，可分为交流接触器和直流接触器两种；按其主触点系统的驱动方式可分为电磁式接触器、气动式和液压式接触器等多种，其中以电磁式接触器应用最广泛。图 4.23 所示为接触器的外形图。

图 4.23　接触器外形图

1. 交流接触器

　　交流接触器是一种依靠电磁力作用来接通和切断带有负载的主电路或大容量控制电路的自动切换电器，它与按钮配合使用，可以对电动机进行远距离自动控制。另外，交流接触器还具有欠压保护和零电压保护功能。交流接触器的结构示意图及符号如图 4.24 所示。交流接触器的工作原理如图 4.25 所示。

　　交流接触器主要由触点、电磁操作机构和灭弧装置三部分组成。

　　触点用来接通、切断电路，它由动触点、静触点和弹簧组成。触点一般有主触点和辅助触点。主触点用以通断电流较大的主电路，体积较大，一般有三对动合触点组成。辅助触点用以通断电流较小的控制电路，体积较小，通常有动合和动断各两对触点。

　　电磁操作机构实际上就是一个电磁铁，它包括吸引线圈、山字形的静铁芯和动铁芯，当线圈通电，动铁芯被吸下，使动合触点闭合，动断触点断开。为了减小涡流、磁滞损耗，以免铁芯发热过度，铁芯由硅钢片叠铆而成。同时为了减小机械振动和噪声，在静铁芯极面上要装短路环。

　　主触点断开瞬间会产生电弧，可能灼伤触点或造成切断时间延长，故触点位置有灭弧装置。

(a) 结构示意图　　　　　　　　　　　　　　(b) 符号

图 4.24　交流接触器结构示意图及符号

图 4.25　交流接触器工作原理图

接触器是电力拖动中最主要的控制电器之一。在设计它的触点时已考虑到接通负荷时的启动电流问题，因此，选用接触器时主要应根据负荷的额定电流来确定。如一台 Y112M — 4 三相异步电动机，额定功率 4 kW，额定电流为 8.8 A，选用主触点额定电流为 10 A 的交流接触器即可。除电流之外，还应满足接触器的额定电压不小于主电路额定电压。

2. 直流接触器

直流接触器的结构和工作原理与交流接触器的基本相同，但是因为它主要用于控制直流用电设备，所以具体结构与交流接触器有一些差别。图 4.26 为直流接触器的结构示意图。

　　直流接触器的触点系统一般做成单极或双极，多采用滚动接触的指形触点。电磁系统因线圈通过的直流电，铁芯中不会产生涡流，没有铁损耗，铁芯不发热。所以铁芯可用整块铸铁或铸钢制成。铁芯不需装短路环。大容量的直流接触器一般采用磁吹灭弧。

1—铁芯；2—线圈；3—衔铁；4—静触点；5—动触点；
6—辅助触点；7、8—接线柱；9—反力弹簧；10—底板

图 4.26　直流接触器结构

3. 接触器的主要技术参数及常用接触器

1）接触器的主要技术参数

（1）额定电压：指主触点的额定工作电压。交流有 36 V、127 V、220 V、380 V 等；直流有 24 V、48 V、110 V、220 V、440 V 等。

　　吸引线圈的额定电压：直流线圈有 24 V、48 V、110 V、220 V、440 V 等；交流线圈有 36 V、127 V、220 V、380 V 等。

（2）额定电流：指主触点的额定工作电流。它是指在一定条件下（额定电压、使用类别和操作频率等）规定的，目前常用的电流等级为 10～800 A。

（3）机械寿命和电气寿命：接触器是频繁操作电器，应有较长的机械寿命和电气寿命。目前好的接触器的机械寿命已达 1000 万次以上，电气寿命已达 100 万次以上。

（4）操作频率：指每小时允许操作的次数，一般为 300 次/h、600 次/h、1200 次/h 等。

（5）动作值：动作值是指吸合电压和释放电压。规定接触器的吸合电压大于线圈额定电压的 85% 时应可靠的吸合，释放电压不高于线圈额定电压的 70%。

（6）接通与分断能力：是指接触器的主触点在规定的条件下，能可靠地接通和分断的电流值。在此电流值下，接通时，主触点不应发生熔焊；分断时，主触点不应发生长时间燃焊。

2）常用接触器介绍

（1）交流接触器。

交流接触器常用于远距离接通和分断电压至 660 V、电流至 660 V 的交流电路，以及频繁启动和控制交流电动机的场合，所以交流接触器应用广泛，品种规格繁多。常用的有 CJ20、CJ40、CJ12、CJ10、和 CJX1、CJX2、B、3TB 等系列交流接触器，其中 CJ20 为我国 20 世纪 70 年代后期至 80 年代完成的更新换代产品；CJX1、CJX2、B、3TB 系列为同期引进国外技术制造的产品。CJ40 系列为 20 世纪 90 年代跟踪国外新技术、新产品在 CJ20 系列基础上自行开发、设计、试制的产品。CJ40 系列产品的主要技术参数达到甚至超过国外产品。

CJ20 系列交流接触器为直动式，主触点采用双断点桥式结构，辅助触点采用通用辅助触点，具有陶土灭弧罩。辅助触点有不同组合，如 4 常开 2 常闭、3 常开 3 常闭、2 常开 4 常闭等以满足不同需要。

CJX1 系列是引进德国西门子公司制造技术的产品，性能等同于 3TB 和 3TF 系列；CJX2 系列是引进法国 TE 公司的 LC1 系列接触器；B 系列为引进德国 ABB 公司技术的产品。

（2）直流接触器。

直流接触器常用于远距离接通和分断直流电压至 440 V、直流电流至 1600 A 的电力线路，并适用于直流电动机的频繁启动、停止、反转与反接制动。常用的有 CZ0、CZ18、CZ21、CZ22 系列直流接触器。

CZ0 系列直流接触器。其主触点额定电流有 40 A、100 A、150 A、250 A、400 A 及 600 A 6 个等级。从结构上看，150 A 及以下的接触器为立体布置整体式结构，它有沿棱角转动的拍合式电磁机构，主触点采用双断点桥式结构，触点上镶有银块，主触点采用串联磁吹线圈和横隔板式陶土灭弧罩的灭弧装置。组合式的辅助触点固定在主触点绝缘基座一端的两侧，并用透明的罩盖来防尘。额定电流为 250 A 及以上的直流接触器采用平面布置整体结构。主触点采用单断点的指形触点，主触点的灭弧装置由串联磁吹线圈和纵隔板陶土灭弧罩组成。组合式的桥式双断口辅助触点固定在磁轭背上，并有透明罩盖。

3）接触器的选用

（1）选择接触器的类型：根据负载性质选择接触器的类型。

（2）选择接触器主触点的额定电压：额定电压应大于或等于主电路工作电压。

（3）选择接触器主触点的额定电流：额定电流应大于或等于被控电路的额定电流。对于电动机负载接触器主触点额定电流按式（4.1）计算：

$$I_{\mathrm{N}} = \frac{P_{\mathrm{N}} \times 10^3}{\sqrt{3} U_{\mathrm{N}} \cos\varphi\, \eta} \tag{4.1}$$

式中，P_{N} 为电动机功率（kW）；U_{N} 为电动机额定线电压（V）；$\cos\varphi$ 为电动机功率因数，其值一般在 0.85～0.9；η 为电动机的效率。

在选择接触器时，其额定电流应大于计算值。在实际应用研究中，接触器主触点的额定电流也常常按经验公式（4.2）计算。

$$I_{\mathrm{N}} = \frac{P_{\mathrm{N}} \times 10^3}{K U_{\mathrm{N}}} \tag{4.2}$$

式中，K 为经验系数常数，一般取 1～1.4。

（4）选择接触器吸引线圈的额定电压。

交流接触器吸引线圈的额定电压一般直接选用和控制电路相一致的 380 V 和 220 V。但如果控制电路复杂，使用的电器又比较多，为了安全起见，线圈的额定电压可选低一些。例如可选用 127 V 或 36 V 等。

直流接触器线圈的额定电压应视控制回路的情况而定。同一系列、同一容量等级的接触器其线圈的额定电压有几种，可以选择线圈的额定电压与直流控制电路的电压一致。

直流接触器的线圈加的是直流电压，交流接触器的线圈一般加交流电压。有时为了提高接触器的最大操作频率，交流接触器也有采用直流线圈的。

4.1.6　继电器

继电器是一种根据电量（电压、电流）或非电量（热、时间、转速、压力等）的变化使触点动作，接通或断开控制电路，以实现自动控制和保护电气设备的电器。其种类很多，有电磁式继电器、热继电器、时间继电器、速度继电器等类型。

1. 电磁继电器

电磁式继电器是以电磁力为驱动力的继电器，是控制电路中用的最多的继电器。电磁式继电器具有结构简单、价格低廉、使用维护方便、触点容量小（一般在 2 A 以下）、触点数量多且无主、辅之分、无灭弧装置、体积小、动作迅速、准确、控制灵敏、可靠等特点，广泛地应用于低压控制系统中。常用的电磁式继电器有电流继电器、电压继电器、中间继电器以及各种小型通用继电器等。

电磁式继电器的结构与接触器大体相似，它也是由电磁机构和触点系统两个主要部分组成。电磁机构由线圈、铁芯、衔铁组成，如图 4.27 所示。触点系统中的触点接在控制电路中，且电流小，故没有灭弧装置。触点一般为桥式触点，有常开和常闭两种形式。

1—线圈；2—铁芯；3—磁轭；4—弹簧；5—调节螺母；6—调节螺钉；
7—衔铁；8—非磁性垫片；9—常闭触点；10—常开触点

图 4.27　电磁式继电器的典型结构

尽管电磁式继电器与接触器都是用来自动接通和断开电路的，但也有不同之处。继电器可对多种输入量的变化作出反应，而接触器只有在一定的电压信号下动作；继电器是用于切换小电流的控制电路和保护电路，而接触器是用于控制大电流的主电路；继电器没有灭弧装置也无主、副触点之分。

电磁式继电器的型号意义：

电磁式继电器的图形符号和文字符号如图 4.28 所示。

图 4.28　电磁式继电器的图形符号和文字符号

1) 中间继电器

中间继电器实质上是一种电压继电器，通常用来传递信号和同时控制多个电路，也可用来直接控制小容量电动机或其他电气执行元件。中间继电器的结构和工作原理与交流接触器基本相同，与交流接触器的主要区别是触点数目多些，且触点容量小，只允许通过小电流。在选用中间继电器时，主要是考虑电压等级和触点数目。常用的中间继电器有 JZ7、JZ14、JZ15、JZ17、JZC1、JZC4、JTX、3TH 等系列。其中，JZC1 等同于德国西子公司的3TH 系列产品，JZC4 符合国际 IEC 和国家 GB1497 标准，是 JZ7 系列的换代产品。

2) 电磁式电压继电器

电磁式电压继电器的动作与线圈所加电压大小有关，使用时和负载并联。电压继电器的线圈匝数多、导线细、阻抗大。电压继电器又分为过电压继电器、欠电压继电器和零电压继电器。

(1) 过电压继电器。

在电路中用于过电压保护，当其线圈为额定电压值时，衔铁不产生吸合动作，只有当电压高于额定电压 105%～115% 时才产生吸合动作，当电压降低到释放电压时触点复位。

(2) 欠电压继电器。

在电路用于欠电压保护，当线圈在额定电压下工作时，欠电压继电器的衔铁处于吸合状态。如果电路出现电压降低，并且低于欠电压继电器线圈释放电压时，其衔铁打开，触点复位，从而控制接触器及时切断电气设备的电源。零电压继电器实质就是欠电压继电器，不同的是释放电压值更低。

通常，欠电压继电器释放电压的整定范围是额定电压的 40%～70%，零电压继电器释放电压的整定范围是额定电压的 10%～35%。

　　3）电磁式电流继电器

　　电磁式电流继电器的动作与线圈通过电流大小有关，使用时和负载串联。电流继电器的线圈匝数少、导线粗、阻抗小。电流继电器又分为过电流继电器、欠电流继电器。

　　（1）过电流继电器。

　　过电流继电器线圈在额定电流值时，衔铁不产生吸合动作，只有当负载电流超过一定值时才产生吸合动作。过电流继电器常用于电力拖动系统中起保护作用。

　　通常，交流过电流继电器的吸合电流整定范围为额定电流的 1.1～4 倍，直流过电流继电器的吸合电流整定范围为额定值的 0.7～3.5 倍。

　　（2）欠电流继电器。

　　当线圈电流低于整定值时动作的继电器称为欠电流继电器。欠电流继电器一般将动合触点串联在接触器的线圈电路中。

　　欠电流继电器的吸引电流为额定电流的 30%～65%，释放电流为额定电流的 10%～20%。因此，在电路正常工作时，衔铁是吸合的，只有当电流降低到某一整定值时，继电器释放，输出信号去控制接触器失电，从而控制设备脱离电源，起到保护作用。

　　2. 热继电器

　　热继电器是利用感温元件受热而动作的一种继电器，它主要用来保护电动机或其他负载免于过载。热继电器的外形图如图 4.29(a)所示，结构原理图如图 4.29(b)所示，图形符号和文字符如图 4.29(c)所示。

(a)　　　　　　　　　　　　　　　　(b)　　　　　　　　　　　　(c)

1—补偿双金属片；2—轴1；3—轴2；4—杠杆；5—压簧；6—电流调节凸轮；
7—片簧；8—推杆；9—复位调节螺母；10—动断触点；11—弓形弹簧片；
12—片簧2；13—手动复位按钮；14—双金属片；15—热元件；16—绝缘导板

图 4.29　热继电器外形、结构图及符号

　　发热元件 15 用镍铬合金丝等电阻材料做成，直接串连在被保护的电动机主电路内，它随电流 I 的大小和时间的长短而发出不同的热量，这些热量加热双金属片 14。双金属片是由两种膨胀系数不同的金属片碾压而成，右层采用高膨胀系数的材料，如铜或铜镍合金，左层采用低膨胀系数的材料，如因瓦钢。双金属片的一端是固定的，另一端为自由端。当电机正常运行时，热元件产生的热量使双金属片略有弯曲，并与周围环境保持热交换平

衡。当电机过载运行时，热元件产生的热量来不及与周围环境进行热交换，使双金属片进一步弯曲，推动导板 16 向左移动，并推动补偿双金属片 1 绕轴 2 顺时针转动，推杆 8 向右推动片簧 7 到一定位置时，弓形弹簧片 11 作用力方向发生改变，使簧片 12 向左运动，动断触点 10 断开。用此触点断开电动机的控制电路，从而使电动机得到保护。主电路断电后，随着温度的下降，双金属片恢复原位。可使用手动复位按钮 13 使触点 10 复位。借助凸轮 6 和推杆 4 可以在额定电流的 66%～100% 范围内调节动作电流。

　　缺相运行是三相交流电机烧坏的主要原因之一。由于热继电器是串联在电机主电路中的，所以其通过的电流就是线电流。对于 Y 形接法，当电路发生缺相运行时，另两相电流明显增大，流过热继电器的电流等于电机相（绕组）电流，热继电器可以起到保护作用。而对于三角形接法，线电流是相电流的 1.73 倍，在电源一相断路时，流过三相绕组的电流是不平衡的。其中两相做串联接法的绕组中的电流是另一相的一半，这时线电流仅是在一相绕组电流的 1.5 倍左右，如果此时处于不严重过载状态（1.73 倍以下），热继电器发热元件产生热量不足以使触点动作，则时间一长，电动机可能被烧毁。可见若电动机为三角形接法，一般的热继电器无法实现断相后电动机不严重过载的保护，这时必须采用带有断相保护的热继电器。

　　带断相保护的热继电器是三相热继电器，即有三个热元件，分别接于三相电路中，导板采用差动机构，如图 4.30 所示。

1—上导板；2—下导板；3—杠杆2；4—顶头；5—补偿双金属片；6—主双金属片

图 4.30　差动式断相保护机构及工作原理

差动机构由上导板 1、下导板 2 及装有顶头 4 的杠杆 3 组成，其间均用转轴连接。图 4.30(a)为通电前机构各部件的位置。图 4.30(b)为小于整定电流下工作时，三相双金属片均匀受热同时向左弯曲，上、下导板同时向左平行移动一小段距离，但顶头 4 尚未碰到补偿双金属片，继电器不动作。图 4.30(c)是三相同时均匀过载，此时，三相双金属片同时向左弯曲，推动下导板，也同时带动上导板左移，顶头碰到补偿双金属片端部，使常闭触点动作。图 4.30(d)W 相发生断路时的情况，此时 W 相的双金属片逐渐冷却，W 相双金属片的端部推动上导板右移，而另外两相双金属片在电流作用下向左弯曲，带动下导板左移，由于上下导板一右一左地移动，产生了差动作用，再通过杠杆放大，迅速推动补偿双金属片，使常闭触点断开，起断相保护作用。

使用热继电器时要注意以下几个问题：

（1）为了正确地反映电动机的发热，在选择热继电器时应采用适当的热元件，热元件的额定电流与电动机的额定电流值相等，继电器便准确地反映电动机的发热。同一种热继电器有许多种规模的热元件。

（2）注意热继电器所处的周围环境温度，应保证它与电动机有相同的散热条件，特别是有温度补偿装置的热继电器。

（3）由于热继电器有热惯性，大电流出现时它不能立即动作，故热继电器不能用于短路保护。

（4）用热继电器保护三相异步电动机时，至少需要用有两个热元件的热继电器，从而在不正常的工作状态下，也可对电动机进行过载保护，例如，电动机单相运行时，至少有一个热元件能起作用。当然，最好采用有三个热元件带缺相保护的热继电器。

热继电器主要的产品型号有：JRS1、JR0、JR10、JR14 和 JR15 等系列；引进产品有 T 系列、3UA 系列和 LR1 - D 系列等。JR15 为两相结构，其余大多为三相结构，并可带断相保护装置。JR20 为更新换代产品，用来与 CJ20 型交流接触器配套使用。

3. 时间继电器

时间继电器是电路中控制动作时间的设备，它利用电磁原理或机械动作原理来实现触头的延时接通和断开。按其动作原理与构造不同，可分为电磁式、空气阻尼式、电动式和电子式等时间继电器。图 4.31 所示为各种时间继电器外形图。

(a) 空气阻尼式时间继电器　　　(b) 电子式时间继电器　　　(c) 直流电磁式时间继电器

图 4.31　各种时间继电器外形图

1）空气阻尼式时间继电器

图 4.32 所示是空气阻尼式时间继电器结构示意图，它分为通电延时和断电延时两种类型。

(a) 通电延时型　　　　　　　(b) 断电延时型

1—线圈；2—铁芯；3—衔铁；4—复位弹簧；5—推杆；6—活塞杆；7—杠杆；8—塔形弹簧；9—弱弹簧；
10—橡皮膜；11—气室壁；12—活塞；13—调节螺钉；14—进气口；15—沿时微动开关；16—瞬时微动开关

图 4.32　空气阻尼式时间继电器结构示意图

图 4.32(a)为通电延时型时间继电器，当线圈 1 通电后，铁芯 2 将衔铁 3 吸合，同时推板 2 使微动开关 16 立即动作。活塞杆 6 在塔形弹簧 8 的作用下，带动活塞 12 及橡皮膜 10 向上移动，由于橡皮膜下方气室的空气稀薄，形成负压，因此活塞杆 6 不能迅速上移。当空气由进气孔 14 进入时，活塞杆才逐渐上移。移到最上端时，杠杆 7 才使微动开关 15 动作。延时时间即为自电磁铁吸引线圈通电时刻到微动开关 12 动作为止的这段时间。通过调节螺杆 13 来改变进气孔的大小，就可以调节延时时间。当线圈 1 断电时，衔铁 3 在复位弹簧 4 的作用下将活塞 12 推向最下端。因活塞被往下推时，橡皮膜下方气室内的空气，都通过橡皮膜 10、弱弹簧 9 和活塞 12 肩部所形成的单向阀，经上气室缝隙顺利排掉，因此，延时与不延时的微动开关 15 和 16 都能迅速复位。

将电磁机构翻转 180°安装后，可得到图 4.32(b)所示的断电延时型时间继电器。它的工作原理与通电延时型时间继电器相似，微动开关 15 是在吸引线圈断电后延时动作的。

空气阻尼式时间继电器的优点是结构简单、寿命长、价格低，还附有不延时的触点，所以应用较为广泛。缺点是准确度低，延时误差大(±10%～±20%)，在要求延时精度高的场合不宜采用。空气阻尼式时间继电器主要型号有 JS7、JS16 和 JS23 等系列。

2）电子式时间继电器

电子式时间继电器的种类很多，最基本的有延时吸合和延时释放两种。它们大多是利用电容充放电原理来达到延时目的的。JS20 系列电子式时间继电器延时长、线路简单、延时调节方便、性能稳定、延时误差小、触点容量较大等优点得到广泛的应用。

图 4.33 所示为 JS20 单结晶体管通电延时继电器工作原理图。它由 R—C 延时环节、鉴幅器、出口电路、电源、指示灯五部分组成。延时环节由 R_{P1}、R_2、C_2、R_{P2}、R_4、R_5、VD_2 和 C_2 组成。其中 R_{P2}、R_4、R_5 组成的分压器经二极管 VD_2 向电容器 C_2 提供预充回路。电源由交流电供电，经变压器 T 及二极管 VD_1 整流、电容器 C_1 滤波直接为电路中的小型晶闸管 VT_1 及继电器 K 提供电流。电源的稳压部分由 R_1 及稳压管 VZ 构成，并为延时环节及鉴幅器电路提供电源。鉴幅器主要由单结晶体管 VT_2 及电容器 C_2 构成。

图 4.33　JS20 单结晶体管通电延时时间继电器工作原理图

接通电源后经 VD_1 整流、C_1 滤波、VZ 稳压后的直流电压，通过 R_{P2}、R_4、VD_2 向电容器 C_2 以极小的时间常数快速充电，与此同时，也通过 R_{P1}、R_2 向电容器 C_2 充电。电容器 C_2 上的电压在预充电压的基础上，按指数规律升高，当此电压大于单结晶体管 VT_2 的峰点电压 U_P 时，单结晶体管 VT_2 导通，输出脉冲电压触发小型晶闸管 VT_1。VT_1 导通后使执行继电器 K 线圈通电，衔铁吸合，其触点将接通或分断外电路。利用执行继电器 K 的一个动合触点将 C_2 短路，使电容器迅速放电，同时动断触点断开使指示灯 HL 起辉，表示延时完毕。当切断电源时，K 释放，电路恢复原始状态，等待下次动作。电位器 R_{P1} 用于调节延时时间。

常用电子式时间继电器的型号有 JS20、JS13、JS14 和 JS15 等系列。国外引进生产的产品有 ST、HH、AR 等。

3）时间继电器的图形符号和文字符号

时间继电器的图形符号和文字符号如图 4.34 所示。

1—线圈一般符号；2—通电延时线圈；3—断电延时线圈；4—延时闭合常开触点；5—延时断开常闭触点；
6—延时断开常开触点；7—延时闭合常闭触点；8—瞬时常开触点；9—瞬时常闭触点

图 4.34　时间继电器符号

4. 速度继电器

速度继电器主要用于笼形异步电动机的反接制动控制，故又称为反接制动继电器。它主要由转子、定子和触点三部分组成。转子是一个圆形永久磁铁，定子是一个笼形空心圆杯，由硅钢片叠成，并装有笼形绕组。

速度继电器的结构与工作原理如图 4.35(a)所示。工作时，速度继电器转子的轴与被控制电动机的轴相连接，当电动机转动时，速度继电器的转子随之转动，在空间上产生旋转磁场，切割定子绕组并产生感生电流。当达到一定转速时，定子在感应电流和力矩的作用下跟随转动，转到一定角度时，装在定子轴上的摆锤推动簧片(动触片)动作，使常闭触点分断，常开触点闭合。当电动机转速低于某一数值时，定子产生的转矩减小，所有触点在簧片作用下复位。

常用的速度继电器有 YJ1 型和 JF20 型。JF20 型有两对动合、动断触点。通常速度继电器转轴在转速为 120 r/min 以上即能动作，在转速 100 r/min 以下触点复位。速度继电器的图形符号和文字符号如图 4.35(b)所示。

1—转轴；2—转子；3—定子；4—定子绕组；5—摆锤；6、9—簧片；
7、8—静触点；10—转子符号；11—常开触点符号；12—常闭触点符号

图 4.35　速度继电器原理示意图和图形符号与文字符号

4.2　电气控制系统图的绘制规则

将电气控制系统中的各电气元件用一定的图形符号和文字符号表达出来，再将其连接情况用一定的图形反映出来，这种图形就是电气控制系统图。常用的电气控制系统图有电气原理图、电器元件布置图与电气安装接线图。

4.2.1　电气原理图的绘制规则

电气原理图的绘制规则如下：

（1）绘制电气原理图时应按国家标准规定的图形符号和文字符号绘制。

（2）电源线路绘成水平线，三相交流电源相序 L_1、L_2、L_3 由上而下排列，中线 N 和保护地线 PE 画在相线之下。直流电源则正端在上，负端在下画出。

（3）主电路、控制电路和辅助电路从左到右依次绘出。

主电路：从电源到电动机的电路，是强电流通过的部分。画在原理图的左边，动力装置及控制、保护电路元件应垂直于电源线路。

控制电路：实现需要的控制功能，是弱电流通过的部分。画在原理图的中间，垂直地画在两条水平电源线之间。

辅助电路：画在原理图的右边。

（4）电气原理图中，同一电器的不同部件常常不画在一起，而是画在不同地方，同一电器的不同部件都用相同文字符号标明。同一种电器一般用相同的字母表示，但在字母后加上数码或其他字母下标以示区别。如两个接触器分别用 KM_1 和 KM_2 表示

（5）全部触点都按常态给出，对接触器或各种继电器，常态是指未通电时的状态，对按钮、行程开关常态则是指未受外力作用时的状态。当电气触头的图形符号垂直放置时，以"左开右闭"绘制，水平放置时，以"下开上闭"绘制。

（6）图面区域的划分：为了便于读图和检索，将图按功能划分成若干图区，通常是一条回路或一条支路划为一个图区，并在图的上方标明该区电路的功能，在下方用阿拉伯数字从左到右标注在图区栏中。如图纸下方的 1、2、3 等数字是图区编号，图纸上方的电源开关、主轴等字样表明对应图区的功能。

（7）符号位置索引：由于同一电路元件的部分分别画在不同的图区，为了便于阅读，可以在字母符号的下方标出同一元件触头或线圈所在的图区。对继电器和接触器可以在原理图控制电路的下面，标出了"符号位置索引"。如在继电器、接触器线圈下方列触点表以说明线圈和触点的从属关系及位置，即相应触点所在图区。

如图 4.36 所示，KM 有三对主触点在图区 2，一个常开辅助触点在图区 4，一个常开辅助触点和两个常闭辅助触点没有用到。KA 有两个常开辅助触点分别在在图区 9 和 13，两个常开辅助触点和四个常闭辅助触点没有用到。

KM			KA	
2	4	×	9	×
2	×	×	13	×
2			×	×
			×	×

图 4.36　符号位置索引示例

（8）与电气控制有关的机械、液压、气动等装置应用符号绘出简图，以表示其关系。

（9）原理图上各电器连接点应编排线号，以便检查与接线。

图 4.37 所示就是按照上述电气原理图绘制规则绘制的 CW6132 车床电气原理图。

图 4.37　按电气原理图绘制规则绘制的 CW6132 车床电气原理图

4.2.2　电气安装接线图的绘制规则

　　电气安装接线图用来表明电气设备或装置之间的接线关系，清楚地表明电气设备外部元件的相对位置及它们之间的电气连接，是实际布线的依据。安装接线主要用于电器的安装接线、线路检查、线路维修和故障处理，通常接线图和电气原理图和元件布置图一起使用。

　　(1) 各电气元件均按实际安装位置绘出，元件所占图面按实际尺寸以统一比例绘制，尽可能符合电器的实际情况。

　　(2) 一个元件中所有的带电部件均画在一起，并用点划线框起来，即采用集中表示法。

　　(3) 各电气元件的图形符号和文字符号必须与电气原理图一致，并符合国家标准。

　　(4) 各电气元件上凡是需接线的部件端子都应给出，并予以编号，各接线端子的编号必须与电气原理图上的导线编号一致。

　　(5) 绘制安装接线图时，走向相同的相邻导线可以绘成一股线。

　　图 4.38 所示为按电气安装接线图绘制规则绘制的 CW6132 车床电气安装接线图。

图 4.38　按电气安装接线图绘制规则绘制的 CW6132 车床电气安装接线图

4.2.3　电气元件布置图的绘制规则

　　电器元件布置图是用来详细表明电气原理图中各电气设备、元器件的实际安装位置，为电器控制设备的安装、调试及维修提供必要的资料。可根据电气控制系统复杂程度采取集中绘制和单独绘制。图 4.39 所示为 CW6132 车床电气元件布置图。

图 4.39　CW6132 车床电气元件布置图

4.3　三相异步电动机的启动控制电路

电动机从静态接通电源后逐渐加速到稳定运行状态的过程称为电动机的启动。电动机的启动分为直接启动和降压启动两种。直接启动是指启动时加在电动机定子绕组上的线电压为额定电压。直接启动的线路简单，安装维护方便。当电动机容量较小时，应优先采用直接启动。一般规定，在现代电网容量较大的情况下，电动机功率在 10 kW 以下的，允许直接启动；超过 10 kW 的电动机应采用降压启动。

4.3.1　三相异步电动机的直接启动控制电路

1. 手动控制直接启动电路

手动控制是指用手动电器进行电动机直接启动操作。可以使用的手动电器有刀开关、低压断路器、转换开关等。

图 4.40 所示为三相异步电动机手动控制电路。其中，图 4.40(a)为刀开关控制电路。当采用开起式负荷开关控制时，电动机的最大功率不要超过 5.5 kW；若采用封闭式负荷开关控制时，电动机的功率可达 28 kW。

用刀开关控制电动机时，无法利用热继电器进行过载保护，只能利用熔断器进行短路和过载保护，同时电路不能失压和欠压保护，这一点使用时要注意。

图 4.40(b)为断路器控制电路，断路器除手动操作功能外，还具有自动跳闸保护功能。断路器中的过电流脱扣器和热脱扣器可以用来对电动机进行短路和过载保护。

手动控制直接启动电动机时，操作人员是通过手动电器直接对主电路进行接通和断开操作，安全性能和保护性能较差，操作频率也受到限制，因此只适合电动机容量较小和操作不是很频繁的场合。

(a) 刀开关控制电动机启动　　　　　(b) 断路器控制电动机启动

图 4.40　三相异步电动机手动直接启动电路

2. 接触器控制直接启动电路

接触器控制指的是利用按钮和接触器来实现对主电路的控制。

1）三相异步电动机点动控制电路

点动控制电路如图 4.41 所示。图中左侧为主路，三相电源经刀开关 QS、熔断器 FU_1 和接触器 KM 的三对主触点，接到电动机 M 的定子绕组上，主电路中流过的电流是电动机的工作电流，电流值较大。右侧部分为控制电路，由熔断器 FU_2、按钮 SB 和接触器线圈 KM 串联而成，按制电流较小。

图 4.41　三相异步电动机点动控制电路

点动控制电路的工作过程为：合上电源开关 QS，因没有按下点动按钮 SB，接触器 KM 没有通电，KM 的主触点断开，电动机 M 不通电所以没有启动。按下点动按钮 SB 后，控制电路中接触器 KM 线圈通电，其主回路中的常开触点闭合，电动机通电运行。松开按钮 SB，按钮在复位弹簧作用下自动复位，控制电路接触器 KM 线圈断电，主电路中 KM 触点恢复原来的断开状态，电动机停止转动。

这个控制电路中，QS 也称隔离开关，它不能直接给电动机 M 供电，只起到隔离电源作用。主电路熔断器 FU_1 起短路保护作用，如发生三相电路的任两相电路短路，或是任一相电路发生对地短路，短路电流将使熔断器迅速熔断，从而切断主电路电源，实现对电动机的过流保护。控制电路中的 FU_2 起对控制电路实现短路保护的作用。

2）三相异步电动机单向连续运行控制电路

连续运行是相对于点动控制而言的，它是指在按下启动按钮启动电动机后，若松开按

钮,电动机仍能得电连续运转。只要对点动控制电路进行一些改进,就可以使电动机在不
按下按钮的情况下连续运行。三相异步电动机单向连续运转控制电路如图 4.42 所示。

图 4.42　三相异步电动机单向连续运行控制电路

主电路由三相电源、刀开关 QS、熔断器 FU_1、交流接触器 KM 主触点、热继电器 FR
的热元件、电动机定子绕组等组成。

控制电路由电源、熔断器 FU_2、热继电器常闭触点、停止按钮 SB_1、启动按钮 SB_2 +
KM 动合辅助触点、交流按触器线圈 KM 等组成。

启动按钮 SB_2 两端的 KM 动合辅助触点起自锁作用,当按下启动按钮 SB_2 使 KM 线圈
通电,此辅助触点闭合,即使松开按钮后,仍保持线圈持续通电,电动机继续运转。若要电
动机停止运转,只需按停止按钮 SB_1 使接触线圈断电,电动机停转,同时解除自锁。由于常
态时,SB_1 是闭合的,故不影响启动和运转。此电路的启、停过程如下所示。

启动:合上刀开关 QS,接通电源

按 SB_2→KM 线圈通电→ KM 主触点闭合,电动机运转

　　　└──→ KM 辅助触点闭合,自锁

停转:按 SB_1→KM 线圈失电→ KM 主触点断开,电动机停转

　　　└──→ KM 辅助触点断开,切除自锁

另外,此电路还可实现短路、过载和失压保护。

短路保护靠熔断器 FU_1,它串接在主电路中,当电路一旦发生短路故障,熔体熔断,
使电动机脱离电源。

过载保护靠热继电器 FR,当电动机负载过大,电压过低或缺相运行时,都将引起电动
机电流过大,如长时间过电流会使热继电器的热元件发热,使其串接在控制电路的动断触
点断开,接触器 KM 线圈断电,切断主电路使电动机停转。同时 KM 辅助触点也断开,解
除自锁。故障排除后重新启动时,需先按下 FR 复位按钮,使 FR 的动断触点复位(闭合)。

失压和欠压保护靠交流接触器本身来完成。当电压降至低于工作电压的 85% 时,因接
触器吸引线圈的电磁吸力不足,衔铁自行释放,使主、辅触点自行复位,切断电源,电动机

停转，同时解除自锁。

　　3）三相异步电动机点动和单向连续运行控制电路

　　在生产过程中，经常需要电动机既能点动运行，又能连续运行。图 4.43 所示的几种电路既能控制电动机点动运行，又能控制电动机连续运行。图示中的主电路与图 4.42 完全一样，这里只绘出控制电路。

(a) 转换开关控制　　　　(b) 中间继电器控制　　　　(c) 按钮控制

图 4.43　三相电动机点动和单向连续运行控制电路

　　（1）转换开关控制。

　　转换开关控制电路如图 4.43(a) 所示。转换开关 SA 闭合，为单向连续运行电路，SA 断开为点动控制电路。

　　（2）中间继电器控制。

　　中间继电器控制电路如图 4.43(b) 所示。按下 SB_2 为连续运行电路，若按 SB_3 为点动控制电路。

　　（3）按钮控制。

　　按钮控制电路如图 4.43(c) 所示。若按 SB_2 为连续运行电路，若按 SB_3 为点动控制电路。

　　4）三相异步电动机多点控制电路

　　在两地或两地以上的地方实现电动机启动、停止的控制线路叫多点控制电路。它主要用于大型机械设备，能在不同的位置对运动机构进行控制，如对驱动某一运动机构的电动机在多处进行启动和停止的控制。

　　图 4.44 为多点控制的单向连续运行电路，启动按钮是 SB_3、SB_4，停

图 4.44　三相异步电动机单向连续运行多点控制电路

止按钮是 SB_1、SB_2。启动按钮全部并联在自锁触点两端，按下任何一个都可以启动电动机。停止按钮全部串联在接触器线圈电路上，按下任何一个都可以停止电动机的工作。

3. 多台电动机顺序控制电路

多台电动机的顺序控制是指多台电动机的启动和停止可按设备的需求进行先、后顺序控制。顺序起停控制电路有顺序启动、同时停止控制电路和顺序启动、顺序停止的控制三种类型。

图 4.45(a)所示为两台电动机顺序控制电路的主电路，图 4.45(b)和(c)所示为控制电路。图 4.45(b)所示电路的工作原理为：按下 SB_2，KM_1 得电并自锁，电动机 M_1 启动，同时串在 KM 控制回路中的 KM_1 常开触点也闭合。此时再按下 SB_4，KM_2 得电并自锁，则电动机 M_2 启动。如果先按下 SB_4，因 KM_1 常开触点断开，电动机 M_2 不可能先启动，达到了按顺序动作的要求。

图 4.45　三相电动机顺序启动控制电路

有些设备除了要求按顺序启动外，有时还要求按一定顺序停止。图 4.45(c)所示为按顺序启动和停止工作的电路，要达到这个目的，只需在顺序启动控制电路图的基础上，将接触器 KM_2 的一个辅助常开触点并联在停止按钮 SB_1 的两端。这样，即使先按下 SB_1，由于 KM_2 得电，电动机 M_1 也不会停转。只有按下 SB_3，电动机 M_2 先停后，此时按下 SB_1 才有效，达到先停 M_2，后停 M_1 的要求。

许多顺序控制还要求有一定的时间间隔，这可以通过时间继电器来实现。图 4.46 所示电路就有这种功能。图中 KM_1、KM_2 分别控制 M_1、M_2 电动机，电动机 M_1 启动一段时间后，时间继电器 KT 的延时时间结束，其延时闭合常开触点接通 KM_2 并使其自锁，电动机 M_2 启动，KM_2 的常闭触点断开，切断时间继电器 KT 线圈，使 KT 停止工作。

图 4.46　采用时间继电器的三相电动机顺序启动控制电路

4.3.2　三相笼形异步电动机的降压启动控制电路

　　容量小的电动机才允许直接启动，容量大的电动机由于启动电流较大，一般都采用降压启动方式即启动时降低加在电动机定子绕组上的电压，启动后再恢复到额定电压下运行。降压启动的方法有定子绕组串电阻（或电抗）启动、星形-三角形（Y/△）启动、自耦变压器启动、延边三角形启动和使用软启动器等。常用的方法是星形-三角形（Y/△）降压启动和自耦变压器降压启动。

　　1. 定子串电阻降压启动控制电路

　　图 4.47 是三相笼形异步电动机定子串电阻降压启动控制电路。启动时，在三相定子绕组中串入电阻，使电动机定子绕组电压降低，启动后再将电阻短接，电动机在额定电压下正常运行。这种启动方式不受电动机定子绕组接线形式的限制，较为方便。但由于串入电阻，启动时在电阻上的电能损耗较大，适用于不频繁启动场合。

　　图 4.47 中 KM_1 为启动接触器，KM_2 为运行接触器，KT 为时间继电器。合上电源开关 QS，按下启动按钮 SB_2，KM_1、KT 线圈同时通电吸合并自锁，此时电动机定子串接电阻 R 进行降压启动。当电动机转速接近额定转速时，时间继电器 KT 通电延时闭合触点闭合，KM_2 线圈通电并自锁，KM_2 常闭触点断开并切断 KM_1，KT 线圈电路，使 KM_1，KT 线圈断电释放。这就构成先由 KM_2 主触点短接定子串联电阻，再由 KM_1 主触点断开定子电阻，电动机经 KM_2 主触点在额定电压下正常运转主电路。

　　2. 星形-三角形降压启动控制电路

　　对于正常运行时定子绕组连成三角形的三相笼形异步电动机，均可采用星形-三角形换接降压启动。启动时，定子绕组先连接成星形，待电动机转速上升到接近额定转速时，将定子绕组换接成三角形，电动机便进入全压状态正常运转。

图 4.47　三相异步电动机定子串电阻降压启动控制电路

1）手动控制电路

手动控制星形-三角形降压启动控制电路如图 4.48 所示。图中手动控制开关 SA 有"Y 启动""△运行"和"停机"3 个位置，Y 启动对应的是电动机定子绕组被接成星形连接，△运行对应的是电动机定子绕组被接成三角形连接。电路的工作原理为：将开关 SA 置于"Y 启动"，电动机定子绕组被连接成星形降压启动。当电动机转速上升到一定值时，再将开关 SA 置于"△运行"，使电动机定子绕组接成三角形，电动机全压运行。

图 4.48　手动控制星形-三角形降压启动控制电路

2）接触器控制星形-三角形降压启动电路

接触器控制星形-三角形降压启动电路如图 4.49 所示。该电路使用按钮控制，SB₂ 为星形降压启动按钮，SB_3 为三角形全压运行按钮，SB_1 为停止按钮。

图 4.49　接触器控制星形-三角形降压启动控制电路

电路的工作原理为：按下 SB_2→KM_2 线圈得电→KM_2 辅助动合触点闭合（自锁）→KM_2 主触点闭合（接通电源）；KM_1 线圈得电→KM_1 主触点闭合→电动机星形连接启动。

经过一定时间后，按下 SB_3→KM_1 线圈断电→KM_1 主触点断开；KM_3 线圈得电→KM_3 辅助动合触点闭合（自锁）→KM_3 主触点闭合→电动机三角形连接运行。

如果 KM_1 和 KM_3 的主触点同时闭合，就会发生短路。为了避免这种事故发生，就要求保证两个接触器不能同时工作。这种在同一时间两个接触器只允许一个工作的控制作用称为互锁或联锁。图 4.49 为带互锁的控制电路。

在这个控制电路中，KM_1、KM_3 两个接触器中互串了一个对方的动断触点，这对动断触点称为互锁触点或联锁触点。这样当按下 SB_2 时，KM_1 线圈通电，KM_1 主触点闭合，电动机被连接成星形降压启动。与此同时，由于 KM_1 的动断辅助触点断开而切断了 KM_3 的线圈电路。同理，在 KM_3 动作后，也保证了 KM_1 的线圈不能再工作。

3）自动星形-三角形降压启动电路

自动星形-三角形降压启动电路如图 4.50 所示。该电路由交流接触器、热继电器、时间继电器和按钮等元件组成，具有短路保护、过载保护和失压保护等功能。该电路适用于容量在 125 kW 及以下的三相笼形异步电动机作星形-三角形降压启动和停止的控制。

电路工作原理：合上三相电源开关 QS，按下启动按钮 SB_2，KM_1、KT、KM_3 线圈同时得电，KM_1 和 KM_3 的主触点吸合，KM_1 的辅助常开触点吸合实现自锁，KM_3 的辅助常闭触点断开实现 KM_2 与 KM_3 的电气互锁，电动机三相定子绕组接成星形接入三相交流电源进行降压启动；当电动机转速接近额定转速时，通电延时时间继电器 KT 动作，KT 常闭触点断开使 KM_3 线圈断电，KM_3 主触点释放，辅助常闭触点恢复吸合状态，KT 常开触点闭合使 KM$_2$ 线圈经 KM$_3$ 辅助常闭触点得电，KM$_2$ 主触点吸合。电动机由星形改接成三角形进入正常运转。而 KM$_2$ 辅助常闭触点断开，使 KT 在电动机星形-三角形降压启动完成后断电释放，并实现 KM$_2$ 与 KM$_3$ 的电气互锁。

图 4.50　自动星形-三角形降压启动控制电路

3. 自耦变压器降压启动控制电路

电动机自耦变压器降压启动是将自耦变压器原边接在电网上，启动时定子绕组接在自耦变压器副边上。这样，电动机启动时获得的电压为自耦变压器的二次电压。待电动机转速接近电动机额定转速时，再将电动机定子绕组接在电网上即电动机额定电压上进入正常运转。此种启动方式适用于较大容量电动机的空载或轻载启动，在自耦变压器二次绕组上有多组抽头（匝数比例一般为 65%、73% 和 85%），供不同启动场合选用。

一般自耦变压器降压启动是由自耦降压启动器来完成的。这种自耦降压启动器有手动和自动两种。

1）自耦变压器降压启动手动控制电路

图 4.51 所示为 QJ10 系列手动自耦降压启动器的控制电路，启动器操作手柄有"启动"、"停止"和"运行"3 个位置，并设有联锁机构，使手柄未经过"停止"位置不能扳到"运行"位置。自耦变压器二次绕组有 65% 和 85% 两挡电压抽头，可根据电动机的负载情况选择启动电压。

手动自耦降压启动器的电路工作原理为：当手柄置于"停止"位置时，启动器所有触点都断开，电动机断电。开始启动时，将手柄向上扳到"启动"位置，启动触点和中性触点闭合，电动机三相定子绕组接入自耦变压器降压启动。转速接近额定转速时，可将手柄向下扳至"运行"位置，启动触点和中性触点断开，将自耦变压器从三相电路中切断；运行触点闭合，电动机全压运行。要停机时，只要按下停止按钮 SB，使失压脱扣器的线圈断电而造成衔铁释放，通过机械脱扣装置将运行一组触点断开，同时手柄会自动跳回"停止"位置，为下次启动作准备。

图 4.51 手动自耦降压启动器控制电路

2）自耦变压器降压启动自动控制电路

自耦变压器降压启动自动控制电路如图 4.52 所示。工作原理为：合上三相电源开关 QS，

图 4.52 自耦变压器降压启动器自动控制电路

按下启动按钮 SB_2→KM_2、KM_3 线圈得电并通过 KM_2、KM_3 辅助常开触点闭合实现自锁→电动机接入自耦变压器降压启动,同时时间继电器 KT 通电并自锁,延时开始→当 KT 延时结束,延时触点动作后→KM_2、KM_3 线圈断电,KM_1 线圈通电并自锁→电动机转入正常运行,同时 KM_1 的常闭触点断开 KT 线圈失电。

4. 软启动控制电路

软启动是随着电子技术的发展而出现的新技术。软启动器是一种晶闸管调压装置,采用微机控制技术,实现三相交流异步电动机的软启动、软停车及轻载节能,同时也具有过载、缺相、过电压和欠压等多种保护功能。

图 4.53 是采用西诺克 Sinoco-SS2 系列软启动器控制电动机启动、停止的控制电路原理图。其中 FU_2 是保护软启动器的快速熔断器,S_1 和 S_2 是启停信号输入端子,S_3 和 S_4 是旁路信号输出端子。电动机启动时通过软启动器使电压从某一较低值逐渐上升到额定值,启动后再用旁路接触器使电动机全压运行。

图 4.53　电动机软启动控制线路原理图

电路的工作原理如下:

合上空气开关 QF,按下启动按钮 SB_2,中间继电器 KA 线圈通电吸合并自锁,同时其动合触点(1-5)、(2-3)、(6-7)闭合,启停信号输入端子 S_1 和 S_2 给软启动器输入信号,电动机按设定的过程启动,当启动完成后,软启动器输出旁路信号,使 S_3 和 S_4 端子闭合,接触器 KM 线圈通电吸合并自锁,旁路电路启动,电动机在全压下运行。

停止时,按下停止按钮 SB_1,中间继电器 KA 线圈断电并解除自锁,同时已闭合的动合触点(1-5)、(2-3)、(6-7)复位断开,启停信号输入端子 S_1 和 S_2 给软启动器输入该信号,使软启动器旁路信号输出端子 S_3 和 S_4 断开,接触器 KM 线圈断电并解除自锁,软启动器接入电路,电动机按预定的过程实现软停车。

4.3.3　三相绕线型异步电动机的降压启动控制电路

三相绕线转子异步电动机转子绕组可通过铜环经电刷与外电路电阻或电抗串联,以减小启动电流,提高转子电路功率因数和启动转矩,适用于重载启动的场合。

按绕线转子异步电动机转子在启动过程串接的装置不同,可分为串电阻启动电路和串频敏变阻器启动电路。

1. 转子串电阻启动控制电路

绕线型异步电动机转子串电阻启动,一般是在转子回路串入多级电阻,利用接触器的主触点分段切除,使绕线型电动机的转速逐级提高,最后达到额定转速而稳定运行。

1) 按时间原则控制的转子串电阻启动电路

图 4.54 为转子串三级电阻按时间原则控制的启动电路。图中,KM_1 为线路接触器,KM_2、KM_3 和 KM_4 为短接电阻启动接触器,KT_1、KT_2 和 KT_3 为短接电阻时间继电器。电路工作原理为:合上三相电源开关 QS,按下启动按钮 SB_2→KM_1 线圈得电,KM_1 主触点闭合,电动机在串 R_1、R_2、R_3 状况下启动,KM_1 辅助常开触点闭合实现自锁;KT_1 得电,延时开始→KT_1 延时结束,KT_1 触点闭合→KM_2 线圈得电,主触点闭合切除 R_1,辅助常开触点闭合自锁,电动机在串 R_2、R_3 状况下启动;KM_2 辅助常开触点闭合,KT_2 延时开始→KT_2 延时结束,KT_2 触点闭合→KM_3 线圈得电,主触点闭合切除 R_1、R_2,辅助常开触点闭合自锁,电动机在串 R_3 状况下启动;KM_3 辅助常开触点闭合,KT_3 延时开始→KT_3 延时结束,KT_3 触点闭合→KM_4 线圈得电,主触点闭合切除 R_1、R_2、R_3,辅助常开触点闭合自锁,电动机正常运行。

图 4.54　按时间原则控制的转子串电阻启动电路

值得注意的是,电动机启动后进入正常运行时,只有 KM_1、KM_4 两个接触器处于长期通电状态,而 KT_1、KT_2、KT_3 与 KM_2、KM_3 线圈的通电时间,均压缩到最低限度。这一方面从电路工作要求出发,没必要这些电器都处于通电状态,另一方面也节省电能,延长电器使用寿命,更为重要的是减少电路故障,保证电路安全可靠地工作。但电路也存在下列问题,一旦时间继电器损坏,电路将无法实现电动机的正常启动和运行。再者,在电动机的启动过程中,由于逐级短接转子电阻,将使电动机电流与电磁转矩突然增大,产生机械冲击。

2) 按电流原则控制的转子串电阻启动电路

按电流原则控制的转子串电阻启动电路如图 4.55 所示。它是运用电流继电器来检测电动机转子电流,根据电动机在启动过程中转子电流变化来实现转子电阻的短接控制。图中 KA_1、KA_2、KA_3 为欠电流继电器,其线圈串联在电动机转子电路中,这三个电流继电器的吸合电流值相同,但释放电流值不同。其中 KA_1 释放电流最大,KA_2 次之,KA_3 释放电流值最小。KA_4 为中间继电器,KM_1、KM_2、KM_3 为短接转子电阻接触器,KM_4 为线路接触器。

图 4.55　按电流原则控制的转子串电阻启动电路

电路工作原理:合上电源开关 QS,按下启动按钮 SB_2,KM_4 线圈得电并自锁,电动机定子接通三相交流电源,转子串入全部电阻接成星形启动。同时 KA_4 线圈通电吸合,为 KM_1、KM_2、KM_3 通电作准备。由于电动机刚启动,启动电流大,使 KA_1、KA_2、KA_3 同时通电吸合,它们的常闭触点断开,使 KM_1、KM_2、KM_3 处于断电状态,转子电阻全部串入,达到限制电流、提高启动转矩的目的。随着电动机转速的提高，启动电流减小，当启动电流减小到 KA_1 释放电流时，KA_1 释放，其常闭触点闭合，使 KM_1 线圈通电吸合。KM_1 主触点短接第一段转子电阻 R_1，由于转子电阻减小，转子电流上升，启动转矩加大，电动机转速上升，转子电流又下降，当降至 KA_2 释放电流时，KA_2 释放，KA_2 常闭触点使 KM_2 线圈通电吸合，KM_2 主触点短接第二段转子电阻 R_2。如此重复，直至转子电阻全部短接，电动机启动过程结束。

2. 转子串频敏变阻器启动控制电路

绕线型异步电动机若串入转子回路的电阻或阻抗，能随启动过程的进行自动而平滑地减小，那就不需要逐级切换电阻，启动过程也就能平滑进行。频敏变阻器能够满足上述要求。频敏变阻器实质上是一个铁芯损耗很大的三相电抗器，它的等效阻抗与转子的电流频率有关。启动瞬间，转子的电流频率最大，频敏变阻器的等效阻抗最大，转子电流受到抑制，定子电流也不致于很大，随着转速的上升，转子的频率逐渐减小，频敏变阻器的等效阻抗也逐渐减小；当电动机达到正常转速时，转子的电流频率很小，频敏变阻器的等效阻抗也变得很小。因此，绕线型异步电动机转子中接频敏变阻器启动时，随着启动过程中转子电流频率的降低，其阻抗自动减小，从而实现了平滑的无级启动。

转子串频敏变阻器的启动控制电路如图 4.56 所示。电动机转子电路接入按星形连接的频敏变阻器，由接触器 KM_2 主触点在启动完毕时将其短接。线路的工作原理为：控制电路中有转换开关 SA，可以选择启动方式是自动控制还是手动控制。SA 置于"自动"，为自动控制启动，SA 置于"手动"，为手动控制启动。

图 4.56　转子串频敏变阻器的启动控制电路

　　自动启动的工作原理为：按下 $SB_2 \rightarrow KM_1$ 线圈得电并自锁，主触点闭合，电动机串频敏变阻器启动；KT 线圈得电，延时开始→延时结束，KT 闭合 KA 线圈得电并自锁，KA 闭合→ KM_2 线圈得电，主触点闭合，切除频敏变阻器，电动机正常运行。

　　手动启动的工作原理为：按下 $SB_2 \rightarrow KM_1$ 线圈得电并自锁，主触点闭合，电动机串频敏变阻器启动→经过一定时间后，按下 $SB_3 \rightarrow KA$ 线圈得电并自锁，KA 闭合→ KM_2 线圈得电，主触点闭合，切除频敏变阻器，电动机正常运行。

　　由于电动机功率大，启动过程比较缓慢，为避免由于启动过程长引起热继电器的误动作，采用了中间继电器 KA 常闭触点短接 FR，待启动过程结束进入稳定运行时再接入 FR。

4.3.4　三相异步电动机的正、反转控制电路

　　各种生产机械常常要求具有上、下、左、右、前、后等正、反两个方向的运动，这就要求电动机能够正、反两个方向运动。对于三相异步电动机可借助正、反向接触器改变定子绕组相序来实现。

1. 转换开关(倒顺开关)控制电动机正、反转电路

　　转换开关控制电动机正、反转控制电路如图 4.57 所示。图 4.57(a)所示为用转换开关直接控制电动机正反转电路，当 SA 扳到上方位置，电动机进线端直接与电源 L_1、L_2、L_3 相接，在电源开关 QS 合上的情况下，电动机正向旋转；当转换开关 SA 扳回到中间位置时，电动机断开三相电源，电动机停转；当转换开关 SA 扳至下方位置时，电动机的 U、V、W 端分别与三相电源的 L_3、L_2、L_1 相接，电动机实现了倒相，电动机反向旋转；当 SA 扳回中间位置时，电动机停止旋转。由于转换开关无灭弧装置，仅适用于电动机容量为 $5.5\ kW$ 及其以下电动机的正反转控制。

图 4.57　倒顺开关控制电动机正、反转控制电路

图 4.57(b)中的转换开关 SA 只用于预选电动机的旋转方向,而由按钮来控制接触器,再由接触器主触点来接通和断开电动机三相电源,实现电动机的启动与停止,所以其控制电路为电动机单向旋转启动一停止控制电路。由于采用了接触器控制,并且接入了热继电器,故该电路具有短路保护、长期过载保护和欠电压与失电压保护功能,而图 4.57(a)电路只具有短路保护。

2. 接触器(电气)互锁正、反转控制电路

图 4.58(a)所示为电动机正、反转控制电路的主电路,由正、反转接触器的主触点来实现电动机两相电源的对调,进而实现电动机的正、反转。

图 4.58(b)所示是将两个单向连续运行控制电路组合而成的正、反转控制电路。按下 SB$_2$,KM$_1$ 主触点闭合,电动机正转。按下 SB$_3$,KM$_2$ 主触点闭合,电动机反转。但若发生在按下正转启动按钮 SB$_3$,电动机已进行正向旋转后,又按下反向启动按钮 SB$_3$ 误操作时,由于正反转接触器线圈 KM$_1$、KM$_2$ 均通电吸合,其主触点均闭合,将发生电源两相短路,致使熔断器 FU$_1$ 熔体烧断,电动机无法工作。为防止出现上述情况,可在正、反转接触器 KM$_1$、KM$_2$ 的线圈支路上分别串联对方的动断触点,这样,任何一个接触器接通时,另一接触器必然处于断电释放状态。把这种相互制约的控制关系称为互锁(或联锁)。这种依靠电气元件来实现的互锁称为电气互锁,起互锁作用的动断触点称为互锁触点。

图 4.58　接触器互锁电动机正、反转控制电路

图 4.58(c)所示就是利用 KM$_1$、KM$_2$ 正反转接触器的常闭辅助触点实现电气互锁的电动机正反转控制电路。其工作原理为:

正转:合上刀开关 QS,接通电源将 KM$_1$、KM$_2$ 正反转接触器的常闭辅助触点串接到对方线圈电路中,形成相互制约的控制,

按 $SB_2 \to KM_1$ 线圈通电 $\longrightarrow KM_1$ 主触点闭合，电动机正转。

$ \longrightarrow KM_1$ 辅助常开触点闭合，自锁；辅助常闭触点断开，互锁。

停转：按 $SB_1 \to KM_1$ 或 KM_2 线圈失电 $\longrightarrow KM_1$ 或 KM_2 主触点断开，电动机停转。

$ \longrightarrow KM_1$ 或 KM_2 辅助触点断开，解除自锁和互锁。

反转：按 $SB_3 \to KM_2$ 线圈通电 $\longrightarrow KM_2$ 主触点闭合，电动机反转。

$ \longrightarrow KM_2$ 辅助常开触点闭合，自锁；辅助常闭触点断开，互锁。

这种电气互锁的控制电路中，要实现电动机由正转变反转或由反转变正转，都必须先按下停止按钮 SB_1，然后才能进行反转或正转的启动控制，不能直接过渡。显然这是十分不方便的。

3. 按钮(机械)互锁正、反转控制电路

按钮互锁正、反转控制电路如图 4.59 所示。控制电路中使用了复合按钮 SB_2、SB_3。电路中将动断触点接入对方线圈支路中，这样只要按下按钮，就自然切断对方线圈支路，从而实现互锁，这种互锁是利用按钮这种机械的方法来实现的，所以又把这种互锁称为机械互锁。

图 4.59　按钮互锁电动机正、反转控制电路

按钮互锁正、反转控制电路工作原理为：

正转：合上刀开关 QS，接通电源

按 $SB_2 \to KM_2$ 线圈失电，互锁。

$ \longrightarrow KM_1$ 通电，电动机正转。

$ \longrightarrow KM_1$ 辅助常开触点闭合，自锁。

反转：按 $SB_3 \to KM_1$ 线圈失电，互锁。

$ \longrightarrow KM_2$ 通电，电动机反转。

$ \longrightarrow KM_2$ 辅助常开触点闭合，自锁。

停转：按 SB_1→KM_1 或 KM_2 线圈失电 ── KM_1 或 KM_2 主触点断开，电动机停转。
└──→ KM_1 或 KM_2 辅助触点断开，解除自锁。

　　这种机械互锁的控制电路可以从正转直接过渡到反转，因为复合按钮两组触点的动作是有先后次序的。按下时，动断先断开，动合后闭合；松开时，动合先恢复断开，动断后恢复闭合，利用这个时间差，可以实现正、反转的直接过渡。这种电路存在的主要问题是容易产生短路事故。例如，电动机正转接触器 KM_1 主触点因弹簧老化或剩磁的原因而延迟释放时，或者被卡住而不能释放时，如按下 SB_3 反转按钮，则 KM_2 接触器也得电使其主触点闭合，电源会在主电路短路。显然，这种控制电路的安全性较低。

4. 双重互锁正、反转控制电路

　　图 4.60 所示是具有接触器(电气)、按钮(机械)双重互锁的电动机正、反转控制电路。这种电路，若电动机正转运行需直接转换为反转时，可按下反转启动按钮 SB_3，此时反转启动按钮 SB_3 的常闭触点先断开，于是切断了正转接触器线圈 KM_1 电路，正转接触器 KM_1 立即断电释放；进一步按下反转启动按钮，方使其常开触点闭合，于是接通反转接触器线圈 KM_2 电路，反转接触器 KM_2 线圈通电吸合，主触点闭合，电动机反向启动旋转，实现了电动机正反转的直接变换。直到电动机需停止时才按下停止按钮 SB_1，让电动机停止运转。双重互锁正、反转控制电路是一种比较完善的电路，它既能实现正、反转直接启动的要求，又具有较高的安全可靠性，因此在电机控制系统中应用广泛。

图 4.60　双重互锁电动机正、反转控制电路

5. 自动往返行程控制电路

　　在生产实际中，有些生产机械的运动部件需要做自动往返运动。如龙门刨床、平面磨床的工作台都需要做自动往返运动。图 4.61 所示是利用行程开关来实现自动往返运动控制示意图。SQ_1 为正向(往)转反向(返)行程开关，SQ_2 为反向(返)转正向(往)行程开关，

SQ₃ 和 SQ₄ 的作用是限位保护。行程开关是由安装在运动部件上的挡铁来压合动作的，挡铁安装位置又是根据行程要求来调节的，所以这是一种行程原则的控制。

图 4.61　自动往返控制示意图

自动往返行程控制电路如图 4.62 所示。它实质上是在双重互锁正、反转控制电路基础上，增加了行程开关常开触点并接在接触器常开辅助触点即自锁触点两端，构成一条自锁电路；而将行程开关的常闭触点串接于对方接触器线圈电路中，增加了一个互锁触点。为对运动部件的运动行程进行限位保护，增设了两个运动方向的限位保护开关 SQ₃ 和 SQ₄。

图 4.62　自动往返行程控制电路

图中 SB₁ 为停止按钮，SB₂ 和 SB₃ 为电动机正、反转启动按钮，SQ₁ 为正向（往）转反向（返）行程开关，SQ₂ 为反向（返）转正向（往）行程开关，SQ₃ 为正向运动极限保护行程开关，SQ₄ 为反向运动极限保护行程开关。

当按下正转启动按钮 SB₂ 时，电动机正向启动旋转，拖动运动部件向右运动，当运动部件上的机械挡铁压下换向开关 SQ₁ 时，正转接触器 KM₁ 线圈断电释放，反转接触器 KM₂ 线圈通电吸合，电动机由正转变为反转，拖动运动部件向左运动。当运动部件上的机械挡铁压下换向开关 SQ₂ 时，KM₂ 线圈断电释放，KM₁ 线圈通电吸合，电动机由反转变为正转，再次拖动运动部件向右运动，如此循环往复，实现电动机的正反转控制，进而实现运动部件的自动往返运动。当按下停止按钮 SB_1 时，电动机便停止运转，运动部件也停止运转。

限位行程开关 SQ_3、SQ_4 分别安装在运动部件正、反向的极限位置。若运动部件到达换向开关压合位置时，机械挡铁压合不上换向开关，致使正转或反转接触器线圈未能断电，造成电动机继续正转或反转，运动部件继续沿原方向移动，机械挡铁压下限位行程开关 SQ_3 或 SQ_4，使相应接触器线圈断电释放，电动机停转，运动部件停止移动，从而避免运动部件越出允许位置而导致事故发生。

4.4　三相异步电动机的制动控制电路

电动机在脱离电源后由于机械惯性的存在，使电动机完全停止要一定的时间，而实际中生产机械往往要求快速、准确地停车。这就需要电动机采用有效措施进行制动，电动机常用的制动方式有机械制动和电气制动两种。机械制动是利用机械装置使电动机在切断电源后迅速停止转动的一种控制方法，电磁制动器抱闸制动是机械制动最常用的方法，这种制动方法在起重机械上被广泛采用。三相交流异步电动机常用的电气制动制动方法有反接制动、能耗制动等。

4.4.1　三相异步电动机的反接制动控制电路

三相异步电动机单向运行反接制动电路如图 4.63 所示。工作过程为：启动时，按下启动按钮 SB_2，接触器 KM_1 得电并自锁，电动机 M 通电启动。在电动机正常运转时，速度继电器 KS 的常开触点闭合，为反接制动作好了准备。停止时，按下停止按钮 SB_1，其常闭触头断开，接触器 KM_1 线圈失电，电动机断开电源，由于此时电动机的惯性转速还很高，KS 的常开触点依然外于闭合状态，所以 SB_1 常开触点闭合时，反接制动接触器 KM_2 线圈得电并自锁，其主触点闭合，使电动机定子绕组得到与正常运转相序相反的三相交流电源，电动机进入反接状态，转速迅速下降，当电动机转速接近于零时，速度继电器常开触点复位，接触器线圈电路被切断，反接制动结束。

图 4.63　三相异步电动机反接制动控制电路

反接制动时，由于转子与旋转磁场的相对速度接近于两倍的同步转速，所以定子绕组中流过的反接制动电流相当于全电压直接启动时的两倍，因此反接制动特点是制动迅速，效果好，但冲击大，通常仅适用于 10 kW 以下的小容量电动机。为了减小冲击电流，通常要求在电动机主电路中串接一定的电阻以限制反接制动电流，这个电阻称为反接制动电阻。

速度继电器的动作值一般调整到 120 r/min 左右，释放值调整至 90 r/min 左右，释放值调得太大时，反接制动不充分，自由停车时间过长，调得太小时则可能出现不能及时断开电源而造成短时间反转的现象。

4.4.2　三相异步电动机的能耗制动控制电路

1. 按时间原则控制的单向运行能耗制动控制电路

图 4.64 所示为按时间原则控制的单向运行能耗制动控制电路。图中 KM_1 为单向运行接触器，KM_2 为能耗制动接触器，VC 为桥式整流电路，TC 为整流变压器。

图 4.64　按时间原则控制的单向运行能耗制动控制电路

电路工作原理为：电动机正常运行后，需要停车时按下按钮 SB_1，KM_1 线圈断电，KM_2、KT 线圈通电并自锁，同时接通直流电源，能耗制动开始，当时间继电器 KT 延时结束，KT 延时动断触点断开，电动机脱离直流电源，能耗制动结束。

图中 KT 的瞬时常开触点与 KM_2 辅助常开触点串联组成联合自锁，其作用是当发生KT 线圈断线或机械卡住故障时，防止在按下按钮 SB_1 电动机进行制动后，因 KM_2 触点自锁使两相的定子绕组长期接入能耗制动的直流电流而烧坏电动机。该电路还具有手动控制能耗制动的功能，只要使停止按钮 SB$_1$ 处于按下状态，电动机就能实现能耗制动。

2. 按速度原则控制的单向运行能耗制动控制电路

图 4.65 所示为速度原则控制的单向运行能耗制动控制电路。该电路与图 4.64 所示电路基本相同，仅是控制电路中取消了时间继电器 KT 的线圈及其触点电路，而在电动机轴伸出端安装了速度继电器 KS，并用 KS 的常开触点取代了 KT 延时打开的常闭触点。这样一来，该电路中的电动机在刚刚脱离三相交流电源时，由于电动机转子的惯性速度仍很高，速度继电器 KS 的常开触点仍然处于闭合状态，所以接触器 KM$_2$ 线圈能够依靠 SB$_1$ 按钮的按下得电自锁。于是，两相定子绕组获得直流电源，电动机进入能耗制动。当电动机转子的惯性速度接近于零时，KS 常开触点复位，接触器 KM$_2$ 线圈断电而释放，能耗制动结束。

图 4.65　按速度原则控制的单向运行能耗制动控制电路

3. 按时间原则控制的正、反转运行能耗制动控制电路

图 4.66 所示为按时间原则控制的正、反转能耗制动控制电路。图中 KM$_1$ 为正转运行接触器，KM$_2$ 为反转运行接触器，KM$_3$ 为能耗制动接触器，VC 为桥式整流电路，TC 为整流变压器。电路的工作原理与按时间原则控制的单向运行能耗制动控制电路完全相同。值得注意的是控制电路中接触器 KM$_1$、KM$_2$、KM$_3$ 之间必须互锁，以防止交流电源和直流电源短路事故。电动机正、反转运行能耗制动也可以采用速度实现，用速度继电器取代时间继电器，同样达到制动目的。

能耗制动的优点是制动准确，平稳，且能量消耗小。缺点是需附加直流电源装置，设备费用较高。制动力较弱，在低速时制动力矩小，一般用于要求制动准确，平稳的场合。而按时间原则控制的能耗制动，适用于负载转速比较稳定的生产机械上。对于那些负载惯性经常变化的生产机械来说，采用速度原则控制的能耗制动更为合适。

图 4.66　按时间原则控制的正、反转运行能耗制动控制电路

4.5　三相异步电动机的调速控制电路

从异步电动机的转速公式 $n = (1-s)\dfrac{60f_1}{p}$ 可知，异步电动机可以通过三种方式进行调速：

① 改变电动机旋转磁场的磁极对数 p；

② 改变供电电源的频率 f_1；

③ 改变转差率 s。

其中变极调速适用于笼型异步电动机，一般有双速、三速、四速之分。双速电动机的定子中只有一套绕组，而三速、四速电动机的定子中需要两套绕组。

图 4.67(a)所示为双速电动机变速手动控制电路图。图中 KM_1 是三角形接法接触器，KM_2 和 KM_3 是双星形接法接触器。当接成三角形时，磁极为 4，同步转速为 1500 r/min，当接成双星时，磁极为 2，同步转速为 3000 r/min。

图 4.67(a)所示为手动控制调速控制电路。其工作原理为：

低速控制：按下 SB_2→KM_1 线圈通电，自锁，电动机在△接法下低速运行

　　　　　└──→ KM_2、KM_3 失电，互锁

高速控制：按下 SB_3→KM_1 线圈失电，互锁解除

　　　　　└──→KM_2、KM_3 通电，自锁，电动机在双 Y 接法下高速运行

　　　　　└──→ KM_1 失电，互锁

图 4.67(b)所示控制电路与(a)基本相同，不同的就是高低速转换采用的转换开关，而不是按扭。

图 4.67(c)所示为时间继电器控制的双速电动机自动控制电路。转换开关 SA 选择电动机低速运行或高速运行。当 SA 置于"低速"位置时，接通 KM_1 线圈电路，电动机直接启动低速运行。当 SA 置于"高速"位置时，时间继电器的瞬时触点闭合，同样先接通 KM_1 线圈电路，电动机绕组三角形接法低速启动。当时间继电器延时时间结束，其延时断开的常闭触点 KT 断开，切断 KM_1 线圈回路，同时其延时常开触点 KT 闭合，接通接触器 KM_2、KM_3 线圈使其自锁，电动机定子绕组换接成双星形接法，改为高速运行。所以该控制电路具有使电动机转速自动由低速切换至高速的功能，以降低启动电流，适用于较大功率的电动机。

图 4.67　双速电动机变速控制电路

本章实验实训

1. 实训目的

(1) 了解三相异步电动机点动控制电路的基本原理。

(2) 熟悉三相异步电动机点动控制电路的控制过程。

(3) 掌握三相异步电动机点动控制电路的接线技能。

(4) 熟悉电气控制柜及采用线槽布线的布线工艺。

(5) 熟悉各控制元器件的工作原理及构造。

2. 实训器材

三相鼠笼式异步电动机 1 台，交流接触器 1 个，热继电器 1 个，按钮开关 1 个，指示灯 2 个，熔断器 3 个，小型三相断路器 1 个，小型两相断路器 1 个，连接导线及相关工具若干。

3. 实训内容与步骤

三相异步电动机点动控制电气原理图如图 4.68 所示。

图 4.68　三相异步电动机点动控制电气原理图

（1）认识各电器的结构、图形符号、接线方法；抄录电动机及各电器铭牌数据；并用万用电表欧姆挡检查各电器线圈、触点是否完好。

（2）三相鼠笼式异步电动机接成 Y 型接法；主回路电源接三路小型断路器输出端 L_1、L_2、L_3，供电线电压为 380 V，二次控制回路电源接二路小型断路器 L、N 供电电压为 220 V。

（3）参考图 4.68 进行安装接线，接线时，先接动力主回路，它是从 380 V 三相交流电源小型断路器 QS_1 的输出端 L_1、L_2、L_3 开始，经熔断器、交流接触器 KM 的主触点、热继电器 FR 的热元件到电动机 M 的三个线端 U、VW 的电路，用导线按顺序串联起来。主电路连接完整无误后，再连接二次控制回路，它是从 220 V 单相交流电源小型断路器 QS_2 输出端 L 开始，经过常开按钮 SB、接触器 KM 的线圈、热继电器 FR 的常闭触点到三相交流电源另一输出端 N，显然它是对接触器 KM 线圈供电的线路；另外 HL_1、HL_2 为启动、停止指示灯，分别受交流接触器 KM 的辅助常开、常闭触点控制。

接好线路，经指导教师检查后，方可进行通电操作。操作顺序如下：

（1）合上控制柜内的电源总开关，按下控制柜面板上的电源启动按钮。

（2）合上小型断路器 QS_1、QS_2，启动主电路和控制电路的电源。

（3）按下启动按钮 SB，对电动机 M 进行点动操作，比较按下 SB 与松开 SB 电动机和接触器的运行情况及电动机、指示灯的工作情况。

（4）实验完毕，按柜体电源停止按钮，切断实验线路三相交流电源。

实训二　三相异步电动机自锁启停控制

1. 实训目的

（1）了解三相异步电动机自锁启停控制电路的基本原理。

（2）熟悉三相异步电动机自锁启停控制电路的控制过程。

（3）掌握三相异步电动机自锁启停控制电路的接线技能。

（4）熟悉电气控制柜及采用线槽布线的布线工艺。

（5）熟悉各控制元器件的工作原理及构造。

2. 实训器材

三相鼠笼式异步电动机1台，交流接触器1个，热继电器1个，按钮开关2个，指示灯2个，熔断器3个，小型三相断路器1个，小型两相断路器1个，连接导线及相关工具若干。

3. 实训内容与步骤

三相异步电动机自锁启停控制的电气原理图如图4.69所示。

图4.69　三相异步电动机自锁控制电气原理图

（1）认识各电器的结构、图形符号、接线方法；抄录电动机及各电器铭牌数据；并用万用电表欧姆挡检查各电器线圈、触点是否完好。

（2）三相鼠笼式异步电动机接成Y型接法；实验主回路电源接小型三相断路器输出端L_1、L_2、L_3，供电线电压为380 V，二次控制回路电源接小型二相断路器L、N，供电电压为220 V。

（3）参考图4.69所示自锁线路进行接线，它与图4.68的不同之处在于控制电路中多串联一只常闭按钮SB_2，同时在SB_1上并联一只接触器KM的常开触点，它起自锁作用。

接好线路经指导教师检查后，方可进行通电操作。操作顺序如下：

（1）合上控制柜内的电源总开关，按下控制柜面板上的电源启动按钮。

（2）合上小型断路器QS_1、QS_2，启动主电路和控制电路的电源。

（3）按下启动按钮SB_1，松手后观察电动机M是否继续运转及指示灯工作情况。

（4）按下停止按钮SB_2，松手后观察电动机M是否停止运转及指示灯工作情况。

（5）按下控制屏停止按钮，切断实验线路三相电源，拆除控制回路中自锁触点KM，再接通三相电源，启动电动机，观察电动机及接触器的运转情况。从而验证自锁触点的作用。

（6）实验完毕，按控制柜门停止按钮，切断实验线路的三相交流电源，拆除线路。

实训三　电气和机械双重联锁控制三相异步电动机正反转

1. 实训目的

（1）了解电气和机械双重联锁控制三相异步电动机正反转电路的基本原理。

（2）熟悉电气和机械双重联锁控制三相异步电动机正反转电路的控制过程。

（3）掌握电气和机械双重联锁控制三相异步电动机正反转电路的接线技能。

（4）熟悉电气控制柜及采用线槽布线的布线工艺。

（5）熟悉各控制元器件的工作原理及构造。

2. 实训器材

三相鼠笼式异步电动机 1 台，交流接触器 2 个，热继电器 1 个，按钮开关 3 个，指示灯 3 个，熔断器 3 个，小型三相断路器 1 个，小型两相断路器 1 个，连接导线及相关工具若干。

3. 实验内容与步骤

双重联锁控制三相异步电动机正反转的电气原理图如图 4.70 所示。

图 4.70　电气和机械双重联锁控制三相异步电动机正反转电气原理图

（1）认识各电器的结构、图形符号、接线方法；抄录电动机及各电器铭牌数据；并用万用电表欧姆挡检查各电器线圈、触点是否完好。

（2）三相鼠笼式异步电动机接成 Y 接法；动力主回路电源接三路小型断路器输出端 L_1、L_2、L_3，供电线电压为 380 V；二次控制回路电源接二路小型断路器输出端 L、N，供电电压为 220 V。

（3）参考图 4.70 分别完成动力主回路及二次控制回路接线。

接好线路经指导教师检查后，方可进行通电操作。操作顺序如下：

① 合上控制柜内的电源总开关，按下控制柜面板上的电源启动按钮。

② 合上小型断路器 QS_1、QS_2，启动主电路和控制电路的电源。

③ 按正向启动按钮 SB_1，电动机正向启动，观察电动机的转向及接触器、指示灯的运行情况。按停止按钮 SB_3，使电动机停转。

④ 按反向启动按钮 SB_2，电动机反向启动，观察电动机的转向及接触器、指示灯的运行情况。按停止按钮 SB_3，使电动机停转。

⑤ 按正向（或反向）启动按钮，电动机启动后，再去按反向（或正向）启动按钮，观察有何情况发生。

⑥ 电动机停稳后，同时按正、反向两只启动按钮，观察有何情况发生。

⑦ 失压保护。按启动按钮 SB$_1$（或 SB$_2$）电动机启动后，按控制屏停止按钮，断开实验线路三相电源，模拟电动机失压（或零压）状态，观察电动机与接触器的动作情况，随后，再按控制屏上启动按钮，接通三相电源，但不按 SB$_1$（或 SB$_2$），观察电动机能否自行启动。

⑧ 过载保护。打开热继电器的后盖，当电动机启动后，人为地拨动双金属片模拟电动机过载情况，观察电动机、电器动作情况。

⑨ 实验完毕，按控制柜电源停止按钮，切断三相交流电源，拆除连线。

实训四　三相异步电动机 Y/△ 启动自动控制

1. 实训目的

（1）了解三相异步电动机 Y/△ 启动自动控制电路的基本原理。

（2）熟悉三相异步电动机 Y/△ 启动自动控制电路的控制过程。

（3）掌握三相异步电动机 Y/△ 启动自动控制电路的接线技能。

（4）熟悉电气控制柜及采用线槽布线的布线工艺。

（5）熟悉各控制元器件的工作原理及构造。

2. 实训器材

三相鼠笼式异步电动机 1 台，交流接触器 3 个，热继电器 1 个，按钮开关 2 个，熔断器 3 个，时间继电器 1 个，小型三相断路器 1 个，小型两相断路器 1 个，连接导线及相关工具若干。

3. 实训内容与步骤

三相异步电动机 Y/△ 启动自动控制电气原理图如图 4.71 所示。

图 4.71　三相异步电动机 Y/△ 启动自动控制电气原理图

（1）参考图 4.71 完成启动主回路及二次控制回路接线，经指导教师检查后，方可进行通电操作。

（2）合上控制柜内的电源总开关，按下控制柜面板上的电源启动按钮。

（3）合上小型断路器 QS_1、QS_2，启动主电路和控制电路的电源。

（4）按下启动按钮 SB_1，观察并记录电动机工作状态。

（5）按下启动按钮 SB_2，观察并记录电动机工作状态。

（6）按下停止按钮 SB_3，观察并记录电动机工作状态。

（7）实验完毕，按控制柜电源停止按钮，切断三相交流电源，拆除连线。

本 章 小 结

1. 低压电器通常指工作在交流 1200 V、直流 1500 V 以下电路中起通断、保护、控制或调节作用的电器元件以及利用电能来控制、保护和调节非电过程和非电装置的用电装备。

2. 电磁式低压电器，由电磁机构和触点系统和灭弧系统三部分组成。

3. 触点按其平常状态分为常开触点和常闭触点，按其结构形式可分为桥式触点和指形触点，桥式触点还可以分为点接触式触点和平面接触式触点。点接触式触点适用于电流不大的场合；面接触式触点适用于电流较大的场合。

4. 开关电器是指低压电器中作为不频繁地手动接通和分断电路的开关，或作为机床电路中电源的引入开关，它包括刀开关、组合开关及低压断路器等。

5. 低压断路器俗称自动开关或空气开关，用于低压配电电路中不频繁的通断控制。在电路发生短路、过载或欠电压等故障时能自动分断故障电路，是一种控制兼保护电器。其字母符号为 QF。

6. 电器控制系统中用于发送控制指令的电器称为主令电器。常用的主令电器有控制按钮、行程开关、接近开关、万能转换开关、凸轮控制器、主令控制器等。

7. 熔断器是一种当电流超过规定值一定时间后，以它本身产生的热量使熔体熔化而分断电路的电器。用于低压配电系统及用电设备中作短路和过电流保护。

8. 接触器是一种适用于远距离频繁接通和切断交、直流主电路和控制电路的自动电器。接触器图形符号由线圈、主触点和辅助触点三部分组成，字母符号用 KM 表示。交流接触器的铁芯由硅钢片叠铆而成，并装有短路环，而直流接触器铁芯由整块铸铁或铁钢制成，并且不需短路环。

9. 继电器是一种根据电量（电压、电流）或非电量（热、时间、转速、压力等）的变化使触点动作，接通或断开控制电路，以实现自动控制和保护电气设备的电器。其种类很多，有电磁式继电器、热继电器、时间继电器、速度继电器等类型。

10. 电压继电器的线圈匝数多、导线细、阻抗大，使用时和负载并联。电流继电器的线圈匝数少、导线粗、阻抗小，使用时和负载串联。

11. 热继电器是利用感温元件受热而动作的一种继电器，它主要用来保护电动机或其他负载免于过载。

12. 时间继电器是电路中控制动作时间的设备，它利用电磁原理或机械动作原理来实现触点的延时接通和断开。

13. 速度继电器是按照预定速度的快慢而动作的继电器，主要用作笼型异步电动机的反接制动控制，故又称为反接制动继电器。

14. 常用的电气控制系统图有电气原理图、电器元件布置图和电气安装接线图。

15. 绘制电气原理图时应按国家标准规定的图形符号和文字符号绘制。

16. 直接启动电路分为手动直接启动电路和接触器直接启动电路。接触器直接启动控制电路又可分为点动、单向连续运行，多台顺序、正、反转控制电路、三相异步电动机的降压启动控制电路等。

17. 自锁是指当按下启动按钮使 KM 线圈通电，同时其一个辅助动合触点闭合，即使松开按钮后，仍保持 KM 线圈持续通电控制方式。互锁(联锁)是指在两个接触器控制时，各自将 KM$_1$、KM$_2$ 接触器的常闭辅助触点串接到对方线圈电路中，形成相互制约的控制，这样可以保证在 KM$_1$ 线圈支路通电时，KM$_2$ 线圈支路必断电，反之亦然。

18. 三相异步电动机的制动电路有反接制动控制电路和能耗制动控制电路。能耗制动控制电路中有按时间原则控制的，也有按速度原则控制的

19. 三相异步电动机的调速控制电路主要有多速电动机的控制电路，本章主要介绍的是双速电动机的调速控制电路。

练 习 题

一、选择题

1. 下列电器(　　)不是自动电器。
　　A. 组合开关　　　　　　　　　　　　B. 直流接触器
　　C. 继电器　　　　　　　　　　　　　D. 热继电器

2. 下列电器不能用来通断主电路的是(　　)。
　　A. 接触器　　　　　　　　　　　　　B. 自动空气开关
　　C. 刀开关　　　　　　　　　　　　　D. 热继电器

3. 接触器的文字符号是(　　)。
　　A. KM　　　　　　　　　　　　　　　B. KS
　　C. KT　　　　　　　　　　　　　　　D. KA

4. 复合按钮在按下时其触点动作情况是(　　)。
　　A. 常开触点先接通，常闭触点后断开
　　B. 常开触点先断开，常闭触点后接通
　　C. 常开触点接通和常闭触点断开同时进行

5. 接触器的常态是指(　　)。
　　A. 线圈未通电状态　　　　　　　　　B. 线圈带电状态
　　C. 触头断开时　　　　　　　　　　　D. 触头动作时

6. 采用交流接触器、按钮等构成的笼型异步电动机直接启动控制电路，在合上电源开关后，电动机启动、停止控制都正常，但转向反了，原因是(　　)。

　　A. 接触器线圈反相　　　　　　　　　　B. 控制回路自锁触头有问题

　　C. 引入电动机的电源相序错误　　　　　D. 电动机接法不符合铭牌

7. 采用交流接触器、按钮等构成的笼型异步电动机直接启动控制电路，如漏接自锁环节，其后果是（　　）。

　　A. 电动机无法启动　　　　　　　　　　B. 电动机只能点动

　　C. 电动机启动正常，但无法停机　　　　D. 电动机无法停机

8. 在笼型异步电动机反接制动过程中，当电动机转速降至很低时，应立即切断电源，防止（　　）。

　　A. 损坏电动机　　　　　　　　　　　　B. 电动机反转

　　C. 电动机堵转　　　　　　　　　　　　D. 电动机失控

9. 断电延时型时间继电器，它的动合触点为（　　）

　　A. 延时闭合的动合触点　　　　　　　　B. 瞬时动合触点

　　C. 瞬时闭合延时断开的动合触点　　　　D. 延时闭合瞬时断开的动合触点

10. 通电延时型时间继电器，它的动作情况是（　　）。

　　A. 线圈通电时触点延时动作，断电时触点瞬时动作

　　B. 线圈通电时触点瞬时动作，断电时触点延时动作

　　C. 线圈通电时触点不动作，断电时触点瞬时动作

　　D. 线圈通电时触点不动作，断电时触点延时动作

二、问答题

1. 什么是低压电器？常用的低压电器有哪些？

2. 电磁式低压电器由哪几个部分组成？说明各部分的作用。

3. 试说明触点分断时电弧产生的原因及常用的灭弧方法。

4. 低压断路器可以起到哪些保护作用？说明其工作原理。

5. 短路环的作用是什么？三相交流电磁铁需不需要短路环？

6. 组合开关和按钮有哪些区别？

7. 交流接触器频繁操作后线圈为什么会发热？其衔铁卡住后会出现什么后果？

8. 中间继电器和接触器有何异同？在什么条件下可以用中间继电器来代替接触器？

9. 什么是时间继电器？它有什么用途？

10. 电动机启动时电流很大，为什么热继电器不会动作？

11. 既然在电动机的主电路中装有熔断器，为什么还要装热继电器？装有热继电器是否就可以不装熔断器？为什么？

12. 什么是自锁控制？为什么说接触器自锁控制线路具有欠压和失压保护？

13. 什么是互锁控制？在控制电路中互锁起什么作用？

14. 电动机"正—反—停"控制线路中，复合按钮已经起到了互锁作用，为什么还要用接触器的常闭触点进行互锁控制？

15. 什么是按时间原则控制？什么是按速度原则控制？在电动机反接制动的控制电路中，应采用什么原则控制？为什么？

三、分析设计题

1. 图 4.72 中哪些能实现点动控制，哪些不能，为什么？

图 4.72　控制电路图

2. 判断图 4.73 所示各控制电路是否正确，为什么？

图 4.73　控制电路图

3. 设计一个三相异步电动机两地启动的主电路和控制电路，并具有短路、过载保护。

4. 设计一个三相异步电动机正—反—停的主电路和控制电路，并具有短路、过载保护。

5. 一台三相异步电动机运行要求为：按下启动按钮，电动机正转，5 s 后，电动机自行反转，再过 10 s，电动机停止，并具有短路、过载保护，设计主电路和控制电路。

第5章 直流电动机

直流电动机是通以直流电流的旋转机械。直流电动机与交流电动机相比，直流电动机结构复杂，成本高，运行维护较困难，但由于直流电动机调速性能好，启动转矩大，过载能力强，在启动和调速要求较高的起重机械、运输机械、冶金机械等领域仍获得广泛应用。近年来，随着交流电动机变频调速技术的迅速发展，许多领域中的直流电动机正在逐步被变频调速的交流电动机所取代。

5.1 直流电动机的工作原理与结构

5.1.1 直流电动机的工作原理

如图 5.1(a)所示，将外部直流电源加于电刷 A(正极)和 B(负极)上，则线圈 abcd 中流过电流，在导体 ab 中，电流由 a 指向 b，在导体 cd 中，电流由 c 指向 d。导体 ab 和 cd 分别处于 N、S 极磁场中，受到电磁力的作用。用左手定则可知导体 ab 和 cd 均受到电磁力的作用，且形成的转矩方向一致，这个转矩称为电磁转矩，为逆时针方向。这样，电枢就顺着逆时针方向旋转。当电枢旋转 180°时，导体 cd 转到 N 极下，ab 转到 S 极下，如图 5.1(b)所示，由于电流仍从电刷 A 流入，使 cd 中的电流变为由 d 流向 c，而 ab 中的电流由 b 流向 a，从电刷 B 流出，用左手定则判别可知，电磁转矩的方向仍是逆时针方向。

(a)　　　　　　　　　　　　　　(b)

图 5.1　直流电动机工作原理示意图

由此可见，加于直流电动机的直流电源，借助于换向器和电刷的作用，使直流电动机电枢线圈中流过的电流方向是交变的，从而使电枢产生的电磁转矩的方向恒定不变，确保直流电动机朝确定的方向连续旋转。这就是直流电动机的基本工作原理。

　　实际的直流电动机，电枢圆周上均匀地嵌放许多线圈，相应地换向器由许多换向片组成，使电枢线圈所产生的总的电磁转矩足够大并且比较均匀，电动机的转速也就比较均匀。

　　在图 5.1 所示的电动机中，转子线圈中流过电流时，受电磁力作用而产生的电磁转矩可表示为

$$T = K_{\mathrm{T}} \Phi I_{\mathrm{a}} \tag{5.1}$$

式中，T 为电磁转矩（N·m）；I_{a} 为电枢电流（A）；Φ 为主磁通（Wb）；K_{T} 为与电动机结构有关的常数，称为转矩常数。

　　当线圈在磁场中转动时，线圈的有效边也切割磁力线，根据电磁感应原理在有效边中产生感应电动势，它的方向用右手法则确定，感应电动势的方向与其中的电流方向相反，故该感应电动势又常称为电枢反电动势，它可表示为

$$E_{\mathrm{a}} = K_{\mathrm{E}} \Phi n \tag{5.2}$$

式中：E_{a} 为电枢电动势（V）；Φ 为主磁通（Wb）；n 为电枢转速（r/min）；K_{E} 为与电动机结构有关的常数，称为电动势常数；$K_{\mathrm{T}} = 9.55 K_{\mathrm{E}}$。

　　感应电动势 E_{a} 和电磁转矩 T 是密切相关的。

5.1.2　直流电动机的结构

　　由直流电动机工作原理示意图可以看到，直流电动机的结构应由定子和转子两大部分组成。直流电动机运行时静止不动的部分称为定子，定子的主要作用是产生磁场，由机座、主磁极、换向极、端盖、轴承和电刷装置等组成。运行时转动的部分称为转子，其主要作用是产生电磁转矩和感应电动势，是直流电动机进行能量转换的枢纽，所以通常又称为电枢，由转轴、电枢铁芯、电枢绕组、换向器和风扇等组成。直流电动机的结构如图 5.2 所示。

1—换向器；
2—电刷装置；
3—机座；
4—主磁极；
5—换向极；
6—端盖；
7—风扇；
8—电枢绕组；
9—电枢铁芯

图 5.2　直流电动机结构图

1. 定子

1）主磁极

主磁极的作用是产生气隙磁场。主磁极由主磁极铁芯和励磁绕组两部分组成。铁芯一般用 0.5～1.5 mm 厚的硅钢板冲片叠压铆紧而成，分为极身和极靴两部分，上面套励磁绕组的部分称为极身，下面扩宽的部分称为极靴，极靴宽于极身，既可以调整气隙中磁场的分布，又便于固定励磁绕组。励磁绕组用绝缘铜线绕制而成，套在主磁极铁芯上。整个主磁极用螺钉固定在机座上，如图 5.3 所示。

2）换向极

换向极一般装在两个相邻主磁极之间，由换向极铁芯和换向极绕组组成，如 5.4 所示。换向极绕组用绝缘导线绕制而成，套在换向极铁芯上，换向极的数目与主磁极相等。

1—主磁极；2—励磁绕组；3—机座

图 5.3　主磁极结构图

1—换向极铁芯；2—换向极绕组

图 5.4　换向极结构图

换向极的作用是改善换向，减小电动机运行时电刷与换向器之间可能产生的换向火花。由图 5.1 可以看到，当线圈转到水平位置时，原来与电刷 A 接触的换向片要改为与电刷 B 接触；原来与电刷 B 接触的换向片要改为与电刷 A 接触。这时线圈中的电流换向会在线圈中产生感应电动势，使得电刷与换向片之间产生火花。当火花超过一定程度时，会烧蚀换向片和电刷，使电动机不能正常工作。装上换向极后，线圈转到水平位置时，正好切割换向极的磁通而产生附加电动势以抵消上述的换向电动势，使换向得到改善，减小电动机运行时电刷与换向器之间可能产生的换向火花。由于换向极是位于主磁极之间的小磁极，不会影响电动机的正常工作。

3）机座

电机定子的外壳称为机座，见图 5.2 中的 3。机座的作用有两个：一是用来固定主磁极、换向极和端盖，并起整个电机的支撑和固定作用；二是机座本身也是磁路的一部分，借以构成磁极之间磁的通路，磁通通过的部分称为磁轭。为保证机座具有足够的机械强度和良好的导磁性能，一般为铸钢件或由钢板焊接而成。

4）电刷装置

电刷装置是用来引入或引出直流电压和直流电流的，如图 5.5 所示。电刷装置由电刷、刷握、刷杆和刷杆座等组成。电刷放在刷握内，用弹簧压紧，使电刷与换向器之间有良好的滑动接触，刷握固定在刷杆上，刷杆装在圆环形的刷杆座上，相互之间必须绝缘。刷杆座装在端盖或轴承内盖上，圆周位置可以调整，调好以后加以固定。

1—刷握；2—电刷；3—压紧弹簧；4—刷辫

图 5.5　电刷结构图

2. 转子(电枢)

1) 电枢铁芯

电枢铁芯是主磁路的主要部分，同时用以嵌放电枢绕组。一般电枢铁芯采用由 0.5 mm 厚的硅钢片冲制而成的冲片叠压而成(冲片的形状如图 5.6(a)所示)，以降低电机运行时电枢铁芯中产生的涡流损耗和磁滞损耗。叠成的铁芯固定在转轴或转子支架上。铁芯的外圆开有电枢槽，槽内嵌放电枢绕组。

(a)　　　　　　　　　　　　　(b)

1—转轴；2—电枢铁芯；3—换向器；4—电枢绕组；5—镀锌钢丝；6—电枢绕组；7—风扇

图 5.6　直流电动机转子结构图

2) 电枢绕组

电枢绕组的作用是产生感应电动势和电磁转矩，是直流电机进行能量变换的关键部件，所以叫电枢。它是由许多线圈按一定规律连接而成，线圈采用高强度漆包线或玻璃丝包扁铜线绕成，不同的线圈分上下两层嵌放在电枢槽中，线圈与铁芯之间以及上、下两层线圈边之间都必须妥善绝缘。为防止离心力将线圈边甩出槽外，槽口用槽楔固定，如图 5.7 所示。线圈伸出槽外的端接部分用热固性无纬玻璃带进行绑扎。

3）换向器

在直流电动机中，换向器配以电刷，能将外加直流电源转换为电枢线圈中的交变电流，使电磁转矩的方向恒定不变。换向器是由许多换向片组成的圆柱体，换向片之间用云母片绝缘，换向片的紧固通常如图 5.8 所示，换向片的下部做成鸽尾形，两端用钢制 V 形套筒和 V 形云母环固定，再用螺母锁紧。

1—槽楔；2—线圈绝缘；3—电枢导体；
4—层间绝缘；5—槽绝缘；6—槽底绝缘

图 5.7 电枢槽结构

1—换向片；2—连接部分

图 5.8 换向器结构

4）转轴

转轴起转子旋转的支撑作用，需有一定的机械强度和刚度，一般用圆钢加工而成。

5.1.3 直流电动机的励磁方式

励磁绕组的供电方式称为励磁方式。按励磁方式的不同，直流电动机可以分为以下四类（见图 5.9）。

(a) 他励电动机   (b) 并励电动机   (c) 串励电动机   (d) 复励电动机

图 5.9 直流电机的励磁方式

1. 他励直流电动机

励磁绕组由其他直流电源供电，与电枢绕组之间没有电的联系，如图 5.9(a)所示。永磁直流电动机也属于他励直流电动机，因其励磁磁场与电枢电流无关。

2. 并励直流电动机

励磁绕组与电枢绕组并联。如图 5.9(b)所示。励磁电压等于电枢绕组端电压。以上两类电机的励磁电流只有电动机额定电流的 1‰～5‰，所以励磁绕组的导线细而匝数多。

3. 串励直流电动机

励磁绕组与电枢绕组串联，如图 5.9(c)所示。励磁电流等于电枢电流，所以励磁绕组的导线粗而匝数较少。

4. 复励直流电动机

每个主磁极上套有两套励磁磁绕组，一个与电枢绕组并联，称为并励绕组。一个与电枢绕组串联，称为串励绕组，如图 5.9(d)所示。两个绕组产生的磁动势方向相同时称为积复励，两个磁势方向相反时称为差复励，通常采用积复励方式。

直流电机的励磁方式不同，运行特性和适用场合也不同。

5.1.4 直流电动机的额定值

电动机制造厂按照国家标准，根据电动机的设计和试验数据而规定的每台电动机的主要性能指标称为电动机的额定值。额定值一般标在电动机的铭牌上或产品说明书上。直流电动机的额定值主要有下列几项。

1. 额定功率

额定功率是指电动机按照规定的工作方式运行时所能提供的输出功率，即轴上输出的机械功，单位为 kW(千瓦)。

2. 额定电压

额定电压是电动机电枢绕组能够安全工作的最大外加电压，单位为 V(伏)。

3. 额定电流

额定电流是电动机按照规定的工作方式运行时，电枢绕组允许流过的最大电流，单位为 A(安培)。

4. 额定转速

额定转速是指电动机在额定电压、额定电流和输出额定功率的情况下运行时，电动机的旋转速度，单位为 r/min(转/分)。

额定值一般标在电动机的铭牌上，又称为铭牌数据。还有一些额定值，例如额定转矩 T_N、额定效率 η_N 等，不一定标在铭牌上，可查产品说明书或由铭牌上的数据计算得到。

额定功率 P_N 与额定电压 U_N、额定电流 I_N 和额定效率 η_N 之间有如下关系

$$P_N = \frac{U_N I_N \eta_N}{10^3} \tag{5.3}$$

直流电动机运行时，如果各个物理量均为额定值，就称电动机工作在额定运行状态，亦称为满载运行。在额定运行状态下，电动机利用充分，运行可靠，并具有良好的性能。如果电动机的电枢电流小于额定电流，称为欠载运行；电动机的电枢电流大于额定电流，称为过载运行。欠载运行，电动机利用不充分，效率低；过载运行，易引起电动机过热损坏。

5.2　直流电动机的电力拖动

5.2.1　直流电动机的基本方程式

直流电动机基本方程式是指直流电动机稳态运行时电磁系统中的电压平衡方程式、机械系统中的转矩平衡方程式和能量转换过程中的功率平衡方程式。

1. 电压平衡方程式

如图 5.10 所示直流他励电动机结构示意图与电路原理图，电枢回路中的电压平衡方程式为

$$U = I_a R_a + E_a \tag{5.4}$$

励磁回路的电流为

$$I_f = \frac{U_f}{R_f} \tag{5.5}$$

式中，E_a 为反电动势（V），$E_a = K_E \Phi n$；R_a 为电枢回路总电阻；I_a 为电枢电流；I_f 为励磁电流；R_f 为励磁回路总电阻；U_f 为励磁电压；Φ 为主磁通。

图 5.10　直流他励电动机的结构图与电路图

2. 转矩平衡方程式

电动机惯例：E_a 与 I_a 反向，T 与 n 同方向，T_L 与 n 反方向，图 5.10(a) 为直流他励电动机结构示意图。

直流电动机稳态运行时，作用于电动机轴上的转矩有电磁转矩 T、电动机轴上的输出转矩 T_2 和空载转矩 T_0 三个。

电动机的转矩平衡方程式为

$$T = T_2 + T_0 \tag{5.6}$$

式中，T 为电磁转矩，用以驱动电动机转子旋转；T_2 为电动机轴上输出转矩，用于拖动生产机械的转矩，对电动机来说属阻转矩；T_0 空载转矩，对电动机来说属阻转矩。

电动机稳定运行时，拖动性质的 T 与制动性质的 $T_L + T_0$ 相平衡，电动机轴上输出转矩 T_2 必须和负载转矩 T_L 相平衡，即 $T_2 = T_L$。

由于 T_0 很小，一般 $T_0 \approx (2\% \sim 6\%) T_N \approx 0$，则 $T \approx T_2 = T_L$。

在额定情况下

$$T_N = \frac{P_N}{\Omega} = \frac{P_N}{\frac{2\pi n}{60}} = 9550 \frac{P_N}{n_N} \tag{5.7}$$

式中，T_N 为额定输出转矩（N·m）；P_N 为电动机额定输出功率（kW）；n_N 为电动机额定转速（r/min）。

3. 功率平衡方程式

功率平衡方程式为

$$P_2 = P_1 - P_{Cu} - P_{Fe} - P_m - P_s \tag{5.8}$$

式中，$P_1 = U_a I_a + U_f I_f \approx U_a I_a$（输入功率）；$P_0 = T_0 \Omega$（空载损耗）；$P_e = T\Omega$（电动机的电磁功率）；$P_2 = T_2 \Omega$（轴上输出功率）；$P_m$ 为摩擦损耗；P_s 为附加损耗。

直流他励电动机稳态运行时的功率关系如图 5.11 所示，图中 P_{Cu1} 为电枢回路损耗，P_{Cu2} 为励磁回路损耗。

图 5.11　直流他励电动机功率关系图

直流他励电动机的总损耗

$$\sum P = P_1 - P_2 = P_{Cu} + P_s + P_0 = P_{Cu1} + P_{Cu2} + P_s + P_{Fe} + P_m \tag{5.9}$$

直流他励电动机的电磁功率

$$P_e = P_2 + P_0 = P_2 + (P_{Fe} + P_m) \tag{5.10}$$

电机效率

$$\eta = \frac{P_2}{P_1} \times 100\% \tag{5.11}$$

例 5.1　Z_2-51 直流电动机，额定功率（输出功率）$P_2 = 3$ kW，电源电压 $U = 220$ V，电枢电流 $I_a = 16.4$ A，电枢回路电阻 $R_a = 0.84$ Ω，求输入功率 P_1、铜损耗 P_{Cu}、空载损耗 P_0 和反电动势 E_a。（励磁绕组上的铜损耗忽略不计）

解　$P_1 = U I_a = 220 \times 1604 = 3608$ （W）$= 3.608$ （kW）

$P_{Cu} = R_a I_a^2 = 0.84 \times 16.4^2 = 0.226$ （kW）

$P_0 = P_1 - P_2 - \Delta P_{Cu} = 3.608 - 3 - 0.226 = 0.382$ （kW）

$E_a = U - R_a I_a = 220 - 0.84 \times 16.4 = 206.2$ （V）

5.2.2　直流他励电动机的机械特性

电动机的机械特性就是电动机的转速 n 和电磁转矩 T 之间的关系，即 $n = f(T)$。电动机的机械特性分固有机械特性和人为机械特性两种。机械特性是直流电动机的重要特性，它是分析直流电动机启动、调速、制动和运行的基础。

1. 电动机的机械特性方程式

直流他励电动机的接线如图 5.12 所示，电枢回路和励磁回路分别由独立的电源供电。电枢回路的电阻为 R_a，串电阻为 R，则电枢回路的总电阻 $\sum R = R_a + R$，励磁回路电阻为 R_f。

将式(5.1)和式(5.2)代入式(5.4)中，得电动机的机械特性方程式为

$$n = \frac{U}{K_E\Phi} - \frac{R_a}{K_E K_T \Phi^2}T = n_0 - \beta T = n_0 - \Delta n \quad (5.12)$$

式中：n_0 称理想空载转速；Δn 为电动机负载后转速降；β 为机械特性的硬度(转速方程的斜率)，斜率 β 越大，机械特性越软，斜率 β 越小，特性越平，机械特性越硬。

图 5.12　直流他励电动机的接线

在生产实际中，应根据生产机械和工艺过程的具体要求来确定选用何种机械特性的电动机。比如，一般金属切削机床、轧钢机、造纸机等应选用硬特性的电动机；而对起重机、电车等应选用软特性的电动机。

2. 固有机械特性

1) 固有机械特性方程

固有机械特性也叫自然特性，它是指电动机的工作电压 $U = U_N$、励磁磁通 $\Phi = \Phi_N$ 为额定值、电枢回路中的电阻为 R_a 时，转速 n 和电磁转矩 T 之间的关系，即 $n = f(T)$。对照式(5.12)，其机械特性方程的表达式为

$$n = \frac{U_N}{K_E\Phi_N} - \frac{R_a}{K_E K_T \Phi_N^2}T = n_0 - \beta_N T \quad (5.13)$$

由此作出的特性曲线，称为固有机械特性曲线，如图 5.13 所示。

图 5.13　直流他励电动机固有机械特性

2）固有机械特性的特点

（1）固有机械特性反映了电动机本身能力的重要特性。对于任何一台直流电动机，只有一条固有机械特性曲线。

（2）由于电枢回路无外串电阻，且 R_a 很小，Φ_N 数值最大，则 β 很小，转速降 Δn 很小，因此固有机械特性是一条稍向下倾斜的直线。当负载变化时，电动机转速变化并不大，所以直流电动机的机械特性比较硬。

3. 人为机械特性

从机械特性方程式可以看出，当人为改变电枢电压、改变串接与电枢回路中的电阻和改变励磁电流的大小使磁通发生变化时，可以得到一系列的人为特性。

1）电枢回路串接电阻的人为机械特性

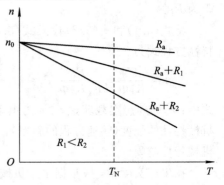

如果将电动机的外加电压 U 和磁通 Φ 保持为额定值，而在电枢回路串入附加电阻。电枢回路串入电阻 R 后的人为机械特性方程式为

$$n = \frac{U_N}{K_E\Phi_N} - \frac{R_a + R}{K_E K_T \Phi_N^2}T \qquad (5.14)$$

电枢回路串附加电阻时的人为机械特性是通过理想空载点（$n=n_0$，T）的一簇放射形直线，如图 5.14 所示。与固有机械特性相比，电枢回路串电阻的人为机械特性的特点：

图 5.14　直流他励电动机电枢回路串电阻的人为机械特性

（1）理想空载转速 n_0 保持不变。

（2）特性斜率 β 与串入的电阻 R 有关，R 增大，β 也增大。

（3）当 $T=T_N$ 时，$n<n_N$，电动机随 R 增大，转速降 Δn 增大，机械特性变软，电动机产生的损耗就越大。

2）改变电枢电压的人为机械特性

保持励磁磁通 $\Phi=\Phi_N$，电枢回路不串电阻，只改变电枢电压大小及方向的人为机械特性的方程为

$$n = \frac{U}{K_E\Phi_N} - \frac{R_a}{K_E K_T \Phi_N^2}T \qquad (5.15)$$

其特性曲线如图 5.15 所示。

与固有机械特性相比，改变电枢电压人为机械特性的特点：

（1）理想空载转速 n_0 与电枢电压 U 成正比，即 $n_0 \propto U$，且 U 为负时，n_0 也为负。

（2）特性斜率不变，与固有机械特性相同。因而改变电枢电压 U 的人为机械特性是一组平行于固有机械特性的直线。

图 5.15　直流他励电动机改变电枢电压的人为机械特性

（3）当 $T=T_N$ 时，降低电枢电压时，可使电动机的转速 n 降低。

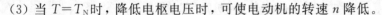

3）改变磁通 Φ 的人工机械特性

电枢电压为额定值，电枢回路不串电阻，励磁回路串入调节电阻，使磁通 Φ 减弱。减弱磁通 Φ 的人为机械特性方程为

$$n=\frac{U_N}{K_E\Phi}-\frac{R_a+R}{K_EK_T\Phi^2}T \qquad (5.16)$$

其特性曲线如图 5.16 所示。

与固有机械特性相比，减弱磁通的人为机械特性特点：

（1）理想空载转速 n_0 随磁通的减弱而上升。

（2）机械特性斜率 β 与磁通 Φ 的平方成反比。随着磁通 Φ 的减弱 β 增大，机械特性变软。

（3）一般 Φ 下降，n 上升，但由于受机械强度的限制磁通 Φ 减弱不能下降太多。

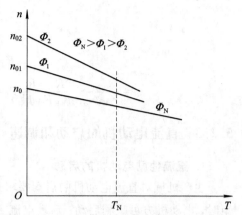

图 5.16 直流他励电动机改变磁通的人为机械特性

例 5.2 一台直流他励电动机的额定数据为：$P_N=2.2$ kW，$U_N=220$ V，$I_N=12.4$ A，$n_N=1500$ r/min，$R_a=1.7$ Ω；如果电动机在额定转矩下运行，求：

（1）电动机的电枢电压降到 180 V 时，电动机的转速是多少？

（2）激磁电流 $I_f=I_{fN}$（即磁通为额定值的 0.8 倍）时，电动机的转速是多少？

（3）电枢电路串入 2 Ω 的附加电阻时，电动机的转速是多少？

解： （1）
$$K_E\Phi=\frac{U_N-I_NR_a}{n_N}=\frac{220-12.4\times1.7}{1500}=0.13$$

$$K_T\Phi=9.55K_E\Phi=9.55\times0.13=1.24$$

$$K_EK_T\Phi^2=0.13\times1.24=0.16$$

$$T=T_N=9.55\frac{P_N}{n_N}=9.55\frac{2200}{1500}=14(\text{N}\cdot\text{m})$$

$$n=\frac{U}{K_E\Phi}-\frac{R_a}{K_EK_T\Phi^2}T_N=\frac{180}{0.13}-\frac{1.7}{0.16}\times14=1236\ (\text{r/min})$$

（2）此时，

$$U=U_N=220\text{ V},\ R_a=1.7\text{ Ω}$$

$$K_E\Phi=0.8K_E\Phi_N=0.1$$

$$K_T\Phi=9.55K_T\Phi=0.96$$

$$K_EK_T\Phi^2=0.096$$

$$n=\frac{U_N}{K_E\Phi}-\frac{R_a}{K_EK_T\Phi^2}T_N=\frac{220}{0.1}-\frac{1.7}{0.096}\times14=1963\ (\text{r/min})$$

（3）此时，

$$U=U_N=220\text{ V}$$

电枢电路总电阻为

$$\sum R=R_a+R=1.7+2=3.7(\text{Ω})$$

$$K_E\Phi=0.13$$
$$K_T\Phi=1.24$$
$$K_EK_T\Phi^2=0.16$$

$$n=\frac{U_N}{K_E\Phi_N}-\frac{R_a+R}{K_EK_T\Phi^2}T_N=\frac{220}{0.13}-\frac{3.7}{0.16}\times14=1368\ (\text{r/min})$$

5.2.3 直流电动机的启动和调速

1. 直流他励电动机的启动

生产机械对直流电动机的启动要求是：启动转矩 T_{st} 足够大，因为只有 T_{st} 大于负载转矩时，电动机方可顺利启动；启动电流 I_{st} 不可太大；启动设备操作方便，启动时间短，运行可靠，成本低廉。

启动方法：

1）全压启动

全压启动是在电动机磁场磁通为 Φ_N 情况下，在电动机电枢上直接加以额定电压的启动方式。启动瞬间，电动机转速 $n=0$，电枢绕组感应电动势 $E_a=K_E\Phi n=0$，由电动势平衡方程 $U=I_aR_a+E_a$ 可知，启动电流 $I_{st}=U_N/R_a$，启动转矩 $T_{st}=K_T\Phi I_{st}$。

由于电枢电阻 R_a 阻值很小，额定电压下直接启动的启动电流很大，通常可达额定电流的 $10\sim20$ 倍，启动转矩也很大。过大的启动电流引起电网电压下降，影响其他用电设备的正常工作，同时电动机自身的换向器产生剧烈的火花。启动转矩过大可能会使轴上生产机械受到不允许的机械冲击。所以全压启动只限于容量很小的直流电动机。

2）降压启动

降压启动是启动前将施加在电动机电枢两端的电源电压降低，以减小启动电流 I_{st}，为了获得足够大的启动转矩，启动时电流通常限制在 $(1.5\sim2)I_N$ 内，则启动电压应为 $U_{st}=I_{st}R_a=(1.5\sim2)I_NR_a$，随着转速 n 的上升，电动势 E_a 逐渐增大，I_a 相应减小，启动转矩也减小。为使 I_{st} 保持在 $(1.5\sim2)I_N$ 内范围，即保证有足够大的启动转矩，启动过程中电压 U 必须逐渐升高，直到升至额定电压 U_N，电动机进入稳定运行状态，启动过程结束。目前多采用晶闸管整流装置自动控制启动电压。

3）电枢回路串电阻启动

电枢回路串电阻启动是电动机电源电压为额定值且恒定不变时，在电枢回路中串接一启动电阻 R_{ST} 来达到限制启动电流的目的，此时 $I_{st}=U_N/(R_a+R_{st})$，启动过程中，由于转速 n 上升，电枢电动势 E_a 上升，启动电流 I_{st} 下降，启动转矩 T_{st} 下降，电动机的加速度作用逐渐减小，致使转速上升缓慢，启动过程延长。欲想在启动过程中保持加速度不变，必须要求电动机的电枢电流和电磁转矩在启动过程中保持不变，即随着转速上升，启动电阻 R_{st} 应平滑均匀地减小。通常把启动电阻分成若干段，来逐级切除。如图 5.17 所示为他励电动机自动启动电路图。图中 R_{st4}、R_{st3}、R_{st2}、R_{st1} 为各级串入的启动电阻，KM 为线路接触器，KM_1、KM_2、KM_3、KM_4 为启动接触器，用它们的常开主触点来短接各段电阻。启动过程机械特性如图 5.18 所示。

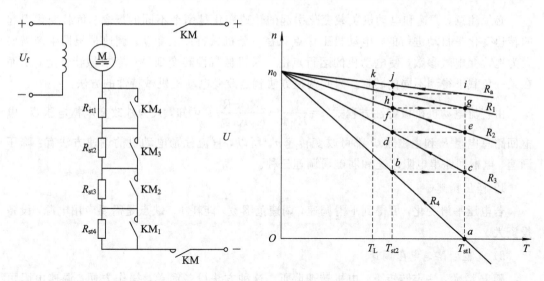

图 5.17　他励直流电动机电枢回路串电阻启动　　　图 5.18　他励直流电动机 4 级启动机械特性

在电动机励磁绕组通电后，再接通线路接触器 KM 线圈，其常开触点闭合，电动机接上额定电压 U_N，此时电枢回路串入全部启动电阻 $R_4 = R_a + R_{st4} + R_{st3} + R_{st2} + R_{st1}$ 启动，启动电流 $I_{st} = U_N / R_4$，产生的启动转矩 $T_{st1} > T_L$（设 $T_L = T_N$）。电动机从 a 点开始启动，转速沿特性曲线上升至 b 点，随着转速上升，反电动势 $E_a = K_E \Phi n$ 上升，电枢电流减小，启动转矩减小，当减小至 T_{st2} 时，接触器 KM_1 通电吸合，其触点闭合，短接第 1 级启动电阻 R_{st4}，电动机由 R_4 的机械特性切换到 $R_3 (R_3 = R_a + R_{st3} + R_{st2} + R_{st1})$ 的机械特性。切换瞬间，由于机械惯性，转速不能突变，电动势 E_a 不变，电枢电流将突然增大，转矩也成比例突然增大，恰当地选择电阻，使其增加至 T_{st1}，电动机运行点从 b 点跳变至 c 点。从 c 点沿 cd 曲线继续加速到 d 点，KM_2 触点闭合，切除第 2 级启动电阻 R_{st3}，电动机运行点从 d 点跃变到 e 点，电动机沿 ef 曲线加速，如此周而复始，依次使接触器 KM_3、KM_4 触点闭合，电动机由 a 点经 b, c, d, e, f, g, h 点到达 i 点。此时，所有启动电阻均被切除，电动机进入固有机械特性曲线运行并继续加速至 k 点。在 k 点 $T = T_L$，电动机稳定运行，启动过程结束。

例 5.3　一台他励直流电动机，$P_N = 10$ kW，额定电压 $U_N = 220$ V，额定电流 $I_N = 55$ A，额定转速 $n_N = 1500$ r/min，电枢回路电阻 $R_a = 0.2$ Ω，求采用直接启动时的启动电流为多少？若采用串接电阻启动，如果启动电流控制在额定电流的 2 倍，应串入多大的电阻？

解：　直接启动时

$$I_{st} = \frac{U_N}{R_a} = \frac{220}{0.2} = 1100 \text{ (A)}$$

采用串接电阻启动时

$$R_{st} = \frac{U_N}{2 I_N} - R_a = \frac{220}{2 \times 55} - 0.2 = 1.8 \text{ (Ω)}$$

2. 直流电动机的调速

为了提高劳动生产率和保证产品质量，要求生产机械在不同的情况下有不同的工作速度，这种人为地改变电动机转速的方法，称为调速。

必须注意，调速和电动机负载变化引起的转速变化是两个不同的概念。负载变化引起的转速变化是自动进行的，电动机工作点只在一条机械特性上变动。调速是根据生产需要人为地改变电气参数，使电动机的运行点由一条机械特性转变到另一条机械特性上，从而在某一负载下得到不同的转速。因此调速方法就是改变电动机机械特性的方法。

由直流电动机机械特性方程式 $n=\dfrac{U}{K_E\Phi}-\dfrac{R_a+R}{K_EK_T\Phi^2}T$ 可知，人为地改变电枢电压 U、电枢回路总电阻 R 和主磁通 Φ 都可改变转速 n。所以，直流他励电动机的调速方法有：降压调速、电枢回路串电阻调速和弱磁通调速三种。

1）降压调速

若电压平滑变化，可得到平滑调速，调速范围宽，能耗小，缺点是需要专用电源，设备投资大。

2）电枢回路串电阻调速

随 R 增大，一定转矩下，电机转速降低。这种方法设备简单，操作方便，调速电阻可兼作启动电阻。缺点是 R 上电流较大，能量损耗大，效率低。

3）弱磁通调速

励磁回路电阻 R_f 增加，I_f 减小，Φ 减小，一定转矩下，转速增高。由于 I_f 小，能耗小，效率高，设备简单，控制方便。但在转矩 T 一定时，Φ 减小，I_a 增大，故不宜将 Φ 减小过多。但对恒功率负载而言，Φ 减小，n 增高，T 减小，I_a 变化不大，故此法适用于此类负载。

5.2.4　直流电动机的反转与制动

1. 直流电动机的反转

要改变直流电动机的旋转方向，就需改变电动机的电磁转矩方向，而电磁转矩决定于主极磁通和电枢电流的相互作用，故改变电动机转向的方法有两种：一种是改变励磁电流的方向；另一种是改变电枢电流的方向。如果同时改变励磁电流和电枢电流的方向，则直流电动机的转向不变。

对并励电动机而言，由于励磁绕组匝数多、电感大，在进行反接时因电流突变，将会产生很大的自感电动势，危及电动机及电器的绝缘安全，因此一般采用电枢反接法。在将电枢绕组反接的同时必须连同换向极绕组一起反接，以达到改善换向的目的。

串励电动机的反转，改变电源端电压的方向是不行的。必须改变励磁电流的方向或电枢电流的方向，才能改变电磁转矩的方向，实现电动机的反转。

2. 直流电动机的制动

在生产过程中，经常需要采取一些措施使电动机尽快停转，或者下放位能性负载时，能限制在某一转速下稳定运转，这就是电动机的制动问题。实现制动既可以采用机械的方法，也可以采用电磁的方法。电磁方法制动就是使电动机产生与其旋转方向相反的电磁转矩，以达到制动的目的。电磁制动的特点是产生的制动转矩大，操作控制方便。直流电动机电磁制动的方法有能耗制动、反接制动和回馈制动。

1）能耗制动

能耗制动的接线如图 5.19 所示。直流电动机拖动反抗性恒转矩负载运行，当 KM 通电吸合，常开触点闭合，常闭触点断开时，电动机处于正向电动运行状态。制动时 KM 断电释放，常开触点断开，常闭触点闭合，励磁回路仍接在电网上，励磁电流 I_f 不变，所以主磁通 Φ 不变，电枢回路从电源断开，与电阻 R_{bk} 构成一个回路。此时电动机的转动部分由于惯性继续旋转，因此感应电动势 $E_a = K_E \Phi n$，方向不变。电动势 E_a 将在电枢和电阻 R_{bk} 的回路中产生电流 I'_a，其方向与 E_a 一致，即与原来电动机运行时的电枢电流 I_a 方向相反，所以电磁转矩 $T = K_T \Phi I'_a$ 与转向相反，是一制动转矩，使得转速迅速下降。这时电机实际处于发电机运行状态，将转动部分的动能转换成电能消耗在电阻 R_{bk} 和电枢回路的电阻 R_a 上，所以称为能耗制动。

图 5.19　能耗制动接线图

这种制动方法在转速较高时制动作用较大，随着转速下降，制动作用也随之减小，在低速时可配合使用机械制动装置，使系统迅速停转。

2）反接制动

电枢电压反接制动的线路图如图 5.20 所示，KM_1 为启动接触器，KM_2 为制动接触

图 5.20　反接制动接线图

器。KM_1 得电吸合时电动机运行，KM_2 得电吸合时为电压反接制动。电压反接制动是将正在正向运行的直流电动机电枢回路的电压突然反接，电枢电流 I_a 也将反向，主磁通 Φ 不变，则电磁转矩 T 反向，产生制动转矩。

电压反接制动在整个制动过程中均具有较大的制动转矩，因此制动速度快，在可逆拖动系统中，常常采用这种方法。

3）回馈制动

如图 5.21 所示，当电动机车下坡或吊车重物下降时，可能会出现这样的情况，吊车的转速 n 超过了它的空载转速 n_0。由公式 $E_a = K_E \Phi n$ 可知，如果电动机的主极磁通 Φ 不变，则 $E_a > U_N$，此时电动机就处在发电机状态下运行，即 I_a 与 E_a 方向相同，这时电动机把机械能转换成电能，反送到电网中去，并产生制动转矩，从而限制了电动机转动的速度，这就是发电回馈制动。正常运行时，制动接触器 KM 得电吸合，R_{bk} 不起作用，制动时，KM 失电释放，R_{bk} 串联到电枢回路中。

图 5.21　回馈制动原理图

发电回馈制动的优点是产生的电能可以反馈回电网中去，使电能获得利用，简单可靠而经济。缺点是再生制动只能发生在 $n > n_0$ 的场合，限制了它的应用范围。

本章实验实训

实训一　按时间原则控制直流电动机启动

1. 实训目的

（1）了解按时间原则控制直流电动机启动电路的基本原理。

（2）熟悉按时间原则控制直流电动机启动电路的控制过程。

（3）掌握按时间原则控制直流电动机启动电路的接线技能。

（4）熟悉电气控制柜及采用线槽布线的布线工艺。

（5）熟悉各控制元器件的工作原理及构造。

2. 实训内容

按时间原则控制直流电动机启动的电气控制原理图如图 5.22 所示。

图 5.22　按时间原则控制直流电动机启动的电气控制图

3. 实训器材

直流电动机 1 台，交流接触器 3 个，按钮开关 2 个，启动控制电阻 2 个，时间继电器 2 个，DC220 V 直流电源，小型两相断路器 1 个。

4. 实训步骤

(1) 参考图 5.22 接线，经指导教师检查后，方可进行通电操作。

(2) 合上控制柜内的电源总开关，按下控制柜面板上的电源启动按钮。

(3) 合上开关 QS，分别给主回路和控制回路供电。

(4) 设置好时间继电器的延时时间。

(5) 按下启动控制按钮 SB_2，使 KM_1 线圈得电，接通主回路中 KM_1 的常开主触点，启动电动机 M，观察并记录相关电气元件及电动机的运转情况。

(6) 等时间继电器 KT_1 和 KT_2 的延时时间结束，观察并记录相关电气元件及电动机的运转情况。

(7) 实验完毕，断开开关 QS，按下控制柜面板上的电源停止按钮，切断三相交流电源，拆除连线。

实训二　直流电动机能耗制动的控制线路

1. 实训目的

(1) 了解直流电动机能耗制动电路的基本原理。

(2) 熟悉直流电动机能耗制动电路的控制过程。

(3) 掌握直流电动机能耗制动电路的接线技能。

2. 实训内容

直流电动机能耗制动电气控制原理图如图 5.23 所示。

图 5.23　直流电动机能耗制动电路的参考原理图

3. 实训器材

直流电动机 1 台，交流接触器 2 个，直流继电器 1 个（选配），按钮开关 2 个，DC220 V 直流电源。

4. 实训步骤

按图 5.23 接线，经指导教师检查后，方可进行通电操作。

(1) 开启电源总开关，按柜门电源启动按钮，启动直流电源。

(2) 按下启动按钮开关 SB_2，观察并记录电动机、接触器、继电器的运行状况。

(3) 按下停止按钮开关 SB_1，观察并记录电动机、接触器、继电器的运行状况。

(4) 实验完毕，按控制柜电源停止按钮，切断 DC220 V 直流电源，并拆除连线。

本 章 小 结

1. 直流电动机由转子和定子组成。定子主要由主磁极、换向极、机座和电刷装置组成。它的主要作用是建立主磁场；转子部分包括电枢铁芯、电枢绕组、换向器、转轴和轴承等，它的主要作用是产生电磁转矩实现能量转换。

2. 励磁方式是指励磁绕组中励磁电流获得的方式。直流电动机按励磁方式不同可分为他励、并励、串励和复励。

3. 直流电动机的电磁转矩公式为 $T = K_T \Phi I_a$；感应电动势的公式为 $E_a = K_E \Phi n$。

4. 直流他励电动机的机械特性方程式为

$$n = \frac{U}{K_E \Phi} - \frac{R_a}{K_E K_T \Phi^2} T = n_0 - \beta T = n_0 - \Delta n$$

5. 直流他励电动机的机械特性分为固有特性和人为特性，固有机械特性也叫自然特性，它是指电动机的工作电压 $U = U_N$、励磁磁通 $\Phi = \Phi_N$ 为额定值、电枢回路中的电阻为 R_a 时，转速 n 和电磁转矩 T 之间的关系；当人为地改变电枢电压、改变串接与电枢回路中的电阻和改变励磁电流的大小使磁通发生变化时，可以得到一系列特性称为人为特性。

6. 直流电动机的启动方式有：全压启动、电枢回路串电阻启动和降压启动。

7. 直流电动机电气调速方法有：电枢回路串电阻调速、改变电枢端电压调速、减弱磁通调速。

8. 直流电动机电气制动的方法有：能耗制动、反接制动和回馈制动。

练 习 题

一、选择题

1. 直流电动机换向极的作用是（　　）。

　　A. 削弱主磁场　　　B. 增强主磁场　　　C. 抵消电枢反应　　　D. 产生主磁场

2. 直流电动机电枢绕组导体内的电流是（　　）。

　　A. 直流　　　　　　B. 脉动电流　　　　C. 交流　　　　　　　D. 不定

3. 直流电动机公式 $T = K_T \Phi I_a$ 和 $E_a = K_E \Phi n$ 中，磁通 Φ 是指（　　）。

　　A. 空载时的主磁通　　　B. 负载时的合成有效磁通　　　C. 电枢绕组产生的磁通

4. 直流电动机电枢中产生的电动势是（　　）。

　　A. 直流电动势　　　　　　　　B. 交变电动势

　　C. 脉冲电动势　　　　　　　　D. 非正弦交变电动势

5. 启动他励直流电动机时，励磁回路应（　　）电源。

　　A. 与电枢回路同时接入　　　　B. 比电枢回路先接入

　　C. 比电枢回路后接入　　　　　D. 以上均可

6. 一台并励直流电动机希望改变电动机的转向，不能采用的接法是（　　）。

　　A. 改变励磁绕组的接法　　B. 改变电枢绕组的接法　　C. 对调电刷两端的电源极性

7. 直流电动机采用降低电源的方法启动，其目的是（　　）。

　　A. 为了使启动平稳　　　　　　B. 为了减小启动电流

　　C. 为了减小启动转矩　　　　　D. 为了节省电能

8. 他励直流电动机在负载启动时未加励磁，会产生（　　）的后果

　　A. 电机过热，不能启动　　　B. 飞车　　　　　C. 无影响

9. 他励直流电动机拖动恒转矩负载进行串电阻调速，调速前后的电枢电流 I_1 与 I_2 的关系为（　　）。

　　A. $I_1 > I_2$　　　　　　　　B. $I_1 = I_2$　　　　　　　C. $I_1 < I_2$

10. 下列关于直流电动机调速说法正确的是（　　）。

　　A. 弱磁调速属于恒转矩调速　　　B. 降压调速属恒功率调速

　　C. 恒功率负载只能采用串电阻调速　D. 恒转矩负载最好采用降压调速

二、问答题

1. 直流电动机主要由哪几部分组成？各组成部分有什么作用？

2. 直流电动机有哪几种励磁方式？

3. 直流电动机有哪几种启动方式？各有什么特点？

4. 直流电动机有哪几种调速方式？简述适用范围。

5. 如何改变他励直流电动机的转向？对调电源两极，并励电动机能否反转？

三、计算题

1. 某他励电动机，$U_f = 220$ V，$I_a = 50$ A，$R_a = 0.2$ Ω，$R_f = 125$ Ω，$n = 1200$ r/min，求

励磁电流 I_f、电动势 E 和电磁转矩 T。

2. 某他励电动机拖动负载转矩 $T_L = 38.2$ N·m，负载运行时，$I_a = 30$ A，$n = 1200$ r/min，空载损耗 $P_0 = 400$ W，铜损耗 $P_{Cu} = 600$ W。求该电动机的 P_1、P_2、η、T_0 和 T。

3. 一台并励直流电动机，$P_N = 10$ kW，$U_N = 220$ V，$n_N = 3000$ r/min，$I_N = 206$ A，电枢电阻 $R_a = 0.06$ Ω，励磁绕组电阻 $R_f = 100$ Ω。求：

（1）直接启动的瞬间电流为额定电流的多少倍？

（2）若限制电流不超过 $2I_N$，应在转子中串入多大电阻？

4. 某他励电动机，$P_N = 55$ kW，$U_{aN} = 220$ V，$n_N = 1500$ r/min，$I_{aN} = 287$ A，$R_a = 0.3$ Ω，要求启动电流 $I_s = 1.8 I_{aN}$，求：（1）采用降低电枢电压启动时，U_a 至少降低到何值？（2）采用增加电枢电阻启动，至少应串联多大的启动电阻 R_s？（3）上述两种情况下启动转矩是多少？

5. 某他励电动机，$P_N = 2.5$ kW，$U_{aN} = 220$ V，$n_N = 1500$ r/min，$I_{aN} = 12.5$ A，$R_a = 0.8$ Ω，$I_{am} = 2 I_{aN}$。如欲在 $n = 1200$ r/min 时实行迅速停车，试问采用能耗制动和反接制动两种方法在电枢电路内各应串联多大的制动电阻？

第6章 其他常用电动机

本章介绍除三相交流异步电动机和直流电动机以外的其他电动机，包括单相异步电动机、步进电动机、伺服电动机、测速电动机、直线电动机和同步电动机。重点讨论这几种电动机的构造及工作原理。

6.1 单相异步电动机

单相异步电动机是利用单相交流电源供电的一种小容量交流电动机。由于它结构简单、成本低廉、运行可靠、维修方便，并可以直接在单相 220 V 交流电源上使用，因此被广泛用于办公场所、家用电器和医疗器械等方面。作为各类工农业生产工具、家用电器、仪器仪表、商业服务、办公用具和文教卫生设备中的动力源，与人们的工作、学习和生活有着极为密切的关系。

单相异步电动机的不足之处是它与同容量的三相异步电动机相比较，其体积较大、运行性能较差且效率较低，因此一般只制成小型和微型系列，容量在几十瓦到几百瓦之间。

6.1.1 单相异步电动机的结构

单相异步电动机的结构原理和三相异步电动机大体相似，即它的转子为笼形结构，定子采用在定子铁芯槽内嵌放单相定子绕组的结构，如图 6.1 所示。

图 6.1 单相异步电动机结构

6.1.2 单相异步电动机的转动原理

1. 单相异步电动机的脉动磁场

如图 6.2(a)所示，单相交流电流是一个随时间按正弦规律变化的电流。假设在单相交流电流的正半周时，电流从单相定子绕组的左半侧流入，从右半侧流出，则电流产生的磁场如图 6.2(b)所示，磁感应强度随电流的大小而变化，方向则保持不变。当电流为零时，磁感应强度也为零。当电流变为负半周时，则产生的磁场方向也随之发生变化，如图 6.2(c)所示。由此可见，单相异步电动机定子绕组通入单相电流后，产生的磁场大小和方向在不断地变化，但是在任何时刻，磁场在空间的轴线并不移动，只是磁场的大小和方向像正弦电流一样，随时间按正弦规律作周期性变化，所以这种磁场称为脉动磁场。

图 6.2　单相异步电动机的脉动磁场

为了便于分析问题，通常可以把这个脉动磁场分解成两个旋转磁场来看待。这两个磁场的旋转速度相等，但旋转方向相反。每个旋转磁场的磁感应强度的幅值等于脉动磁场的磁感应强度幅值的一半。这样一来，任一瞬间脉动磁场的磁感应强度都等于这两个旋转磁场的磁感应强度的相量和，如图 6.3 所示。

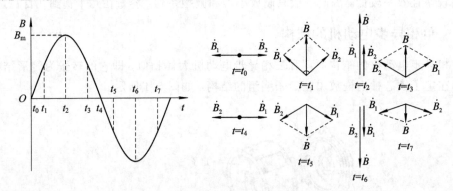

图 6.3　脉动磁场分解为两个旋转磁场

既然可以把一个单相的脉动磁场分解成两个磁感应强度幅值相等、转向相反的旋转磁场，当然也可以认为，单相异步电动机的电磁转矩也是分别由这两个旋转磁场所产生的转矩合成。当电动机静止时，由于两个旋转磁场的磁感应强度大小相等、转向相反，因而在转子绕组中感应产生的电动势和电流大小相等，方向相反。故两个电磁转矩的大小也相等，方向也相反，于是合成转矩等于零，电动机不能启动。也就是说，单相异步电动机的启动转矩为零。这既是它的一个特点，也是它的一大缺点。但是，如果用外力使转子启动一下，则不管是朝正向旋转还是反向旋转，电磁转矩都将逐渐增加，电动机将按外力作用方向达到稳定转速。

2. 两相绕组的旋转磁场

单相绕组产生的是一个脉动磁场，其启动转矩等于零，不能自行启动。要应用单相异步电动机，首先必须解决它的启动问题。一般单相异步电动机（除集中式罩极电动机外）均采用两套绕组。一套为主绕组（也叫工作绕组、运行绕组），另一套为辅助绕组（也叫启动绕组、副绕组）。主、辅绕组在定子空间布置上相差 90°电角度，同时使两套绕组中的电流在时间上也不同相位。例如在辅助绕组中串联一个适当的电容器即可达到。这样一个相差 90°电角度的两相旋转磁场就使单相异步电动机旋转起来。电动机转动起来后启动装置适时地自动将辅助绕组从电源断开，仅剩下主绕组在线路上工作。

如图 6.4 所示，在单相异步电动机定子上放置在空间相差 90°的两相定子绕组 U1、U2 和 Z1、Z2，向这两相定子绕组中通入在时间上相差约 90°电角度的两相交流电流 i_Z 和 i_U，用三相异步电动机旋转磁场产生的分析方法进行分析，可知此时产生的磁场也是旋转磁场。由此可得出结论：只要将相位上相差 90°的两个电流，通入在空间相差 90°的绕组，就能使单相异步电动机产生一个两相旋转磁场。在它的作用下，转子得到启动转矩而转动起来。

(a) 两相定子绕组　　　　　(b) 电流波形及两相旋转磁场

图 6.4　两相绕组的旋转磁场

3. 单相异步电动机的力矩特点

单相的脉动磁场可以分解成两个磁感应强度幅值相等、转向相反的旋转磁场。正反转磁场同时在转子绕组中分别感应产生相应的电动势和电流，从而产生使电动机正转和反转的电磁转矩 T_{em+} 和 T_{em-}。正转电磁转矩若为拖动转矩，那么反转电磁转矩为制动转矩。正转电磁转矩 T_{em+} 与正转转差率 s_+ 的关系 $T_{em+} = f(s_+)$ 和三相异步电动机类似，如图 6.5 中的曲线 1 所示。反转电磁转矩 T_{em-} 与反转转差率 s_- 的关系 $T_{em-} = f(s_-)$，它的曲线形状和 $T_{em+} = f(s_+)$ 完全一样，不过 T_{em+} 为正值，而 T_{em-} 为负值，并且两转差率之间有 $s_+ + s_- = 2$ 的关系，$T_{em-} = f(s_-)$ 如图 6.5 中的曲线 2 所示。曲线 1 和曲线 2 分别为正转和反转的 $T_{em}\text{-}s$ 曲线，它们相对于原点对称。电动机的合成电磁转矩为 $T_{em} = T_{em+} + T_{em-}$。因此在单相电源供电下，单相异步电动机的 $T_{em}\text{-}s$ 曲线为 $T_{em+} + T_{em-} = f(s)$，如图 6.5 中的曲线 3 所示。

从图 6.5 所示的 $T_{em}\text{-}s$ 曲线可看出，单相异步电动机的力矩有两个特点：

（1）电动机不转时，$n=0$，即 $s_+ = s_- = 1$ 时，合成转矩 $T_{em+} + T_{em-} = 0$，电动机无启动转矩。

（2）如果施加外力使电动机向正转或反转方向转动，即 s_+ 或 s_- 不为"1"时，这样合成电磁转矩不等于零，去掉外力，电动机会被加速到接近同步转速 n_0，换句话说，单相异步电动机虽无启动转矩，但一经启动，就会沿着启动的方向转动而不停止。

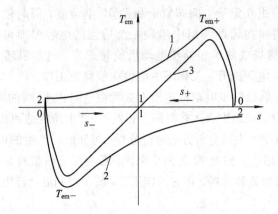

图 6.5　单相异步电动机的 T_{em}-s 曲线

6.1.3　单相异步电动机的启动方法

从前面分析我们知道，单相异步电动机不能自行启动，而必须依靠外力来完成启动过程。不过它一旦启动即可朝启动方向连续不断地运转下去。根据启动方式的不同，单相异步电动机可以分为许多不同的型式。常用的有：（1）罩极式电动机；（2）分相式电动机；（3）电容式电动机（又分为电容启动式，电容运转式和电容启动、运转式三种）。下面将分别介绍这些电机特性及其启动方法等。

1. 罩极式电动机

罩极式电动机的工作原理见图 6.6 所示，定子上有凸出的磁极，主绕组就安置在这个磁极上。在磁极表面约 1/3 处开有一个凹槽，将磁极分为大小两部分，在磁极小的部分套着一个短路铜环，将磁极的一部分罩了起来，称为罩极，它相当于一个副绕组。当定子绕组中接入单相交流电源后，磁极中将产生交变磁通，穿过短路铜环的磁通，在铜环内产生一个相位上滞后的感应电流。由于这个感应电流的作用，磁极被罩部分的磁通不但在数量上和未罩部分不同，而且在相位上也滞后于未罩部分的磁通。这两个在空间位置不一致，而在时间上又有一定相位差的交变磁通，就在电机气隙中构成脉动变化近似的旋转磁场。这个旋转磁场切割转子后，就使转子绕组中产生感应电流。载有电流的转子绕组与定子旋转磁场相互作用，转子得到启动转矩，从而使转子由磁极未罩部分向被罩部分的方向旋转。

图 6.6　单相罩极电动机结构示意图

罩极式电动机也有将定子铁芯做成隐极式的，槽内除主绕组外，还嵌有一个匝数较少，与主绕组错开一个电角度，且自行短路的辅助绕组。

罩极电动机具有结构简单、制造方便、造价低廉、使用可靠、故障率低的特点。其主要缺点是效率低、启动转矩小、反转困难等。罩极电动机多用于轻载启动的负荷，凸极式集中绕组罩极电动机，常用于电风扇、电唱机。隐极式分布绕组罩极电动机则用于小型鼓风机、油泵中。

2. 分相式电动机

单相分相式电动机又称为电阻启动异步电动机，它构造简单，主要由定子、转子、离心开关三部分组成。转子为笼型结构，定子采用齿槽式，如图 6.7 所示。定子铁芯上面布置有两套绕组，运行用主绕组较粗的导线绕制，启动用副绕组较细的导线绕制。一般主绕组占定子总槽数的 2/3，辅助绕组占定子总槽数的 1/3，这两套绕组在空间位置上相差 90°。辅助绕组只在启动过程中接入电路，当电动机达到额定转速的 70％～80％时，离心开关就将辅助绕组从电源电路断开，这时电动机进入正常运行状况。在启动时为了使启动用辅助绕组电流与运行用主绕组电流在时间上产生相位差，通常用增大辅助绕组本身的电阻（如采用细导线）或在辅助绕组回路中串联电阻的方法来达到，即电阻分相式。

由于这两套绕组中的电阻与电抗分量不同，故电阻大电抗小的辅助绕组中的电流，比主绕组中的电流先期达到最大值。因而在两套绕组之间出现了一定的相位差，形成了两相电流。结果就建立起了一个旋转磁场，转子就因电磁感应作用而旋转。

从上面我们知道，单相分相式电动机的启动依赖定子铁芯上相差 90° 电角度的主、辅助绕组来完成。由于要使主、辅助绕组间的相位差足够大，就要求辅助绕组选用细导线来增加电阻。因而辅助绕组导线的电流密度都比主绕组大，故只能短时工作。启动完毕后必须立即与电源切断，如超过一定时间，辅助绕组就可能因发热而烧毁。

单相分相式电动机的启动，可以用离心开关或多种类型的启动继电器去完成。图 6.8 所示即为用离心开关启动的分相式电动机接线图。

图 6.7　分相式电动机的定子示意图　　　　图 6.8　分相式电动机的接线图

图 6.9 所示为离心开关的结构示意图。离心开关包括旋转部分和固定部分，旋转部分装在转轴上，固定部分装在前端盖内。它利用一个随转轴一起转动的部件——离心块。当电动机转子达到额定转速的 70％～80％时，离心块的离心力大于弹簧对动触点的压力，使动触点与静触点脱开。从而切断辅助绕组的电源，让电动机的主绕组单独留在电源上正常运行。

图 6.10 所示为启动继电器原理图。继电器的吸铁线圈 KA 串联在主绕组 U1、U2 回路中，启动时，主绕组中电流很大，使启动继电器衔铁被吸合，则串联在辅助绕组中 Z1、Z2 回路中的动合触点闭合，接通辅助绕组电路，电动机处于两组绕组工作状态而开始启动。随着转子转速上升，主绕组中的电流不断下降，吸铁线圈的吸力也随之下降，当达到一定的转速时，电磁铁的吸力小于 KA 触点的反力弹簧的弹力，触点断开，电动机正常运行。

图 6.9　离心开关结构示意图　　　　　　　图 6.10　启动继电器原理图

分相电动机具有构造简单、价格低廉、故障率低、使用方便的特点。分相式电动机的启动转矩一般是满载转矩的两倍，因此它的应用范围很广，如小型车床、鼓风机、电冰箱、空调机的配套电动机等。

3. 电容式电动机

单相电容式电动机具有三种型式，即电容启动式、电容运行式、电容启动与运行式。电容电动机和同样功率的分相电动机，在外形尺寸、定、转子铁芯、绕组、机械结构等都基本相同，只是添加了 1～2 个电容器而已。

分相电动机的定子有两套绕组，且在空间位置上相隔 90°，因此在启动时，接入在时间上具有不同相位的电流后，产生了一个近似两相的旋转磁场，从而使电动机转动。但在实际中，每套绕组的电阻和电抗不可能完全减少为零，所以两套绕组中电流 90°相位差是不可能获得的。从实用出发则只要相位差足够大时，就能产生近似的两相旋转磁场，从而使转子转动起来。

如在电动机的辅助绕组中串联一只电容器，它的电流在相位上就将比线路电压超前。将绕组和电容器容量适当设计，两套线圈相互就完全可以达到 90°相位差的最佳状况，这样就改进了电动机的性能。但实际上，启动时定子中的电流关系还随转子的转速而改变。因此，要使它们在这段时间内仍有 90°的相位差，那么电容器电容量的大小就必须随转速和负载而改变，显然这种办法实际上是做不到的。由于这个原因，根据电动机所拖动的负载特性，而将电动机做适当设计，这样就有了上面所说的三种型式的电容电动机。

1）电容启动式电动机

如图 6.11 所示，电容器经过离心开关接入到启动辅助绕组，主、辅绕组的出线 U_1、U_2、V_1、V_2。接通电源，电动机即行运转。当转速达到额定转速的 70%～80%时，离心开关动作，切断辅助绕组的电源。

在这种电动机中，电容器一般装在机座顶上。由于电容器只在极短的几秒钟启动时间内才工作，故可采用电容量较大，价格较便宜的电解电容器。为加大启动转矩，其电容量可适当选大些。

2）电容运行式电动机

如图 6.12 所示，电容器与启动辅助绕组中没有串接启动装置，因此电容器与辅助绕组将和主绕组一起长期运行在电源线路上。在这类电动机中，要求电容器能长期耐较高的电压，故必须使用价格较贵的纸介质或油浸纸介质电容器，而绝不能采用电解电容器。

电容运行式电动机省去了启动装置，从而简化了电动机的整体结构，降低了成本，提高了运行可靠性。同时由于辅助绕组也参与运行，这样就实际增加了电动机的输出功率。

图 6.11　单相电容启动式电动机接线图　　　图 6.12　单相电容运行式电动机接线图

3）电容启动与运行式电动机

如图 6.13 所示，这种电动机兼有电容启动和电容运转两种电动机的特点。启动辅助绕组经过运行电容 C_1 与电源接通，并经过离心开关与容量较大的启动电容 C_2 并联。接通电源时，电容器 C_1 和 C_2 都串接在启动绕组回路中。这时电动机开始启动，当转速达到额定转速的 70%～80% 时，离心开关 S 动作，使将启动电容 C_2 从电源线路切除，而运行电容 C_1 则仍留在电路中运行。

图 6.13　单相电容启动与运转电动机接线图

显然，这种电动机需要使用两个电容器，又要装启动装置，因而结构复杂，并且增加了成本，这是它的缺点。

在电容启动与运转式电动机中，也可以不用两个电容量不同的电容器。而用一只自耦变压器，如图6.14所示。启动时跨接电容器两端的电压增高，使电容器的有效容量比运转时大4～5倍。这种电动机用的离心开关是双掷式的，电动机启动后，离心开关接至S点，降低了电容器的电压和等效电容量，以适应运行的需要。

图 6.14　电容器和自耦变压器组合启动接线图

单相电容电动机三种类型的特性及用途如下：

单相电容启动式电动机具有较高启动转矩，一般达到满载转矩的3～5倍，故能适用于满载启动的场合。由于它的电容器和副绕组只在启动时接入电路，所以它的运转都与同样大小并有相同设计的分相式电动机基本相同。单相电容启动式电动机多用于电冰箱、水泵、小型空气压缩机及其他需要满载启动的电器、机械。

单相电容运转式电动机启动转矩较低，但功率因数和效率均比较高。它体积小、重量轻、运行平稳、振动与噪声小、可反转、能调速，适用于直接与负载连接的场合。如电风扇、通风机、录音机及各种空载或轻载启动的机械，但不适于空载或轻载运行的负载。

单相电容启动与运转式电动机具有较好的启动性能，较高的功率因数、效率和过载能力，可以调速。适用于带负载启动和要求低噪声的场合，如小型机床、泵、家用电器等。

6.1.4　单相异步电动机的调速与反转

1. 单相异步电动机的调速

单相异步电动机与三相异步电动机一样，转速的调节也比较困难。如果采用变频调速则设备复杂、成本高。因此，一般只采用简单的降压调速。常用的调速方法有串电抗器调速、定子绕组抽头调速和晶闸管调速三种方式。

1) 串电抗器调速

将电抗器与电动机定子绕组串联，利用电流在电抗器上产生的压降，使加到电动机定子绕组上的电压低于电源电压，从而达到降低电动机转速的目的。因此，用串电抗器调速时电动机的转速只能由额定转速往低调。图6.15为吊扇串电抗器调速的电路图。改变电抗器的抽头连接可得到高低不同的转速。

2）定子绕组抽头调速

为了节约材料、降低成本，可把调速电抗器与定子绕组做成一体。由单相电容运行异步电动机组成的台扇和落地扇普遍采用定子绕组抽头调速的方法。这种电动机的定子铁芯槽中嵌放有工作绕组、启动绕组和调速绕组（中间绕组）。通过调速开关改变调速绕组与启动绕组及工作绕组的接线方法，从而达到改变电动机内部旋转磁场的强弱，实现调速的目的。图 6.16 是台扇抽头调速的原理图。这种调速方法的优点是不需要电抗器、节省材料、耗电少。缺点是绕组嵌线和接线比较复杂，电动机与调速开关之间的连线较多，所以不适合于吊扇。

图 6.15　串电抗器调速　　　　　　图 6.16　定子绕组抽头调速

3）晶闸管调速

单相异步电动机还可采用双向晶闸管调速。调速时，旋转控制线路中的带开关电位器，就能改变双向晶闸管的控制角，使电动机得到不同的电压，达到调速的目的。图 6.17 所示为吊扇晶闸管调压调速电路图。这种调速方法可以实现无级调速，控制简单，效率较高，缺点是电压波形差，存在电磁干扰。目前这种调速方法常用于吊扇上。

图 6.17　吊扇晶闸管调压调速电路

2. 单相异步电动机的反转

单相异步电动机的转向与旋转磁场的转向相同。因此要使单相异步电动机反转就必须改变旋转磁场的转向，其方法有两种：一种是把工作绕组或启动绕组的首端和末端与电源的接法对调，另一种是把电容器从一组绕组中改接到另一组绕组中（此法只适用于电容运行单相异步电动机）。

6.2　步　进　电　动　机

步进电动机是一种由电脉冲控制运动的特殊电动机，步进电动机不能直接使用通常的直流或交流电源来驱动，而是需要使用专门的步进电动机驱动器。专用的驱动电源向步进电动机供给一系列有一定规律的电脉冲信号，每输入一个电脉冲，步进电动机就前进一步，其角位移与脉冲数成正比，电动机转速与脉冲频率成正比。而且转速和转向与各相绕组的通电方式有关。在非超载的情况下，电动机的转速、停止的位置只取决于脉冲信号的频率和脉冲数，而不受负载变化的影响，即给电动机加一个脉冲信号，电动机则转过一个步距角。步进电动机可以在较宽的范围内通过改变输入控制脉冲的频率来实现调速，并能够做到快速启动、反转和制动。另外步进电动机能直接利用脉冲数字信号进行控制并将其转换成角位移，因而很适合于计算机控制。

步进电动机是每输入一个脉冲走一步，走一步的角度大小称为步距角，这种步进式运动不同于普通匀速旋转的电动机，所以称为步进电动机。由于其工作的电源是脉冲电压，因此步进电动机也称为脉冲电动机。

按转矩产生的原理，步进电动机可分为反应式步进电动机、激磁式步进电动机（又分为电磁式与永磁式）和混合式步进电动机。

6.2.1　步进电动机的工作原理

步进电动机按产生转距的方式不同可分为反应式、激磁式及混合式三种。反应式步进电动机的定、转子都是凸极结构，是利用磁阻最小原理工作。因为步进电动机凸极转子的交轴磁阻与直轴磁阻不同，所以引起电枢反应，磁场按照磁阻最小原理产生电磁转矩，从而驱动转子转动。

反应式步进电动机转子齿数可以很多，因此步距角可以做得很小，即使没有减速装置，也可以低速、高精度地实现位置控制。

激磁式步进电动机的激磁可以是永磁式或电磁激磁式，通常是永磁式激磁。激磁式步进电动机转子由于具有磁场，驱动转矩较大，但由于制造工艺的缘故，转子磁极数目不能做的太多，因此步距角比较大。

混合式步进电动机兼有反应式步进电动机和永磁式步进电动机的优点，可以做到步距角小而驱动转矩又大

1. 反应式步进电动机的结构

反应式步进电动机的结构示意图如图 6.18 所示，它的主要结构分为定子和转子两大部分。定、转子铁芯由软磁材料或硅钢片叠成凸极结构，定、转子磁极上均有小齿，定、转子的齿形相同。定子磁极上套有星形连接的控制绕组，每两个相对的磁极为一相，转子上没有绕组。

反应式步进电动机定子相数用 m 表示。m 一般为 2、3、4、5、6；定子磁极个数为 $p(p=2m)$，每两个相对的磁极嵌有该相绕组。

图6.18 反应式步进电动机结构示意图

2. 反应式步进电动机的工作原理

1）磁阻转矩产生的原理

在定子绕组由通电产生的相应的电磁场的作用下，定子小齿与转子小齿之间存在磁场，转子小齿将被强行推动到最大磁导率（或者最小磁阻）的位置即定子小齿与转子小齿对齐的位置，如图 6.19(a)所示，这一过程称为对齿，同时这一过程中形成转子的转动。

当定子小齿与转子小齿对齐后，将不再产生使转子转动的磁力，为了持续形成转动，必须使其他没有对齐的定子小齿与转子小齿产生磁力，并由磁阻作用形成转矩。这一过程即是步进电动机的电流换相（见图 6.19(b)）。

图 6.19 定子与转子之间的磁导现象

错齿的存在是步进电动机能够旋转的前提条件。所以，在步进电动机的结构中必须保证有错齿的存在，也就是说，当某一相处于对齿状态时，其他相必须处于错齿状态。

定子的齿距角与转子的相同，所不同的是，转子的小齿是圆周分布的，而定子的小齿只分布在磁极上，属于不完全齿。当某一相处于对齿状态时，该相磁极上的定子的所有小齿都与转子上的小齿对齐。

如果给处于错齿状态的相通电，则转子在电磁力的作用下，将向磁导率最大（或磁阻最小）的位置转动，即向趋于对齿的状态转动。电动机基于这一原理实现转动。

2）三相单三拍反应式步进电动机工作原理

图 6.20 所示为三相单三拍反应式步进电动机的工作原理图。"三相单三拍"中的"三相"是指定子的三相绕组，"单"是指每次只有一相绕组通电。从一相通电切换到另一相通电称为"一拍"，"三拍"是指完成一次通电循环要经过三次切换。

　　工作时假设按 U→V→W→U 的通电顺序，使三相绕组轮流通电。当 U 相绕组通电时，气隙中生成以 U－U′为轴线的磁场。在磁阻转矩的作用下，转子转到使 1、3 两转子齿与磁极 U－U′对齐的位置上如图 6.20(a)所示。如果 U 相绕组不断电，1、3 两转子齿就一直被磁极 U－U′吸引住而不改变其位置，即转子具有自锁能力。

|(a) U相通电|(b) V相通电|(c) W相通电|

图 6.20　三相单三拍反应式步进电动机的工作原理图

　　当 U 相绕组断电，V 相通电时，转子会转过 30°角，2、4 齿和 V、V′磁极轴线对齐，如图 6.20(b)所示；同理，当 V 相绕组断电，W 相通电时，转子再转过 30(角，1、3 齿和 W 和 W′磁极轴线对齐，如图 6.20(c)所示。如此循环往复按 U→V→W→U→…的顺序给三相绕组轮流通电，气隙中产生脉冲式旋转磁场，磁场旋转一周，转子前进三步，转过一个齿距角（90°）。转子每步转过 30°，该角度称为步距角，用 θ_b 表示。

　　由于单独一相控制绕组通电时容易使转子在平衡位置附近来回摆动（振荡），会使运行不稳定，因此实际上很少采用三相单三拍的运行方式。

　　3) 三相双三拍式步进电动机工作原理

　　按 UV→VW→WU 的顺序给三相定子绕组轮流通电。每次有两相绕组同时通电，如图 6.21 所示。步距角 $\theta_b = 30°$ 与三相单三拍方式相同，但是，双三拍每一步的平衡点，转子受到两个相反方向的转矩而平衡，不会产生振荡，因而稳定性好于单三拍方式，不易失步。反转时定子绕组按 UW→WV→UW 顺序通电。

|(a) U、V相通电|(b) V、W相通电|(c) W、U相通电|

图 6.21　三相双三拍反应式步进电动机工作原理图

　　4) 三相单双六拍式步进电动机工作原理

　　三相单双六拍反应式步进电动机工作原理如图 6.22 所示，工作时，按 U→UV→V→

VW→W→WU→U 的顺序给三相绕组轮流通电。当 U 相通电时，转子 1、3 齿与 U、U′对齐如图 6.22(a)所示；当 U、V 相同时通电时，U、U′磁极拉住 1、3 齿，V、V′磁极拉住 2、4 齿，转子转过 15°，到达图 6.22(b)所示位置；当 V 相通电时，转子 2、4 齿与 V、V′对齐，又转过 15°，到达图 6.22(c)所示位置，依此规律，按 U→UV→V→VW→W→WU→U 顺序循环通电，则转子逆时针旋转 15°，即步距角 θ_b＝15°。一个通电循环周期有六拍(N＝6)，转子前进的齿距角为 90°。若按 U→UW→W→WV→V→VU→U 顺序循环通电，则转子顺时针方向旋转，步进电动机反转。

三相单双六拍工作方式可以使步进电动机获得更精确的控制特性，其运行稳定性比前两种方式更好。

(a) U相通电   (b) U、V两相通电   (c) V相通电

图 6.22   三相单双六拍反应式步进电动机工作原理图

3. 步进电动机的齿距角、转速与步距角

(1) 齿距角：对应于转子上，相邻两个齿间的中心距离称为步进电动机的齿距角。

(2) 步距角(θ_b)：控制绕组改变一次通电状态后转子转过的角度称为步进电动机的步距角。

$$\theta_b = \frac{360°}{Z_r km} \tag{6.1}$$

式中，θ_b 为步距角；k 为通电方式，当相邻两次通电相数一样，$k＝1$，不同时，$k＝2$；Z_r 为转子齿数；m 为定子相数。

(3) 转速 n(r/min)

$$n = \frac{60f\theta_b}{360} = \frac{60f}{Z_r km} \tag{6.2}$$

式中，f 为电脉冲的频率。

当步距角 θ_b 一定时，通电状态的切换频率越高，即电脉冲频率越高时，步进电动机的转速越高。当电脉冲频率一定时，步距角越大，步进电动机的转速越高，但频率太高，会出现"失步"现象。

为了使步进电动机平稳运行，要求步距角 θ_b 很小，通常为 3°/1.5°。为此，实际中步进电动机的定、转子往往做成多齿，如图 6.18 所示，最小步距角可小至 0.5°。国内常见的反应式步进电动机的步距角有 1.2°/0.6°、1.5°/0.75°、2°/1°、3°/1.5°等等。

从式(6.1)可见，增加步进电动机的相数和转子数，可减小步距角，但相数越多，驱动电源越复杂，成本越高，一般步进电动机做成二相、三相、四相、五相和六相等。

例 5.1　一台五相反应式步进电动机，转子为 48 齿、采用五相十拍运行方式时，

(1) 步距角 θ_b 是多少?

(2) 若脉冲电源的频率为 3000 Hz，试问转速是多少?

解:(1) 因是五相十拍运行方式，即相邻两次通电相数不一样，故 $k=2$。根据式 (6.1)得

$$\theta_b = \frac{360°}{Z_r km} = \frac{360°}{48 \times 2 \times 5} = 0.75°$$

(2) 步进电动机的转速 n，根据式(6.2)得

$$n = \frac{60 f \theta_b}{360°} = \frac{60 \times 3000 \times 0.75°}{360°} = 375 \text{ r/min};$$

或

$$n = \frac{60 f}{Z_r km} = \frac{60 \times 3000}{48 \times 2 \times 5} = 375 \text{ r/min}$$

因此，该进电动机的步距角为 $0.75°$，转速为 375 r/min。

6.2.2　步进电动机的驱动电源与控制方式

1. 步进电动机驱动电源的组成

图 6.23 所示为步进电动机驱动电源的组成，它由变频信号源、脉冲分配器和驱动电路(功率放大器)三部分组成。

图 6.23　步进电动机驱动电源的组成

(1) 变频信号源：是一个脉冲频率由几赫到几十千赫可连续变化的信号发生器，可以是计算机或振荡器。

(2) 脉冲分配器：一种逻辑电路，由双稳态触发器和门电路组成，它可以将输入的电脉冲信号根据需要循环地分配到驱动电路上进行功率放大，并使步进电动机按选定的运行方式工作。

(3) 步进电动机驱动电路(功率放大器)：它实际上是一种脉冲放大电路，它的作用是将脉冲分配器发出的电脉冲信号放大至几安培到几十安培的电流送至步进电动机各绕组，每一相绕组分别有一组功率放大电路。步进电动机驱动电路有单电压驱动、双电压驱动、恒流斩波驱动和细分驱动等四种形式。

2. 步进电动机驱动电路

图 6.24(a)为单电压驱动电路，图 6.24(b)为双电压驱动电路，图 6.25 为恒流斩波驱动电路。步进电动机驱动电路要解决的核心问题是如何提高步进电动机的快速性和平稳性。

图 6.24　步进电动机电压驱动电路

图 6.25　步进电动机恒流斩波驱动电路

上述提到的三种步进电动机驱动电路都是按照环形分配器决定的分配方式，控制电动机各相绕组的导通或截止，从而使电动机产生步进运动，步距角的大小只有两种，即整步工作或半步工作，步距角已由步进电动机结构所限定。为了使步进电动机获得更小的步距角或者为减小电动机振动、噪声等原因，可以采用如细分驱动技术。

1）细分驱动技术

细分驱动技术是把步进电动机的一个步距角 θ_b 再细分成若干个小步的驱动方法，其本质是一种电流波形控制技术。它的基本思想是控制每相绕组的电流波形，使其阶梯上升或下降，电流在 0 和最大值之间给出多个稳定的中间状态，定子磁场的旋转过程也就有了多个稳定的中间状态，这样相对于一个步距角 θ_b 来讲，步进电动机转子旋转步数增多了，步距角相对减小了。图 6.26 为一台两相混合式步进电动机 A、B，两相电流按 40 等份细分的控制电流的波形。

若两相混合式步进电动机转子的齿数 $Z_r=30$，则细分后，步进电动机的步距角 θ_b 为

$$\theta_b = \frac{360°}{mkZ_r} = \frac{360°}{40 \times 1 \times 30} = 0.3°$$

式中，m 为细分数；k 整步为 1，半步为 2。细分后，步距角 $\theta_b =$ 电机固有步距角/细分数。

图 6.26　混合式步进电动机细分控制电流波形

采用细分驱动技术，可大大提高步进电动机的步矩分辨率，减小步距角 θ_b 和转矩波动，避免低频共振及降低运行噪声。但细分技术并不能提高电动机的精度，只是电动机的转动更加平稳。

2) 细分驱动电路

为了实现阶梯波供电，细分驱动电路有以下两种形式：

① 先放大后叠加。这种方法就是将通过细分环形分配器所形成的各个等幅等宽的脉冲，分别进行放大，然后在电动机绕组中叠加起来形成阶梯波，如图 6.27(a)所示。

图 6.27　细分驱动电路

② 先叠加后放大。这种方法利用运算放大器来叠加，或采用公共负载的方法，把方波合成变成阶梯波，然后对阶梯波进行放大再去驱动步进电动机，如图 6.27(b)所示。其中的放大器可采用线形放大器或恒波斩波放大器等。

3. 步进电动机的控制方式

步进电动机控制方式一般可分为开环控制(如图 6.23 所示)和反馈补偿闭环控制两种。

6.3 伺服电动机

伺服电动机又被称为执行电动机，在自动控制系统中作为执行元件，将输入的电压信号变换成转轴的角位移或角速度以控制受控对象。伺服电动机可控性好，反应迅速，是自动控制系统和计算机外围设备中常用的执行元件。

伺服电动机可分为交流伺服电动机和直流伺服电动机两类。

伺服电动机的性能要求是宽广的调速范围；机械特性和调节特性为线性；无"自转"现象即控制电压为零时能立即自行停转和快速响应性。

6.3.1 交流伺服电动机

交流伺服电动机根据运行原理的不同，分为感应(或称异步)式、永磁同步式、永磁直流无刷式、磁阻同步式等形式。这些电动机都是具有励磁绕组的定子结构，下面仅就两相交流伺服电动机进行讨论。

1. 两相交流伺服电动机的基本结构

两相交流伺服电动机的结构与单相电容式异步电动机结构相似，主要由定子和转子构成。定子装有两个绕组，一个是励磁绕组，另一个是控制绕组，它们在空间上相差90°。

转子的形式有两种，分别为鼠笼形和杯形两种。鼠笼形转子和三相笼形异步电动机的转子结构相似，只是为了减小转动惯量而做得细长一些。空心杯形转子伺服电动机的结构图如图 6.28 所示。为了减小转动惯量，空心杯形转子通常用高电阻系数的非磁性的铝合金或铜合金制成空心薄壁圆筒，在空心杯形转子内放置于固定的内定子，起闭合磁路的作用，以减少回路的磁阻。空心杯形转子可以把铝杯看做由无数根笼形导条并联组成，因此，它的原理与笼形相同。杯形转子伺服电动机由于转子质量轻，惯性小，启动电压低，对信号反应快，调速范围宽，多用于运行平滑的系统。

1—励磁绕组；2—控制绕组；3—内定子；4—外定子；5—转子

图 6.28　杯形转子伺服电动机结构图

2．两相交流伺服电动机的工作原理

1）交流伺服电动机的工作原理

交流伺服电动机的工作原理和电容分相式单相异步电动机相似，其接线图如图 6.29 所示。励磁绕组 FW 和控制绕组 CW 通常分别接在两个值不同但频率相同的交流电源上，在没有控制电压 U_c 时，气隙中只有励磁绕组产生的脉动磁场，转子上没有启动转矩而静止不动。当有控制电压且控制绕组电流和励磁绕组电流不同相时，则在气隙中产生一个旋转磁场并产生电磁转矩 T，使转子沿旋转磁场的方向旋转，旋转磁场转速为 $n_0 = 60f/p$。转子转向与旋转磁场的方向相同，把控制电压的相位改变 180°，则可改变两相交流伺服电动机的旋转方向。

图 6.29　两相交流伺服电动机接线图

2）交流伺服电动机的"自转"及"自转"的消除

普通的单相异步电动机启动后，电磁转矩 T 与转速 n 的方向相同，即使启动绕组断电，电动机仍然能够旋转。根据这一原理，两相交流伺服电动机一旦转动后，即使取消控制电压，仅励磁电压单相供电，它将继续转动，出现失控现象，我们把这种因失控而自行旋转的现象称为"自转"。

交流伺服电动机消除"自转"的方法就是使转子导条具有较大的电阻。从三相异步电动机的机械特性可知，转子电阻对电动机的转速、转矩特性影响很大。采用薄壁杯形转子和鼠笼条用高阻材料黄铜等方法可以使电阻 R_2 变得足够大。图 6.30 为增大转子电阻在 $U_c = 0$ 时的 T-S 特性曲线。在图 6.30 中，曲线 T_1 和 T_2 为交流伺服电动机去掉

图 6.30　交流伺服电动机单相运行 T-s 曲线

控制电压 U_c 后，脉动磁场分解为正、反两个旋转磁场对应产生的转矩曲线，曲线 T 为 T_1 和 T_2 的合成转矩曲线。由图 6.30 中可看出，当速度 n 为正时，电磁转矩 T 为负；当速度 n 为负时，电磁转矩 T 为正。即去掉控制电压后，电磁转矩 T（合成转矩）的方向总是与电机转子的旋转方向相反，是一个制动转矩。这一制动转矩的存在就保证了当控制电压 U_c 消失后由于合成转矩 T 的存在，电动机将被迅速制动而停转，消除了"自转"现象。

增大转子导条电阻 R_2，除了可消除"自转"现象外还可扩大调速范围、改善调节特性、提高反应速度。

3．交流伺服电动机的控制方法

交流伺服电动机的转速大小调节，是靠两相绕组合成椭圆旋转磁场的椭圆度大小来自动调节的。椭圆度大，正转旋转磁场相应地会削弱，对应的正向转矩减小，反转旋转磁场则加强，对应的反向转矩增大，合成转矩减小，转速降低，反之转速增大。转向的改变则靠控制电源反相，使合成磁场反转，转子跟着反转。

椭圆度的调节靠改变控制绕组所加电压大小和相位来完成。因此，交流伺服电动机可采用下列三种方法来控制伺服电动机的转速高低及旋转方向。

1）幅值控制

幅值控制即保持控制电压与励磁电压间的相位差不变，仅改变控制电压的幅值。

幅值控制电路比较简单，生产应用最多，如图 6.31(a)所示为幅值控制的一种电路图，从图中可看出，两相绕组接于同一单相电源，适当选择电容 C，使 U_f 和 U_c 相位差为 90°，改变 R 的大小，即改变控制电压 U_c 的大小，可以得到图 6.31(b)所示的不同控制电压下的机械特性曲线。由图可见，在一定负载转矩下，控制电压越高，转差率 s 越小，电动机的转速就越高，因此改变电压可改变转速。

(a) 幅值控制接线图　　　　　(b) 不同的控制电压下的 $n=f(T)$ 曲线

图 6.31　幅值控制接线图及特性曲线

2）相位控制

相位控制如图 6.32 所示。它是通过调节控制电压的相位（即调节控制电压与励磁电压之间的相位角）来改变电动机的转速，控制电压的幅值保持不变。当相位角为零时，电动机停转，相位角加大，则电磁转矩加大，使电动机转速增加，这种控制方式一般很少用。

3）幅-相控制

幅-相控制如图 6.33 所示。这种控制方式是把励磁绕组串联电容 C 后接到稳压电源上，用调节控制电压 U_c 的幅值来改变电动机的转速，此时励磁电压和控制电压之间的相位角也随之改变，因此称为幅值-相位控制。这种控制方式设备简单，成本较低，因此是最常用的一种控制方式。

图 6.32　相位控制接线图　　　　　图 6.33　幅-相控制接线图

交流伺服电动机运行平稳、噪声小、反应迅速。但由于其机械特性是非线性，且由于转子电阻大使损耗大，效率低，一般只用于 100 W 以下的小功率控制系统中，国产交流伺服电动机的型号为 SK 系列。

6.3.2　直流伺服电动机

1. 直流伺服电动机的分类和结构

直流伺服电动机按其结构原理不同可分为传统型和低惯量型两大类。

传统型的直流伺服电动机的基本结构和工作原理与普通直流电动机相同，不同点只是它的转子做得比较细长一些，以满足快速响应的要求。传统型的直流伺服电动机按励磁方式的不同可分为电磁式和永磁式两种，电磁式又分为他励式、并励式和串励式，但一般多用他励式。

低惯量型直流伺服电动机有盘型电枢式、空心杯电枢式、无刷电枢式和无槽电枢式等几种。

1) 盘型电枢式直流伺服电动机

盘型电枢式直流伺服电动机的结构如图 6.34 所示。定子上有永久磁铁，气隙位于圆盘两边，圆盘上有印刷绕组或绕线式绕组，绕组的径向段为有效部分，电流沿径向流过圆盘，电枢绕组有效部分的裸导体表面兼作换向器。国产型号为 SN。

1—前盖；2—电刷；3—盘型电枢；4—永久磁铁；5—后盖

图 6.34　盘型电枢式直流伺服电动机结构

2) 空心杯电枢式直流伺服电动机

空心杯电枢式直流伺服电动机的结构如图 6.35 所示。外定子为磁钢，内定子为软磁材料，或反之。非磁性空心杯电枢上可为印刷绕组，也可为绕线式绕组。空心杯直接装在电机轴上，在内、外定子间的气隙中旋转。国产型号为 SYK。

3) 无刷电枢式直流伺服电动机

无刷电枢式直流伺服电动机的结构如图 6.36 所示。电枢绕组在定子上且做成多相式，转子用永久磁铁做成；由晶体管开关电路和位置传感器代替电刷和换向器。国产型号为 SW。

4) 无槽电枢式直流伺服电动机

无槽电枢式直流伺服电动机的结构如图 6.37 所示。电枢铁芯上无槽，电枢绕组直接排列在铁芯表面，再用环氧树脂将它与电枢铁芯固化为一个整体，定子磁极为电磁或永磁式。国产型号为 SWC。

1—换向器；2—电刷；3—空心杯电枢；
4—外定子；5—内定子

1—机壳；2—电枢；3—外转子；
4—磁钢；5—霍尔位置传感器

图 6.35　空心杯电枢式直流伺服电动机结构　　图 6.36　无刷电枢式直流伺服电动机结构

图6.37　无槽电枢式直流伺服电动机结构

2. 直流伺服电动机的工作原理

图 6.38 为直流伺服电动机的电气原理图，直流伺服电动机的基本工作原理与普通他励直流电动机完全相同，依靠电枢电流 I_c 与气隙磁通 Φ 的作用产生电磁转矩 T，使伺服电动机转动。

(a) 电磁式(他励式)　　　　　　　(b) 永磁式

图 6.38　直流伺服电动机电气原理图

如图 6.38(a)所示，在保持励磁电压不变的条件下，通过改变控制电压 U_c 的大小和极性来控制电动机的转速和转向。控制电压越小，则转速越低。当控制电压 $U_c=0$ 时，$I_c=0$，

$T=0$，电动机停转。由于控制电压 U_c 为零时，电枢电流 I_c 和电磁转矩 T 均为零，电动机不产生电磁转矩，故直流伺服电动机不会出现"自转"现象，所以直流伺服电动机是自动控制系统中一种很好的执行元件。

3. 直流伺服电动机的控制特性

1）机械特性

直流伺服电动机的机械特性是指保持励磁电压 U_f 恒定，改变电枢控制电压 U_c，其转速 n 与电磁转矩 T 之间的关系为

$$n = \frac{U_c}{K_E\Phi} - \frac{R_a}{K_E K_T \Phi^2}T = n_0 - \beta T = n_0 - \Delta n$$

由上式可以看出：改变控制电压 U_c 和改变磁通 Φ 都可以控制伺服电动机的转速和转向。前者是电枢控制，使用较多，后者是励磁控制。机械特性曲线如图 6.39(a) 所示。

图 6.39 直流伺服电动机控制特性

由机械特性曲线可知：

① 一定负载转矩下，当磁通 Φ 不变时，$U_c\uparrow \to n\uparrow$，特性曲线为一簇平行直线。

② 当 $U_c=0$ 时，$n=0$，电磁转矩 $T=0$，电机立即停转，无"自转"现象。

③ 直流伺服电动机的特性曲线具有下垂特征，控制电压 U_c 越大，则 $n=0$ 时，对应的启动转矩 T_{st} 也越大，有利于电动机启动。

2）调节特性

调节特性是指电磁转矩 T 一定时，直流伺服电动机的转速 n 与控制电压 U_c 之间的关系曲线 $n=f(U_c)$ 如图 6.39(b) 所示。

调节特性曲线与横轴的交点表示在某一电磁转矩 T 时电动机的始动电压，用 U_{c0} 表示。若负载转矩 T_L 一定时，当控制电压 U_c 大于始动电压 U_{c0}，电动机便启动并达到某一转速；反之，当控制电压 U_c 小于始动电压 U_{c0}，电动机则不能启动。

一般将调节特性曲线上横坐标从零到始动电压 U_{c0} 这一范围称为"失灵区"。"失灵区"的大小与负载转矩 T_L 成正比，负载转矩 T_L 越大，"失灵区"越宽。但同样的 T_L 下，"失灵区"越窄，灵敏度越高。

4. 直流伺服电动机的控制方式

直流伺服电动机的控制方式有电枢电压控制和磁场控制两种方式。直流伺服电动

反转可采用改变电枢控制电压 U_c 的极性和改变磁通 Φ 的方向两种方式,直流伺服电动机的调速可采用改变电枢电压和励磁磁通的大小两种方式,通常采用改变电枢控制方式。

5. 直流伺服电动机的特点及应用

直流伺服电动机的优点:直流伺服电动机在电枢控制方式运行时,特性的线性度好,调速范围大,效率高,启动转矩大,没有"自转"现象,可以说,具有理想的伺服性能。

直流伺服电动机的缺点:电刷和换向器的接触电阻数值不够稳定,对低速运行的稳定有一定影响。此外,电刷与换向器之间的火花有可能对控制系统产生有害的电磁波干扰。

直流伺服电动机输出功率一般为 $1 \sim 600$ W,比较大,通常应用于功率稍大的系统中,如随动系统中的位置控制,数控机床中的工作台的位置控制等。

6.4 直线电动机

直线电动机与普通旋转电动机都是实现能量转换的机械,普通旋转电动机将电能转换成旋转运动的机械能,直线电动机将电能转换成直线运动的机械能。直线电动机应用于要求直线运动的某些场合时,可以简化中间传动机构,使运动系统的响应速度、稳定性、精度得以提高。直线电动机在工业、交通运输等行业中的应用日益广泛。

与旋转电动机传动相比,直线电动机传动主要具有下列优点:

(1)直线电动机由于不需要中间传动机械,因而使整个机械得到简化,提高了精度,减少了振动和噪音;

(2)快速响应:用直线电动机驱动时,由于不存在中间传动机构的惯量和阻力矩的影响,因而加速和减速时间短,可实现快速启动和正反向运行;

(3)直线电动机容易密封,不怕污染,适应性强。由于电动机本身结构简单,又可做到无接触运行,因此容易密封,可在有毒气体、核辐射和液态物质中使用。

(4)装配灵活性大,往往可以将电动机与其他机件合成一体。

直线电动机有多种型式,原则上直流、同步、异步、步进等旋转电动机都可演变出其相应的直线电动机。一般,按照工作原理来区分,可分为直线感应电动机、直线直流电动机和直线同步电动机(包括直线步进电动机)三种。由异步电动机演变而成的直线异步电动机使用最多。这里,我们仅就直线异步电动机的结构和工作原理做一些简单的介绍。

6.4.1 直线电动机的结构

直线异步电动机有平板形、管形等结构形式。平板形直线异步电动机可以看做将普通鼠笼转子三相异步电动机沿径向剖开后展平而成,如图 6.40 所示。对应于旋转电动机定子的一边嵌有三相绕组,称为初级;对应于旋转电动机转子的一边称为次级或滑子。

实际平板形直线异步电动机初级长度和滑子长度并不相等,通常是滑子较长。为了抵消初级磁场对滑子的单边磁吸力,平板形直线异步电动机通常采用双边结构,即有两个初级将滑子夹在中间的结构形式,如图 6.41 所示。

如果把平板形直线电动机的初级和次级沿图 6.42 所示的箭头方向圈曲,就形成了管形直线电动机。

　　初级铁芯由硅钢片叠成，其表面的槽中嵌有三相绕组（有些是单相或两相绕组），滑子由整块钢板或铜板制成片状，其中也有嵌入导条的。

图 6.40　旋转电动机演变为直线电动机

图 6.41　双边结构的平板形直线异步电动机

图 6.42　管形直线异步电动机

6.4.2　直线电动机的工作原理

　　在普通鼠笼转子三相异步电动机的定子绕组中通入三相对称电流时，会在气隙中产生转速为 n_0 的旋转磁场，转子导条切割旋转磁场而在其闭合回路中生成电流，带电的转子在磁场作用下产生电磁转矩，使转子沿旋转磁场的转向以转速 n 旋转。改变三相电流的相序时，可以使旋转磁场及转子的旋转方向改变。

　　如图 6.43 所示，在直线异步电动机初级的三相绕组中通入三相对称电流时，其在气隙中产生的磁场也是运动的，只是沿直线方向移动，称之为移行磁场或行波磁场。滑子也会因此而沿移行磁场运动的方向移动，移行磁场及滑子的移动方向也由三相电流的相序决定。

图 6.43　直线异步电动机的工作原理

移行磁场的移行速度 v_1 应与旋转磁场沿定子内圆表面运动的线速度相等，表达式为

$$v_0 = \frac{n_0}{60} \cdot \pi D = \frac{1}{60} \cdot \frac{60 f_1}{p} \cdot \pi D = \frac{\pi D}{p} \cdot f_1 = 2\tau f_1 \tag{6.3}$$

式中：D 为旋转电动机定子内圆的直径；f_1 为电源的频率；P 为极对数；τ 为电机极距；v_0 的单位为(m/s)。

由式(6.3)可见，表明直线异步电动机的速度与电动机极距及电源频率成正比，因此，改变极距或电源频率的数值时，可以改变直线异步电动机移行磁场的移动速度，从而使次级(滑子)的移动速度改变。次级(滑子)的移动速度 v 可以表示为

$$v = (1-s)v_1 = 2\tau f(1-s) \tag{6.4}$$

式中，$s = \dfrac{v_0 - v}{v_0}$ 为直线异步电动机的滑差。

6.5　同步电动机

同步电动机属于交流电动机，定子绕组与异步电动机相同。它的转子旋转速度与定子绕组所产生的旋转磁场的速度是一样的，所以称为同步电动机。

6.5.1　同步电动机的分类与结构

1. 同步电动机的分类

同步电动机按其用途可分为同步电动机、同步调相机两种；按旋转方式可分为旋转电枢式和旋转磁极式两种；按转子的结构可分为凸极式和隐极式两种。

2. 同步电动机的特点

同步电动机的转速 n 与定子电源频率 f、磁极对数 p 之间应满足以 $n = n_0 = 60 f/p$，上式表明，当定子电流频率 f 不变时，同步电动机的转速为常数，在不超过其最大拖动能力时，转速 n 与负载大小无关，这是它的一大优点。另外，同步电动机的功率因数可以调节，当处于过励状态时，还可以改善电网的功率因数，这也是它的另一优点。

3. 同步电动机的结构

同步电动机有旋转电枢式和旋转磁极式两种。旋转电枢式应用在小容量电动机中，旋转磁极式用在大容量电动机中。图 6.44 所示为三相旋转磁极式同步电动机结构。从图中可以看出，同步电动机是由定子和转子两大部分组成。定子部分与三相异步电动机完全一样，是同步电动机的电枢。同步电动机转子上装有磁极，分为凸极式和隐极式两种。当在转子励磁绕组中通入直流电流 I_f 时，转子上产生 N、S 极。

(a) 隐极式　　　　　　　　　　　　　　　　　(b) 凸极式

图 6.44　旋转磁极式同步电动机结构

6.5.2　同步电动机的基本工作原理

1. 同步电动机的基本工作原理

如图 6.45 所示为同步电动机的工作原理图。当定子三相绕组通入三相交流电流时，在定子气隙中将产生旋转磁场。该磁场以同步转速 $n_0=60f/p$ 旋转，其转向取决于定子电流的相序。转子励磁绕组通入直流电流后，产生一个大小和极性都不变的恒定磁场，而且转子磁场的极数与定子旋转磁场相同。当同步电动机以某种方法启动后，根据异性磁极相互吸引的原理，转子磁极在定子旋转磁场的电磁吸引力作用下，产生电磁转矩，使转子跟随定子旋转磁场一起转动，将定子侧输入的交流电能转换为转子轴上输出的机械能。由于转子与旋转磁场的转速和转向相同，故称为同步电动机。

(a) 理想空载时　　　　　　　(b) 实际空载时　　　　　　　(c) 负载时

图 6.45　同步电动机工作原理图

在理想空载情况下，即 $T_0=0$ 时，由于 $T=T_0=0$，同步电动机转子的磁极轴线与旋转磁场轴线重合，$\theta=0°$ 如图 6.45(a) 所示，转子与定子旋转磁场完全同步；实际空载时，由于空载总存在阻力，因此转子的磁极轴线总要滞后旋转磁场轴线一个很小的角度 θ，促使转子产生一个切向力，产生电磁转矩 T，如图 6.45(b) 所示；负载时，定、转子磁场间的夹角 θ 增大，电磁场转矩 T 随之增大，如图 6.45(c) 所示。由于切向力产生电磁转矩 T 的作用，在实际空载和负载运行时，同步电动机仍能保持同步状态。

当负载转矩太大时，同步电动机定子的旋转磁场就无法拖动转子一起旋转，称为"失步"，此时电动机不能正常工作。

2. 同步电动机的基本方程式

根据电磁感应的原理，同步电动机运转时，转子励磁电流产生恒定的主极磁通，随着转子以同步转速旋转，该磁通切割定子绕组产生感应电动势 E_0。以隐极式同步电动机为例，根据图 6.46 给出的同步电动机定子绕组各电量的正方向，可列出 U 相回路的电压平衡方程式（忽略定子绕组电阻 R_a）为

$$\dot{U} = \dot{E}_0 + j\dot{I}X_c \tag{6.5}$$

式中，X_c 为电枢绕组的等效电抗，称同步电抗。

根据式(6.5)，并假设此时同步电动机的功率因数角 φ 为领先时的相量图，如图 6.47 所示。

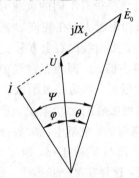

图 6.46　同步电动机的等效电路及各电量的正方向　　　图 6.47　同步电动机电动势相量图

3. 同步电动机的功率因数调节

1) 功率角 θ 特性

如图 6.47 所示，$\dot{U}$ 与 $\dot{E}_0$ 的夹角即为功率角 θ，当 θ 变化时，同步电动机的有功功率 P 也随之变化，我们把 $P = f(\theta)$ 的关系称为同步电动机的功率角特性，其数学表达式（隐极式）为

$$P = \frac{3E_0 U \sin\theta}{X_c} \tag{6.6}$$

电磁转矩 T 为

$$T = \frac{3E_0 U \sin\theta}{\omega_0 X_c} \tag{6.7}$$

同步电动机功率角和矩角特性曲线如图 6.48 所示。

图 6.48　同步电动机功率角及矩角特性曲线图

2）V 形曲线

同步电动机的 V 形曲线是指在电网恒定和电动机输出功率恒定的情况下，电枢电流和励磁电流之间的关系曲线，即 $I = f(I_f)$，如图 6.49 所示。

如果电网电压恒定，则 U 与 f 均保持不变。忽略励磁电流 I_f 改变时，引起的附加损耗的微小变化，则电动机的电磁功率 P 也保持不变，即

$$P = \frac{mUE_0 \sin\theta}{X_c} = mUI\cos\varphi \tag{6.8}$$

$$E_0\sin\theta = 常数 \qquad I\cos\varphi = 常数$$

图 6.49　同步电动机 V 型曲线

当电动机带有不同的负载时，对应有一组 V 形曲线。输出功率越大，在相同励磁电流条件下，定子电流增大，V 形曲线向右上方移。对应每条 V 形曲线定子电流最小值处，即为正常励磁状态，此时 $\cos\varphi = 1$。左边是欠励区，右边是过励区。并且欠励时，功率因数 $\cos\varphi$ 是滞后的，电枢电流为感性电流，从电网吸收的无功电流，产生的磁通增量弥补转子磁场的减小；过励时，功率因数 $\cos\varphi$ 是超前的，电枢电流为容性电流，产生的增量磁通是去磁的，以抵消转子磁场增加。

由于 P 与 E_0 成正比，所以当减小励磁电流时，它的过载能力也要降低，而对应功率角 θ 则增大，这样在某一负载下，励磁电流减少到一定值时，θ 就超过 90°，对隐极式同步电动机就不能同步运行。图 6.49 虚线表示了同步电动机不稳定运行的界限。

3）同步电动机的功率因数调节（同步调相机）

三相同步电动机 P 一定，调节 I_f 的大小时，会使转子磁场的大小产生变化。此时，为保持定、转子合成磁场不变，定子磁场必定要发生变化，因而会引起定子交流电流的大小和相位发生变化，而相位变化就起到调节同步电动机功率因数的作用。

改变励磁电流就可以调节同步电动机的功率因数，这是同步电动机很可贵的特性。由于电网上的负载多为异步电动机等感性负载，因此如果将运行在电网上的同步电动机工作在过励状态下，则除拖动生产机械外，还可用它吸收超前的无功电流去弥补异步电动机吸收的滞后无功电流，从而可以提高工厂或系统的总功率因数。所以为了改善电网的功率因数，现代同步电动机的额定功率因数一般均设计为 1~0.8（超前）。

如果将同步电动机接在电网上空载运行，专门用来调节电网的功率因数，则称之为同步调相机，或称同步补偿机。

6.5.3　同步电动机的启动、调速、反转与制动

1. 同步电动机的启动

同步电动机本身是没有启动转矩的，所以，当定子绕组通电以后，转子是不能自行启动的。这是因为同步电动机启动时，转子尚未转动，即转子转速 $n = 0$，转子绕组中通入直流励磁电流，产生一个静止不动的恒定磁场。此时，定、转子磁场之间存在着相对运动，两者相互作用的情况是一会儿产生吸引力，使转子逆时针方向旋转，如图 6.50(a) 所示；一会儿又产生排斥力，使转子顺时针方向旋转，如图 6.50(b) 所示。在定子旋转磁场旋转一周

内，定子旋转磁场与转子磁场的电磁吸引力所产生的转矩在一个周期内要改变两次方向，作用于转子的平均电磁转矩为零，因此，同步电动机不能自行启动，必须采取必要的启动措施。

(a) 前半周　　　　　　　　　　　(b) 后半周

图 6.50　同步电动机的启动

常用的启动方法有异步启动法、辅助电动机启动法和调频同步启动法三种，应用最多的是异步启动法。

为了实现同步电动机的异步启动，在转子磁极的极靴上装有类似于异步电动机的鼠笼绕组，也称启动绕组。同步电动机的启动绕组一般用铜条制成，两端用铜环短接。

异步启动控制线路如图 6.51 所示。启动时，先在转子励磁回路中串入一个 5～10 倍励磁绕组电阻的附加电阻，开关 S_2 合至位置 A，使转子励磁绕组构成闭合回路。然后，将定子电源开关 S_1 闭合，定子绕组通入三相交流电流产生旋转磁场，利用异步电动机的启动原理将转子启动。当转速上升到接近同步转速（$95\% \ n_0$）时，迅速将开关 S_2 由位置 A 合至位置 B 上，给转子的励磁绕组通入直流励磁电流，依靠定、转子磁极之间的吸引力产生同步转矩将转子牵入同步运行。

1—同步电动机；2—励磁绕组；3—鼠笼启动绕组

图 6.51　同步电动机异步启动控制线路

2. 同步电动机的调速

自控式同步电动机调速系统一般由三相同步电动机、变频器及磁极位置检测器和控制装置等构成。改变自控式同步电动机电枢电压即可调节其转速，并具有类似直流电动机的调速特性，但不像直流电动机那样需要换相器，所以也称无换相器电动机。

3. 同步电动机的反转与制动

同步电动机的反转与三相异步电动机反转的方法相同，只需将三相电源进线中的任意两相对调，定子的旋转磁场方向就会改变，同步电动机反转。同步电动机的制动均采用能耗制动。

6.5.4　微型同步电动机

在自动控制系统中，往往需要恒转速传动装置，要求电动机具有恒定不变的转速，即要求电动机的转速不随负载或电源电压的变化而改变。微型同步电动机就是具有这种特性的电动机。

微型同步电动机的定子结构都是相同的，或者是三相绕组通入三相交流电流，或者是两相绕组通入两相电流（包括单相电源经电容分相），主要作用都是为了产生一个旋转磁场。根据转子的结构型式不同，微型同步电动机主要分为永磁式微型同步电动机、反应式微型同步电动机和磁滞式微型同步电动机。

微型同步电动机转子上无励磁绕组，也不需电刷和滑环，因而结构简单、运行可靠、维护方便。功率从零点几瓦到数百瓦，广泛应用于需要恒速运行的自动控制装置、遥控、无线通讯、有声电影、磁带录音及同步随动系统中。

1. 永磁式同步电动机

1）永磁式同步电动机的结构

永磁式微型同步电动机的定子与异步电动机的定子完全相同，有两相和单相罩极式绕组，通入交流电后产生旋转磁场，转速为 n_0。

永磁式微型同步电动机的转子是由永久磁钢制成的，可以是两极，也可以是多极的，N、S 极沿圆周方向交替排列，图 6.52(a)所示为四极转子，6.52(b)为二极转子。转子上装有鼠笼绕组，作为启动绕组。转子极数必须与定子绕组产生的旋转磁场的极数相等。

永磁式微型同步电动机的工作原理比较简单，现以两极永磁式微型同步电动机为例说明。

1—永久磁铁；2—启动绕组

图 6.52　永磁式微型同步电动机转子形式

2）永磁式微型同步电动机的工作原理

图 6.53 所示是具有两个永久磁极的转子。当同步电动机的定子接入交流电源后，产生一个旋转磁场，旋转磁场用一对旋转磁极表示。当定子旋转磁场以转速 n_0 沿图示方向旋转

时，转子笼形绕组上产生异步启动转矩，驱动转子启动。当转子加速到接近同步之后，异步转矩同定子磁场与永久磁场产生的同步转矩共同将转子牵入同步，即根据 N 极与 S 极相互吸引的原理，定子旋转磁极与转子永久磁极紧紧吸住，带着转子一起旋转。由于转子靠旋转磁场拖动旋转，所以转子的转速与定子磁场的转速相等，为同步转速 n_0。当转子上负载转矩增大时，定子磁极轴线与转子磁极轴线间的夹角 δ 就会相应增大，负载转矩减小时夹角 δ 又会减小，两对磁极间的磁力线如同弹性的橡皮筋一样。尽管负载变化时，定、转子磁极轴线之间的夹角会变大或变小，但只要负载不超过一定的限度，转子就始终跟着定子旋转磁场以同步转速旋转，即转子转速为 n_0。

应当注意，永磁式电动机启动比较困难。主要原因是刚启动时，虽然合上了电源，电动机内产生了同步转速的旋转磁场，但转子还是静止的，转子由于惯性的作用而跟不上定子旋转磁场的转速。因此定、转子磁场之间存在着相对运动，转子受到的平均转矩为零，所以永磁式微型同步电动机不能自行启动。

为了使永磁式同步电动机能够自己启动，除了转子本身惯性很小、极数较多的低速永磁式同步电动机外，一般的永磁电动机都需附加启动装置。一种是转子上附加笼型绕组，如图 6.52 所示，另一种是转子上附加磁性材料环帮助启动，这种同步电动机称为磁滞启动永磁式同步电动机，如图 6.54 所示。

　　　图6.53　永磁式微型同步电动机工作原理图　　　　图 6.54　具有磁性材料环转子

永磁同步电动机功率因数和效率较高，有效材料利用率高，与同体积的其他类同步电动机相比，出力大、体积小、耗电少。随着高性能低价格永磁材料的出现，永磁式同步电动机的应用范围更加扩大。目前功率从几瓦到几百瓦，甚至几千瓦的永磁同步电动机在各种自动控制系统中得到广泛应用。但是永磁同步电动机除多极、小转动惯量的电动机外，无自启动能力，且不能在异步状态下运行，这些不及磁滞式同步电动机，与反应式同步电动机相比，结构复杂、成本较高。

2. 反应式同步电动机

1）反应式微型同步电动机的结构

反应式同步电动机就是没有直流励磁的凸极式同步电动机。其定子与一般同步电动机或异步电动机相同，在定子槽内嵌放两相或三相对称绕组，也可能是单相罩极式绕组。转子结构形式是多种多样的，图 6.55 所示是几种常见的形式，其中图 6.55(a) 和 6.55(b) 称为凸极鼠笼转子，这种转子与一般鼠笼异步电动机的差别仅在于具有与定子极数相等的凸极，以形成直轴与交轴磁阻不等。图 6.55(c)转子结构除了具有凸极以外，在转子铁芯中还设置了隔离槽(内反应槽)并相应增大凸极极弧。这样一来，可以加大转子直轴和交轴磁阻差，提高电动机出力。

1—鼠笼条；2—转子铁芯

图 6.55　反应式同步电动机转子

2) 反应式微型同步电动机的工作原理

现以简单模型说明反应式同步电动机的工作原理，如图 6.56 所示。定子旋转磁场用一对磁极来表示。如图 6.56(a)所示，一个圆柱形隐极转子，定、转子之间的气隙是均匀的，无论直轴和旋转磁场的轴线相差多少度，磁通(磁力线)都不会发生扭斜，也就不能产生切线方向的电磁力和电磁转矩，转子不能转动。

图 6.56　反应式同步电动机运行模型

图 6.56(b)～(e)所示为实际反应式同步电动机的运行原理模型图，图中外面的磁极表示定子绕组产生的两极旋转磁场，中间是一个凸极转子，凸极转子可以看成具有两个方向，一个是顺着凸极轴线的方向，称为直轴方向；另一个与凸极轴线正交的方向，称为交轴方向。显然，当旋转磁场轴线与转子直轴方向一致时，磁通通过路径的磁阻最小，与转子交轴方向一致时，磁阻最大，其他位置的磁阻介于二者之间。

反应式同步电动机空载时，定子旋转磁场的轴线与转子直轴轴线重合，磁力线不发生扭斜，忽略空载损耗，就不能产生切线方向的电磁力，电磁转矩 $T=0$，如图 6.56(b)所示。

当电动机转轴上加上机械负载时，由于转矩不平衡，转子发生瞬时减速，转子的直轴将落后旋转磁场的磁极轴线一个 δ 角。当 $\delta = 45°$ 时，由于磁力线力求沿磁阻最小的路径，即沿转子的直轴方向通过转子，因而被迫变弯，引起磁场发生扭斜，磁力线被拉长。被拉长磁力线，力图使转子转动，从而使磁路的磁阻降低，由此产生与定子磁场转向相同方向的电磁力，形成电磁转矩，即反应式转矩，与负载转矩相平衡，转子直轴与旋转磁场轴线保持这一角度，以和定子旋转磁场相同的同步转速同向旋转，如图 6.56(c)所示。

如果再增大负载，则 δ 角继续增大，则由于有部分磁力线开始直接沿转子交轴方向通过转子，使磁场的畸变开始减少，切向的电磁力及其形成的磁阻转矩也逐渐减小。当转子偏转角 90°时，全部磁力线都沿转子交轴方向通过转子，磁力线未被扭斜，没有切向的电磁力，电磁转矩 $T=0$，如图 6.56(d)所示。

当 $\delta > 90°$ 时，电磁转矩改变方向，为负值，如图 6.56(e)所示。；当 $\delta = 180°$ 时，电磁转矩又变为 $T=0$。

反应式同步电动机的最大电磁转矩发生在 $\delta = 45°$ 时，与永磁式同步电动机一样，只要负载转矩不超过最大电磁转矩，反应式同步电动机的转子始终跟着旋转磁场以同步转速旋转。如果负载转矩大于最大同步转矩，即当 $\delta > 45°$ 时，电动机"失步"，进入异步运行状态，甚至停转。

如果不计磁路饱和的影响，电动机的直轴同步电抗 X_d 和交轴同步增长电抗 X_q 皆为常数。X_d/X_q 的数值越大，则最大同步转矩 T_m 越大。因此反应式同步电动机采取一些措施增大 X_d 和 X_q 的差别，可以显著地增大电磁转矩的值。目前可以做到 $X_d/X_q = 5:1$。例如反应式同步电动机的转子采用非磁性材料(铝或铜)和钢片镶嵌的结构，如图 6.57 所示。其中铝或铜部分可以起到笼型绕组的作用使电动机启动。正常运行时，气隙磁场基本上只能沿钢片引导的方向进入直轴磁路使磁场显著扭斜，其对应的电抗为直轴电抗；而交轴磁路由于多次跨跃非磁性材料铝或铜的区域，磁阻很大，对应的交轴电抗很小。

从以上分析可知，产生反应转矩必须具备的条件是转子上正交的两个方向应具有不同的磁阻。如果转子是一个光滑的圆柱形转子，各个方向的磁阻一样，当旋转磁场旋转时，磁力线不发生歪扭，就不会产生反应转矩，电动机就不能转动。反应式同步电动机磁阻转矩也是一种同步转矩，只能用于牵入，不能用来启动。与永磁式同步电动机一样，反应式同步电动机的启动也是比较困难的，需有启动措施，通常也在转子上装设供异步启动的笼形绕组作为启动绕组，如图 6.57 所示，同时也起到抑制同步电动机振荡的作用。反应式同步电动机结构简单、运行成本低廉、运行可靠，但功率因数低，不能自启动。在自动及遥控装置、同步联络装置、录音传真及钟表工业中广泛应用。反应式同步电机可以是单相或三相，功率从几瓦到几百瓦。

（a）一对极　　　　　　　　　（b）二对极

图 6.57　反应式同步电动机的转子结构

本章实验实训

1. 实验目的

用实验方法测定单相电容启动异步电动机的技术指标和参数。

2. 实验设备

单相电容启动异步电动机实验设备如表 6.1 所示。

表 6.1　单相电容启动异步电动机实验设备

序号	型号	名　称	数量
1	DD03	导轨、测速发电机及转速表	1 件
2	DJ23	校正直流测功机	1 件
3	DJ19	单相电容启动异步电动机	1 件
4	D32	交流电流表	1 件
5	D33	交流电压表	1 件
6	D34-3	单三相智能功率、功率因数表	1 件
7	D31	直流电压、毫安、安培表	1 件
8	D44	可调电阻器、电容器	1 件
9	D42	三相可调电阻器	1 件

DJ19 单相电容启动电机额定参数：$P_N = 90$ W，$U_N = 220$ V，$I_N = 1.54$ A，$n_N = 1400$ r/min。

3. 实训内容

（1）测量定子主、副绕组的实际冷态电阻。

（2）空载实验。

单相电容启动异步电动机接线图如图 6.58 所示。

调节调压器让单相电容异步电动机降压空载启动，在额定电压下空载运转几分钟使电动机机械损耗达到稳定。

图 6.58　单相电容启动异步电动机接线图

从额定电压开始逐步降低直至可能达到的最低电压值，即功率和电流出现回升为止，其间测取电压 U_0、电流 I_0、功率 P_0、功率因数 $\cos\varphi_0$ 数据 7 组记录于表 6.2 中。

表 6.2　单相异步电动机空载试验数据

序号	1	2	3	4	5	6	7
U_0/V							
I_0/A							
P_0/W							
$\cos\varphi_0$							

（3）短路实验。

短路实验接线图如图 6.58 所示。在短路实验时，单相异步电动机轴用弹簧秤固定不让转动。然后合上交流电源，逐渐升高电压，直到短路电流接近于 1.2 倍额定电流为止（$I_\mathrm{N} = 1.45\ \mathrm{A}$），共测取 U_K、I_K、F、T_K 等 7 组数据并记录于表 6.3 中。

注意：测取每组数据时，通电时间不应超过 5 s，以免绕组过热。

表 6.3　单相异步电动机短路试验数据

序号	1	2	3	4	5	6	7
U_K/V							
I_K/A							
F/N							
$T_\mathrm{K}/(\mathrm{N\cdot m})$							

（4）转子绕组等值电阻的测定。

将单相异步电动机 M 的副绕组脱开，主绕组加低电压使绕组中的电流等于额定值，测取电压 $U_{\mathrm{K}0}$、电流 $I_{\mathrm{K}0}$ 及功率 $P_{\mathrm{K}0}$ 和电阻 R_2。记录于表 6.4 中。

表 6.4　单相异步电动机转子电阻计算数据

$U_{\mathrm{K}0}/\mathrm{V}$	$I_{\mathrm{K}0}/\mathrm{A}$	$P_{\mathrm{K}0}/\mathrm{W}$	R_2/Ω

（5）负载实验。

单相异步电动机负载实验接线图如图 6.59 所示。

电动机 M 和校正直流测功机 MG 同轴连接（MG 作为发电机接线，作为单相异步电动机 M 的负载）。

空载启动异步电动机 M（即发电机励磁回路断开），调节和保持交流电源电压为单相异步电动机 M 的额定电压 220 V。接通校正直流电动机的励磁电源，调节电阻 R_f 让励磁电流保持额定（I_{FN}<0.16 A），调节 MG 的负载电阻 R_1 从而改变负载电流 I_f 大小，在电动机 1～0.25 倍额定功率范围内，测取单相异步电动机 M 的定子电流 I、输入功率 P_1、直流测功机 MG 的负载电流 I_f 及转速 n 等。共测取 7 组数据记录于表 6.5 中（T_2 查对应转矩得到）。

图 6.59　单相异步电动机负载实验接线图

表 6.5　单相异步电动机负载实验数据

序号	1	2	3	4	5	6	7
I/A							
P_1/W							
I_f/A							
$n/(\text{r/min})$							
$T_2/(\text{N} \cdot \text{m})$							
P_2/W							
$\cos\varphi$							
$s/(\%)$							
$\eta/(\%)$							

4. 实训报告

（1）由实验数据计算出单相电容启动异步电动机参数。

（2）由负载实验数据计算出单相电容启动异步电动机工作特性：P_1、I_1、η、$\cos\varphi$、$s = f(P_2)$。

（3）算出单相电容启动异步电动机启动技术数据。

（4）确定电容参数。

本 章 小 结

1. 直流电动机由转子和定子组成。定子主要由主磁极、换向极、机座和电刷装置组成。它的主要作用是建立主磁场；转子部分包括电枢铁芯、电枢绕组、换向器、转轴和轴承等，它的主要作用是产生电磁转矩实现能量转换。

2. 励磁方式是指励磁绕组中励磁电流获得的方式。直流电动机按励磁方式不同可分为他励、并励、串励和复励。

3. 直流电动机的启动方式有：全压启动、电枢回路串电阻启动和降压启动。

4. 直流电动电气调速方法有：电枢回路串电阻调速、改变电枢端电压调速、减弱磁通调速。

5. 直流电动机电气制动的方法有：能耗制动、反接制动和回馈制动。

6. 单相异步电动机是接单相交流电源运行的异步电动机。单相异步电动机采用普通笼型转子。单相异步电动机启动转矩为零，为了获得启动转矩，在定子上安装有两相绕组，在空间上互差 90° 电角度，一相为主绕组，又称运行绕组；另一相为副绕组，又称启动绕组。一相单独通入交流电流时，产生的磁场为脉冲磁场。两相绕组同时通入相位不同的交流电流时，在电动机中产生椭圆旋转磁场，特殊情况下可为圆形旋转磁场。根据所采取的启动方法不同，单相异步电动机可分为分相电动机和罩极电动机。

7. 步进电动机是将控制脉冲信号变换为角位移或直线位移的特殊电动机。步进电动机不能直接使用通常的直流或交流电源来驱动，而是需要使用专门的步进电动机驱动器。按转矩产生的原理，步进电动机可分为反应式步进电动机、激磁式步进电动机（又分为电磁式与永磁式）和混合式步进电动机。

8. 伺服电动机又被称为执行电动机，在自动控制系统中作为执行元件，将输入的电压信号变换成转轴的角位移或角速度以控制受控对象。伺服电动机可分为交流伺服电动机和直流伺服电动机两类。直流伺服电动机按其结构原理不同可分为传统型和低惯量型两大类。

9. 直线电动机将电能转换成直线运动的机械能的一种电动机。按照工作原理来区分，可分为直线感应电动机、直线直流电动机和直线同步电动机（包括直线步进电动机）三种。直线异步电动机有平板形、管形等结构型式。

10. 同步电动机属于交流电动机，定子绕组与异步电动机相同。它的转子旋转速度与定子绕组所产生的旋转磁场的速度是一样的，所以称为同步电动机。同步电动机按其用途可分为同步电动机、同步调相机两种；按旋转方式可分为旋转电枢式和旋转磁极式两种；按转子的结构可分为凸极式和隐极式两种。

练　习　题

一、选择题

1. 单相交流电通入单相绕组产生的磁场是(　　)。

 A. 旋转磁场   B. 恒定磁场   C. 脉动磁场

2. 电容如果串入单相异步电动机工作绕组中会发生的现象是(　　)。

 A. 电动机反转   B. 电动机立即烧掉   C. 电动机正常运行

 D. 电动机转向不变，但转速增大

3. 改变单相电容启动式异步电动机的转向，只要将(　　)。

 A. 主、副绕组对换

 B. 主、副绕组中任意一组首尾端对调

 C. 电源的"相"线与"零"线对调

4. 单相罩极异步电动机的转动方向(　　)。

 A. 总是由磁极的未罩部分转向被罩部分

 B. 总是由磁极的被罩部分转向未罩部分

 C. 决定于定子绕组首、尾端的接线关系

5. 从步进电动机脉冲源中输出脉冲电压的频率决定该电动机转子的(　　)。

 A. 角位移   B. 角速度   C. 角加速度   D. 转向

6. 从结构上看，交流伺服电动机与单相异步电动机相比具有(　　)特点。

 A. 小惯量的空心杯转子   B. 小惯量的细长转子

 C. 转子电阻大和转动惯量小   D. 空心杯转子

7. 某五相步进电动机在脉冲电源频率为 2400 Hz 时，转速为 1200 r/min，则可知此时步进电动机的步距角为(　　)。

 A. 1.5°   B. 3°   C. 6°   D. 4°

8. 将电脉冲信号转换成相应角位移的控制电机是(　　)。

 A. 测速发电机 B. 旋转变压器 C. 自整角机 D. 步进电动机

9. 有一台八极交流伺服电动机，旋转磁场的转速为 6000 r/min，则其电源频率为(　　)。

 A. 100 Hz   B. 200 Hz   C. 300 Hz   D. 400 Hz

10. 采用双拍制的步进电动机步距角与采用单拍制相比(　　)。

 A. 减小一半 B. 相同 C. 增大一半 D. 增大一倍

二、问答题

1. 单相异步电动机工作原理是什么？

2. 如何用万用表来判别吊扇电动机的工作绕组和启动绕组？

3. 改变单相异步电动机的转向有几种方法？分别是如何实现的？

4. 在单相异步电动机达到额定转速时，离心开关不能断开，会有什么后果？

5. 步进电动机的运行特性与输入脉冲频率有什么关系？

6. 步进电动机的步矩角的含义是什么？一台步进电动机可以有两个步距角，例如：3°/1.5°，这是什么意思？什么是单三拍、单双六拍和双三拍？

7. 何为"自转"现象？交流伺服电动机是怎样克服这一现象，当控制信号消失时能迅速停止吗？

8. 交流伺服电动机有哪几种控制方式？并分别加以简单说明。

9. 简述直线异步电动机的工作原理。如何改变它的运动方向？

10. 永磁式同步电动机能否自行启动，为什么？

三、计算题

1. 一台五相反应式步进电动机，采用五相十拍运行方式时，步距角为 $\theta_b = 1.5°$，若脉冲电源的频率 $f = 3000$ Hz，试问转速是多少？

2. 一台三相反应式步进电动机，转子的齿数为 50，试求各种运行方式的步距角。

3. 有一台直流伺服电动机，额定电压 $U_{cN} = U_{fN} = 24$ V，额定电流 $I_{cN} = 0.55$ A，空载转矩 $T_0 = 0.0003$ N·m，额定输出转矩 $T_{2N} = 0.0167$ N·m，额定转速 $n_N = 3000$ r/min。求 19.2 V 时的启动转矩 T_s。

4. 有一台交流伺服电动机，若加上额定电压，电源频率为 50 Hz，极对数 $p = 1$，试问它的理想空载转速是多少？

5. 一台直线异步电动机，初级固定，次级运动，极距 $\tau = 6$ cm，电源频率 50 Hz，额定运行时的转差率 $s = 0.01$，试求：(1) 电动机的同步速度 v_1。(2) 次级移动速度 v。

第7章 电力拖动系统中电动机的选择和维护

在电力拖动系统中，正确选择拖动生产机械的电动机和正确使用与维护电动机是系统安全、经济、可靠和合理运行的重要保证。本章主要介绍电力拖动系统中电动机的选择和维护知识。

7.1 电力拖动系统中电动机的选择

在电力拖动系统中，选择电动机应遵循以下基本原则：

(1) 电动机能够完全满足生产机械在机械特性方面的要求。如速度、速度的稳定性、速度的调节以及启动、制动时间等。

(2) 电动机在工作过程中，其功率能被充分利用。防止出现"大马拉小车"的现象。即温升应达到国家标准规定的数值。

(3) 电动机的结构形式应适合周围环境的条件。如根据使用场合的环境条件选用相适应的防护方式及冷却方式的电动机。

(4) 所选择的电动机的可靠性高并且便于维护。互换性能要好，一般情况尽量选择标准电动机产品。

电动机的选择主要包括电动机的额定功率(即额定容量)、额定电压、额定转速、电动机的种类和电动机的结构形式。其中以电动机额定功率的选择最为重要。

7.1.1 电动机的发热和冷却

电动机在工作时，$\eta < 1$，即存在损耗，其功率损耗为 ΔP，ΔP 变成热能，一方面使电动机本身温度升高，同时，在电动机温度高出周围环境温度时要散出热量。

电动机温度超出环境温度的数值称为温升，用 τ 表示，有温升就要散热，温升 τ 越高，散热越快。当电动机单位时间发出的热量等于散出的热量时，电动机的温度不再增加，电动机达到稳定温升，电动机处于发热和散热平衡状态。

电动机从开始发热到热平衡状态的过程称为发热的过渡过程，在此过程中，电动机的温升 τ 随时间 t 的变化规律，即温升 τ 的瞬态过程表达式，经推导可得

$$\tau = \tau_0 e^{-\frac{t}{T}} + \tau_s(1 - e^{-\frac{t}{T}}) \tag{7.1}$$

式中，τ_0、τ_s 分别为电动机发热过程的起始温升和稳定温升；T 为电动机的发热时间常数。若发热过程开始时，电动机的温度与周围介质温度相等，则 $\tau_0 = 0$ 时，这时的温升表达式为

$$\tau = \tau_s(1 - e^{-\frac{t}{T}}) \tag{7.2}$$

式(7.1)和式(7.2)对应的温升曲线如图 7.1(a)所示。

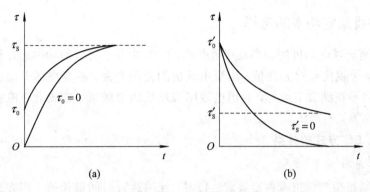

图 7.1　电动机发热和冷却过程的温升曲线

电动机的温升是按指数规律变化的，温升变化的快慢与时间常数 T 有关，理论上，$t \to \infty$ 时才能达到稳定温升 τ_{S}，实际上当 $t \to (3 \sim 4)T$ 时已接近 τ_{S}。对于小容量电动机，$T = 2 \sim 3 \text{ min}$；对于大容量电动机，$T = 2 \sim 3 \text{ h}$。

由图 7.1(a)可以发现温升的规律，电动机在刚开始工作时，温升很小，损耗变成的发热量大部分被电动机吸收，电动机温度上升很快；随着温升的增加，散热量增加，而电动机产生的热量因负载不变而不变，则电动机吸收的热量不断减小，温升曲线趋于平缓；最后，当发热量与散热量相等时，电动机的温升不再升高而达到稳定值。

当电动机的负载减小或电动机断电停止工作时，电动机的温度便开始下降，冷却过程开始。冷却过程的温升曲线与发热过程在形式上是相同的，可以表示为

$$\tau = \tau_0' \mathrm{e}^{-\frac{t}{T'}} + \tau_{\mathrm{S}}'(1 - \mathrm{e}^{-\frac{t}{T'}}) \tag{7.3}$$

式中，τ_0' 为冷却开始时的温升；τ_{S}' 为冷却后的稳定温升，显然，$\tau_0' > \tau_{\mathrm{S}}'$；$T'$ 为冷却时间常数，一般 $T' > T$。

当电动机断电时，电动机不再发热，于是 $\tau_{\mathrm{S}}' = 0$，式(7.3)变为

$$\tau = \tau_0' \mathrm{e}^{-\frac{t}{T'}} \tag{7.4}$$

式(7.3)和式(7.4)对应的温升曲线如图 7.1(b)所示。显然，冷却过程变化曲线也呈指数规律。

电动机运行时，若其实际的最高温度等于允许的最高温度，则这时的输出功率就是电动机允许的输出功率，额定功率就是以此为依据确定的。电动机允许的最高温度主要取决于绝缘材料，因为它是电动机中耐热能力最差的。电动机所用的绝缘材料按允许的最高温度可分为如表 7.1 所示的几个等级。电动机所用的绝缘材料的等级在电动机铭牌上都会给出。

表 7.1　电动机的绝缘等级

绝缘等级	A	E	B	F	H	C
允许最高温度/℃	105	120	130	155	180	≥180

额定功率、额定电压和额定转速相同的电动机采用的绝缘材料等级越高，允许的最高温度越高，电动机的体积就越小。因而目前的发展趋势是采用 F 级和 H 级绝缘材料。

电动机选用的绝缘材料一定，电动机允许的最高温度就一定，但周围环境温度是变化的，电动机允许输出的功率就不同。国家标准规定，海拔 1000 m 以下时，额定环境温度为 40 ℃。电动机允许的最高温度减去额定环境温度为额定温升 τ_{N}。电动机的额定功率就是温升达到额定温升时的输出功率。

7.1.2　电动机额定功率的选择

正确合理地选择电动机的功率是很重要的。因为如果电动机的功率选择得过小，电动机将过载运行，使温度超过允许值，缩短电动机的使用寿命，甚至烧坏电动机；如果选得过大，电动机将不在满载下运行，其用电效率和功率因数较低，造成电力浪费，且设备投资大，运行费用高，不经济。

1. 电动机工作方式的分类

1）连续工作制

连续工作制是指电动机带额定负载运行时，连续运行时间很长的工作方式。连续工作制的电动机使用很广泛，一般在铭牌上标注 S1 或不标明工作制。

2）短时工作制

短时工作制是指电动机带额定负载运行时，运行时间很短，停机时间很长的工作方式。短时工作制的电动机在铭牌上标注 S2，我国的短时工作制电动机的运行时间有 15 min、30 min、60 min、90 min 四种定额。

3）断续周期工作制

断续周期工作制也叫周期断续工作制或重复短时工作制，是指电动机带额定负载运行时，运行时间很短，停止时间也很短，工作周期小于 10 min 的工作方式。断续周期工作制的电动机在铭牌上标注 S3。要求频繁启动、制动的电动机常采用断续周期工作制电动机，如拖动电梯、起重机的电动机等。

以上三种工作制是基本工作制，还有六种特殊工作制，它们是：

（1）包括启动的断续周期工作制（S4 工作制）。

（2）包括电制动的断续周期工作制（S5 工作制）。

（3）连续周期工作制（S6 工作制）。

（4）包括电制动的连续周期工作制（S7 工作制）。

（5）包括变速变负载的连续周期工作制（S8 工作制）。

（6）负载和转速非周期变化工作制（S9 工作制）。

在断续周期工作制中，电动机的负载运行时间 t_W 与整个工作周期 $t_W + t_S$ 的百分比称为负载持续率 FC

$$FC = \frac{t_W}{t_W + t_S} \tag{7.5}$$

式中，t_W 为电动机的负载运行时间；t_S 为电动机的负载停止时间；FC 为负载持续率。国家标准规定的标准负载持续率有 15%、25%、40% 和 60% 四种，而且一个周期不得超过 10 min，即 $t_W + t_S \leqslant 10$ min。

一般 $FC \leqslant 10\%$，按 S2 短时工作制选择电动机；$10\% \leqslant FC \leqslant 70\%$，按 S3 断续周期工作制选择电动机；$FC \geqslant 70\%$，按 S1 连续工作制选择电动机。

2. 电动机额定功率的选择

电动机额定功率（容量）的选择步骤是：

第一步：计算负载功率 P_L；

第二步：预选电动机的额定功率 P_N；

第三步：进行发热、过载能力和启动能力校验，直至合适为止。

1）连续工作制电动机额定功率的选择

（1）恒定负载下电动机额定功率的选择。这类生产机械电动机功率的选择较为简单，根据负载的功率，在产品目录中选一台额定功率等于或略大于负载功率，且转速合适的电动机即可。即 $P_N \geqslant P_L$。

$$P_L = \frac{P_m}{\eta_w \eta_t} \qquad (7.6)$$

式中，P_m 为生产机械的输出功率；η_m 为生产机械的效率；η_t 为电动机与生产机械之间传动机构的效率。

（2）周期性变化负载下电动机额定功率的选择。电动机在变动负载下运行，其输出的功率不断地变化，电动机内部的损耗及温升也在不断地变化。在这种情况下，如按最大负载功率选择电动机功率，电动机将不能充分利用；而按最小负载功率选择电动机功率，电动机要过载，会引起电动机温升过高。因此，变化负载下电动机额定功率的选择要复杂些，一般按下列步骤进行：预选电动机额定功率（$P_N \geqslant 1.1 \sim 1.6 P_{平均}$）；电动机发热的校验；电动机过载能力和启动能力的校验 。

例 7.1　有一台由电动机直接拖动的离心水泵，流量 $Q = 0.04$ m³/s，扬程 $h = 8$ m，效率 $\eta_m = 0.58$，转速 $n = 1440$ r/min。试选择电动机的额定功率。

解：（1）该电动机属于恒定负载连续运行工作方式，故选择工作制为 S1 的电动机。

（2）由水泵设计手册查得

$$P_m = \frac{Q \rho h}{102}$$

水的比重 $\rho = 1000$ kg/m³。

$$P_m = \frac{Q \rho h}{102} = \frac{0.04 \times 1000 \times 8}{102} = 3.14 \text{（kW）}$$

对于直接传动 $\eta_t = 1$，故

$$P_L = \frac{P_m}{\eta_w \eta_t} = \frac{3.14}{0.58} = 5.41 \text{（kW）}$$

（3）选择 $P_N \geqslant P_L$ 的电动机。例如选择 $P_N = 5.5$ kW，$n_N = 1440$ r/min 的 Y 系列三相笼型异步电动机。

（4）进行启动能力校验。水泵为通风机负载特性类的生产机械，启动能力不会有问题，即可直接启动。

例 7.2　某生产机械拟用一台转速为 1000 r/min 左右的笼型三相异步电动机拖动。负载曲线如图所示。其中，$P_{L1} = 18$ kW，$t_1 = 40$ s，$P_{L2} = 24$ kW，$t_2 = 80$ s，$P_{L3} = 14$ kW，$t_3 = 60$ s，$P_{L4} = 16$ kW，$t_4 = 70$ s。启动时的负载转矩 $T_{Lst} = 300$ N·m，采用直接启动，启动电流的影响可不考虑。试选择电动机的额定功率。

解：（1）平均负载功率

$$P_L = \frac{P_{L1} t_1 + P_{L2} t_2 + P_{L3} t_3 + P_{L4} t_4}{t_1 + t_2 + t_3 + t_4}$$

$$= \frac{18 \times 40 + 24 \times 80 + 14 \times 60 + 16 \times 70}{40 + 80 + 60 + 70} = 18.4 \text{（kW）}$$

（2）预选 Y200L$_2$—6 型三相异步电动机，该电动机的 $P_N=22$ kW，$n_N=970$ r/min，$\lambda_{st}=1.8$，$\lambda_T=2.0$。

（3）进行发热校验（用等效功率法）。

$$P_L=\sqrt{\frac{P_{L1}^2 t_1+P_{L2}^2 t_2+P_{L3}^2 t_3+P_{L4}^2 t_4}{t_1+t_2+t_3+t_4}}$$

$$=\sqrt{\frac{18^2\times40+24^2\times80+14^2\times60+16^2\times70}{40+80+60+70}}=18.84\ (kW)$$

由于 $P_L<P_N$，发热校验合格。

（4）校验过载能力。由于 n 基本不变，$P\propto T$，因此直接用 P_M 校验。

因为 $P_M=\lambda_T P_N=2\times22=44$ kW

$$P_{Lmax}=24\ kW$$

所以 $P_M>P_{Lmax}$，过载能力合格。

（5）校验启动能力。

$$T_N=9550\frac{P_N}{n_N}=9550\times\frac{22}{970}=216.7\ (N\cdot m)$$

$$T_{st}=\lambda_{st}T_N=2\times216.7=433.4(N\cdot m)>T_{Lst}=300\ (N\cdot m)$$

所以可以直接启动。

2）短时工作制下电动机功率的选择

短时工作制的负载，应选用专用的短时工作制电动机。在没有专用电动机的情况下，也可以选用连续工作制的电动机。

（1）直接选用短时工作制电动机。电动机制造厂专门为短时工作制的生产机械设计制造了短时工作制电动机，其时间规格有 15 min、30 min、60 min、90 min 四种。当工作时间接近上述标准时间时，可以按生产机械的功率、工作时间及转速的要求，由产品目录上直接选取。

（2）选用连续工作制电动机。由于短时工作制的电动机的生产很少，实践中常选用连续工作制的电动机来代替短时工作制的电动机工作。如果选择连续工作制的电动机，则电动机在发热上没有被充分利用；为此，可选择一台功率较小的电动机，让电动机在工作时间内短时过载运行，此时电动机功率的选择依据为：在短时工作时间内，电动机过载运行所达到的温升恰好等于电动机所允许的最高温升。

3）断续周期工作制下电动机功率的选择

这种工作方式的电动机的工作与停止交替进行。工作时温升未到稳定值，停止时温度也来不及降到周围温度。

断续周期工作制下电动机的标准负载持续率 FC 有 15%、25%、40%、60% 四种。同一台电动机，在不同 FC 下，其额定输出功率不同，$FC\%$ 越小，额定功率就越大，即 $P15\%>P25\%>P40\%>P60\%$

断续周期工作制电动机功率选择的步骤与连续工作制变动负载下的功率选择是相似的，要经过预选电动机和校验等步骤。

（1）选择标准负载持续率 FC_N 与实际负载持续率 FC 相同或相近的工作制的电动机。

（2）求出电动机的负载功率，将负载功率 P_L 换算成标准负载持续率时的负载功率

P_{LN}。在 FC_N 与 FC 相近时，换成公式为

$$P_{LN} = P_L \sqrt{\frac{FC}{FC_N}} \tag{7.7}$$

（3）选择额定功率 $P_N \geqslant P_{LN}$ 的电动机。

（4）校验启动能力。

注意： 当负载持续率 $FC \leqslant 10\%$ 时，应按短期工作制选择；当负载持续率 $FC \geqslant 70\%$ 时，可按长期工作制选择。

例 7.3 有一断续周期工作的生产机械，运行时间 $t_w = 90$ s，停机时间 $t_s = 240$ s，需要转速 $n = 700$ r/min 左右的三相异步绕线型异步电动机拖动，电动机的负载转矩 $T_L = 275$ N·m，试选择电动机的额定功率。

解：（1）求出电动机的实际负载持续率：

$$FC = \frac{t_w}{t_w + t_s} \times 100\% = \frac{90}{90 + 240} \times 100\% = 27.27\%$$

（2）选择标准负载持续率 $FC_N = 25\%$ 的 S3 工作制电动机，求出电动机的负载功率：

$$P_L = \frac{2\pi}{60} T_L n = \frac{2 \times 3.14}{60} \times 275 \times 700 = 20.15 \text{（W）}$$

（3）换算到标准负载持续率时的负载功率：

$$P_{LN} = P_L \sqrt{\frac{FC}{FC_N}} = \sqrt{\frac{0.2727}{0.25}} = 21 \text{（kW）}$$

选择额定功率 $P_N \geqslant 21$ kW 的标准负载持续率为 25% 的断续周期工作制电动机。

7.1.3　电动机其他项目的选择

1. 电动机额定电压选择

电动机额定电压选择的原则应与供电电网或电源电压一致。否则，若低于供电电源电压，电动机将由于电流过大而被烧毁；若高于供电电源电压可能因电压过低不能启动，或虽能启动但因电流过大而减少使用寿命甚至烧毁。

一般工厂企业低压电网为 380 V。中小型异步电动机都是低压的，额定电压为 380/220 V（Y/△接法），或 220/380 V（△/Y 接法）及 380/660 V（△/Y 接法）三种。

高压电动机，额定电压为 3000 V、6000 V 甚至达 10 000 V。

一般情况下，电动机额定功率 <100 kW，选用 380 V；<200 kW，选用 380 V 或 3000 V；≥200 kW，选用 6000 V；>1000 kW，选用 10 kV。

直流电动机的额定电压一般为 110 V、220 V、440 V，大功率电动机可提高到 600 V、800 V、甚至 1000 V。当直流电动机由晶闸管整流电源供电时，电动机的额定电压应选用 440 V（配合三相桥式整流电路）或 160 V（配合单相整流电路），电动机采用改进的 Z3 型。

2. 电动机额定转速的选择

电动机转速选择合理与否，将直接影响到电动机的价格、能量损耗及生产机械的生产效率等。相同功率的电动机转速高的尺寸小，价格低，比较经济。但生产机械的工作速度较低，转速高，传动机构将比较复杂，必须要全面考虑。

（1）对于启动、制动或反转很少，不需要调速的连续工作制的电动机，可选择相应额定转速的电动机，从而省去减速传动机构。

（2）对于经常启动、制动和反转的生产机械，选择额定转速时则应主要考虑缩短启、制动时间以提高生产效率。启、制动时间的长、短主要取决于电动机的飞轮矩和额定转速，应选择较小的飞轮矩和额定转速。

（3）对于调速性能要求不高的生产机械，可选用多速电动机或者选择额定转速稍高于生产机械的电动机配以减速机构，也可以采用电气调速的电动机拖动系统。在可能的情况下，应优先选用电气调速方案。

（4）对于调速性能要求较高的生产机械，应使电动机的最高转速与生产机械的最高转速相适应，直接采用电气调速。

3. 电动机种类的选择

在满足生产机械要求的前提下，优先选择结构简单、价格便宜、运行可靠、维修方便的电动机。由于三相笼形异步电动机具有上述特点，并且它采用的动力电源是很普遍的三相交流电源。因此广泛应用于国民经济和日常生活的各个领域，是生产量最大、应用面最广的电动机。但它的启动和调速性能差，功率因数低。对调速，启动性能要求不高的一般生产机械中，如机床、水泵、通风机、家用电器等，应优先采用笼型异步电动机。

对于要求启动转矩大的生产机械，如空气压缩机、皮带运输机、纺织机等，可采用深槽或双笼形异步电动机。

在要求有级调速的生产机械，如某些机床，可采用双速、三速或四速等多速笼形异步电动机。

由于绕线式异步电动机可通过转子回路做到限制启动电流，提高启、制动转矩，实现一定的调速功能。因此，在启、制动频繁且启动转矩较大，并要求有一定调速的生产机械，如起重机、提升机等，可采用绕线式异步电动机。

同步电动机在运行时，可以对电网进行无功补偿，提高功率因数。当生产机械的功率较大而要求改善功率因数并且要求速度恒定的场合，如球磨机、破碎机、矿用通风机、空气压缩机等，可采用同步电动机。

对于要求启动转矩较大、启动性能好，调速范围宽、调速平滑性较好、调速精度高且准确的生产机械，如高精度数控机床、龙门刨床、造纸机、印染机等，则应选用他励（复励）直流电动机拖动。

4. 电动机结构形式的选择

原则上电动机与生产机械的工作方式应该一致。

电动机的安装形式有卧式和立式两种，一般情况下用卧式，特殊情况用立式。

电动机的外壳防护形式有开启式、防护式、封闭式及防爆式几种。开启式电动机，在定子两侧与端盖上都有很大的通风口，这种电动机价格便宜、散热条件好，但容易进灰尘、水滴、铁屑等，只能在清洁、干燥的环境中使用。防护式电动机在机座下面有通风口，散热好，能防止水滴、铁屑等从上方落入电动机内，但不能防止灰尘和潮气侵入，所以，一般在比较干燥、灰尘不多、较清洁的环境中使用。封闭式电动机有自扇冷式、他扇冷式和密闭式三种。前两种型式的电动机是机座及端盖上均无通风孔，外部空气不能进入电动机内部，可用在潮湿、有腐蚀性气体、灰尘多、易受风雨侵蚀等较恶劣的环境中。密闭式电动机，外部的气体、液体都不能进入电动机内部。一般用于在液体中工作的机械，如潜水泵电动机等。防爆式电动机适用于有易燃、易爆气体的场所，如油库、煤气站、加油站及矿井等场所。

7.2　电力拖动系统中电动机的使用和维护

7.2.1　电动机的使用

1. 检查

（1）认真检查铭牌数据，确认电动机型号符合使用要求。

（2）用 500 V 兆欧表测量电动机绕组对外壳的绝缘电阻，绝缘电阻应大于 0.5 MΩ。

2. 安装

（1）电动机一般安装在室内清洁、干燥的场所，周围必须通风良好，环境空气最高温度不超过 40 ℃，最低温度不低于 −15 ℃，并应防止强烈的热辐射。

（2）按接线图接电源线，接线头连接要紧固，引出电缆、电线的电动机，可直接和电源线连接，接头处要绝缘密封。

（3）当电源线、相序和电动粗接线头标志对应连接时，从轴伸端看电动机顺时针旋转。需要改变转向时，改变两根电源线接线的位置即可。

（4）YD 系列等变级多速异步电动机是利用换接引出线的方法来控制转速变化的，为保证多速电动机运行的可靠性，设计和操作控制装置时应注意，在高速切换为低速时，必须在切断电源的同时断开 2Y 接线的中性点，以免在低速绕组接通时引起电源短路。在高速切换为低速的过程中，必续待电动机停转后才能接通低速绕组的电源，以减少对电动机及负载的冲击。转速切换要注意电动机的转向。

（5）电动机可以采有联轴器，齿轮、皮带与负载机械连接，4 kW 以上的 2 极电动机 30 kW 以上的 4 极电动机不宜用皮带传动，双轴伸电动的第二轴伸只能用联轴器传动。联轴器、皮带轮轴孔与电动机轴的配合松紧应合适，安装时严禁用重锤敲击。采用联轴器传动时，电动机轴中心线与负载机械轴中心线应重合，联轴器轴向保留 1～3 mm 间隙。采用皮带传动启动时，电动机轴中心线应与负载机械轴中心线平行，皮带中心线与轴中心线相互垂直。

3. 接地

电动机必须可靠接地，接地方式、接地电阻等应符合《工业与民用电力装置的接地设计规范》《工厂电力设计技术规范》等电气安全管理的规定，接地电阻小于 4 Ω。

4. 启动

（1）合闸后电动机应立即启动起来，达到正常转速并平稳运行，否则立即切断电源，检查并排除故障。

（2）启动后注意观察电动机传动装置、负载机械、电压表和电流表，若有异常现象应立即停机。

（3）电动机空载连续启动一般不超过 4 次，运行至热态停机后连续启动不得超过 2 次，否则容易烧坏电动机。

（4）根据电网容量、负载大小和电动机功率等，合理选择启动方式，较大功率电动机宜采用三角法或降压方式启动。

5. 运行

（1）电源电压与额定电压的偏差不超过±5%，三相电压不平衡量不超过1.5%。

（2）电动机运行电流不得超过铭牌上的额定电流，三相电流不平衡量不超过80%，否则会造成电动机发热甚至烧毁。

（3）用温度计测量电动机机壳表面温度应不超过80 ℃，轴承的温度应不超过95 ℃。

（4）电动机应经常保持清洁、干燥、通风良好，进风口与出风口必须保持畅通。

（5）运行中电动机出现冒烟、剧烈振动、异常声音、特殊气味、转速明显下降，负载设备出现故障，发生人身触电时应立即断电停机。

6. 轴承润滑

（1）电动机轴承润滑应良好，一般运行3000～5000 h后，应停机保养补充或更换润滑脂，润滑脂牌号为ZL-3锂基润滑脂。

（2）存放或停用时间超过两年的电动机使用前应对轴承的润滑情况进行检查，必要时补充或更换润滑脂。

（3）中心高132及以下机座号电动机用密封轴承，中心高160以上机座号电动机一般用非密封轴承，电动机使用过程中密封轴承不必更换润滑脂。非密封轴承应定期更换清洁的润滑脂。润滑脂加注要适量，一般填充轴承内外圈之间空腔的1/3～1/2，有注脂装置的电动机，用润滑枪加注3～4下即可，加注前打开轴承盖底部的排放孔或盖板，电动机运行20 min后再堵上排放孔或上好盖板，拆装排放孔螺塞或盖板时应断电停机。

7.2.2　电动机的日常维护保养

（1）电动机应保持表面清洁，进、出风口必须保持畅通无阻，不允许水滴、油污或金属屑等任何异物掉入电动机的内部。

（2）经常检查运行中的电动机负载电流是否正常，用钳形电流表查看三相电流是否平衡，三相电流中的任何一相与其三相平均值相差不允许超过10%。

（3）对工作在正常环境条件下的电动机，应定期用兆欧表检查其绝缘电阻；对工作在潮湿、多尘及含有腐蚀性气体等环境条件的电动机，更应该经常检查其绝缘电阻。三相380 V的电动机及各种低压电动机，其绝缘电阻至少为0.5 MΩ方可使用。高压电动机定子绕组绝缘电阻为1 MΩ/kV，转子绝缘电阻至少为0.5 MΩ，方可使用。若发现电动机的绝缘电阻达不到规定要求时，应采取相应措施处理后，使其符合规定要求，方可继续使用。

（4）经常检查电动机的接地装置，使之保持牢固可靠。

（5）经常检查电源电压是否与铭牌相符，三相电源电压是否对称。

（6）经常检查电动机的温升是否正常。交流三相异步电动机各部位温度的最高允许值见表7.2。

表 7.2　三相异步电动机的最高允许温度（用温度计测量法，环境温度＋40 ℃）

	绝缘等级	A	E	B	F	H	注明
最高允许温度/℃	定子和绕线转子绕组	95	105	110	125	145	对于滑动和滚动轴承的最高允许温度分别为80 ℃和95 ℃
	定子铁芯	100	115	120	140	165	
	滑环	100	110	120	130	140	

（7）经常检查电动机的振动、噪声是否正常，有无异常气味、冒烟、启动困难等现象。一旦发现，应立即停车检修。

（8）经常检查电动机轴承是否有过热、润滑脂不足或磨损等现象，轴承的振动和轴向位移不得超过规定值。轴承应定期清洗检查，定期补充或更换轴承润滑脂（一般一年左右），电动机的常用润滑脂特性见表 7.3。

（9）对绕线转子异步电动机，应检查电刷与滑环之间的接触压力、磨损及火花情况。当发现有不正常的火花时，需进一步检查电刷或清理滑环表面，并校正电刷弹簧压力。一般电刷与滑环的接触面的面积不应小于全面积的 75％；电刷压强应为 15 000～25 000 Pa；刷握和滑环间应有 2～4 mm 间距；电刷与刷握内壁应保持 0.1～0.2 mm 的游隙；对磨损严重者需更换。

表 7.3　电动机的常用润滑脂特性表

名　称	钙基润滑脂	钠基润滑脂	钙钠基润滑脂	铝基润滑脂
最高工作温度/℃	70～85	120～140	115～125	200
最低工作温度/℃	≥-10	≥-10	≥-10	≥-10
外观	黄色软膏	暗褐色软膏	淡黄色、深棕色软膏	黄褐色靶膏
适用电动机	封闭式、低速轻载的电动机	开启式、高速重载的电动机	开启式及封闭式高速重载的电动机	开启式及封闭式高速的电动机

（10）对直流电动机应检查换向器表面是否光滑圆整，有无机械损伤或火花灼伤。若沾有碳粉、油污等杂物，要用干净柔软的白布蘸酒精擦去。换向器在负荷下长期运行后，其表面会产生一层均匀的深褐色的氧化膜，这层薄膜具有保护换向器的功效，切忌用砂布磨去。但当换向器表面出现明显的灼痕或因火花烧损出现凹凸不平的现象时，则需要对其表面用零号砂布进行细心的研磨或用车床重新车光，而后再将换向器片间的云母下刻 1～1.5 mm 深，并将表面的毛刺、杂物清理干净后，方能重新装配使用。

（11）检查机械传动装置是否正常，联轴器、带轮或传动齿轮是否跳动。

（12）检查电动机的引出线是否绝缘良好、连接可靠。

本 章 小 结

1. 电动机容量的选择，要根据电动机的发热情况来决定。电动机的发热限度受电动机使用的绝缘材料决定；电动机的发热程度由负载大小和工作时间长短决定。体积相同的电动机，其绝缘等级越高，允许输出的容量越大、工作时间越长，电动机发热量越多。所以电动机容量的选择要根据负载大小和工作制的不同来综合考虑。

2. 针对各种不同工作制的负载，应优先选择对应工作制的电动机，这时，只要电动机的容量等于或略大于负载的容量即可。

3. 对于变化的负载，应采用等效法，将变化的负载等效成一个常值负载，再选择对应容量的电动机。

4. 根据生产机械现场的供电条件、转速要求、安装形式，选择电动机的电压、转速、种类和形式等其他项目。

5. 电动机在使用时,检查、安装、接地、启动、运行和轴承润滑等环节一定要规范操作。

6. 电动机的日常维护、保养也一定要规范操作。

练 习 题

一、选择题

1. 电动机的输出功率增加,电动机的温升(　　)。

    A. 增加　　　　　　　　　B. 不变　　　　　　　　　C. 减小

2. 电动机工作时,温度升高的快慢主要取决于(　　)。

    A. 发热时间常数　　　　B. 电压的大小　　　　　C. 环境温度

3. 额定温升是电动机的(　　)。

    A. 允许最高温度减去额定环境温度

    B. 允许最高温度减去实际环境温度

    C. 实际环境温度减去额定环境温度

4. 电动机的最高允许温度主要取决于(　　)。

    A. 绝缘材料　　　　　　　B. 铁芯材料　　　　　　　C. 导电绝缘

5. 同一台电动机作短时运行时,若实际运行时间增加,则允许的输出功率(　　)。

    A. 增加　　　　　　　　　B. 不变　　　　　　　　　C. 减小

6. 同一台电动机作断续同期运行时,若负载持续率增加,则允许的输出功率(　　)。

    A. 增加　　　　　　　　　B. 不变　　　　　　　　　C. 减小

7. 在加油站中使用的电动机,其外形结构应选用(　　)。

    A. 防护式　　　　　　　　B. 封闭式　　　　　　　　C. 防爆式

8. 工作生产企业中应用最广泛的电动机是(　　)。

    A. 直流电动机　　　　　　B. 三相笼形异步电动机

    C. 三相绕线式异步电动机　　D. 三相同步电动机

9. S1 工作制的电动机用作断续周期运行时,它允许的输出功率(　　)。

    A. 增加　　　　　　　　　B. 不变　　　　　　　　　C. 减小

10. 对于封闭式轻载电动机,润滑脂应选择(　　)。

    A. 钙基润滑脂　　　　　　B. 钠基润滑脂　　　　　　C. 铝基润滑脂

二、问答题

1. 电动机的温升、温度以及环境温度三者之间有什么关系?电机铭牌上的温升值含义是什么?

2. 电动机在使用中,电流、功率和温升能否超过额定值?为什么?

3. 电动机的发热和冷却各按什么规律变化?

4. 电动机的工作方式有哪几种?

5. 负载持续率 FC 表示什么含义?

三、计算题

1. 现有一台额定功率 $P_N = 55\ kW$, 额定转速 $n_N = 980\ r/min$ 的电动机, 欲用它直接拖动离心式水泵，该水泵的流量 $Q=0.2 \text{ m}^3/\text{s}$，扬程 $h=21 \text{ m}$，效率 $\eta_m=78\%$，转速 $n=1000 \text{ r/min}$。试问该电动机是否适用？

2. 某电力拖动系统中的直流电动机，短时运行时间 $t_w=35 \text{ min}$，负载功率为 $P_L=70 \text{ kW}$，选用 S2 工作制的电动机，试选择其功率。

3. 某生产机械由一台三相笼形异步电动机拖动。运行时间 $t_w=15 \text{ min}$，停机时间 $t_s=200 \text{ min}$，运行时负载功率 $P_L=100 \text{ kW}$，试问应选择什么工作制的电动机，额定功率是多少？

第8章 常用生产机械的电气控制

本章主要讲述普通车床、摇臂钻床、平面磨床、万能铣床、卧式镗床、桥式起重机等具有代表性的常用生产机械的电气控制线路及其分析方法。通过对这些生产机械电气控制的分析，培养学生阅读电气图的能力，进一步掌握分析电气图的方法，加深对生产机械中液压、机械、电气紧密配合的理解，学会从设备加工工艺出发，掌握这些典型设备的电气控制，为电气控制设备的安装、调试、运行与维修打下基础。

8.1 电气控制电路分析基础

8.1.1 电气控制电路分析的依据

分析生产机械电气控制的依据是生产机械的基本结构、运行情况，加工工艺要求和生产机械的电力拖动及电气控制的要求。因为电气控制电路是为生产机械电力拖动服务的，是为其控制要求服务的，所以，分析电气控制电路应明确其控制对象，掌握控制要求，这样才有针对性。

8.1.2 电气控制电路分析的内容

通过对各种技术资料的分析，弄清被控制生产机械的基本结构、运行情况、控制要求，电气控制电路工作原理，电器元件的安装情况等。这些技术资料主要有设备说明书、电气原理图、电气设备总装接线图和电气元件布置图和接线图等。

1. 设备说明书

（1）了解设备的基本结构、各部分运行情况，加工工艺要求。机械、液压、气动部分的传动方式与工作原理。

（2）掌握电气传动方式，电动机与电器的数目、规格型号、安装位置、用途等。

（3）了解各操作手柄、开关、按钮、指示信号装置的位置及在控制电路中的作用。

（4）了解与机械、液压部分有直接关联的电器，如行程开关、电磁阀、压力继电器、电磁离合器、微动开关等的位置、工作状态以及机械、液压部分的关系和在控制中的作用。

2. 电气原理图

电气原理图由主电路、控制电路与辅助电路等部分组成。它是从生产机械加工工艺出发，按其对电力拖动自动控制的要求而设计的。对生产机械电气控制电路的分析，重点是对电气原理图的分析，因为其他几种电气图都是严格按照电气原理图的连接关系画出的。

3. 电气设备的总装接线图

阅读电气设备总装接线图，可以了解系统的组成分布情况，各部分的连接方式，主要电气部件的布置，安装要求，导线走向及导线的规格型号等。通过对电气设备总装接线图的分析可以对设备的电气安装有个总体的了解。

4. 电器元件布置图与接线图

电器元件布置图与接线图是安装、调试和维护电气设备必须的技术资料。在测试、检修中可通过布置图和接线图迅速方便地找到各电器元件的测试点和连接点，进行必要的检查、调试和维修。

8.1.3 电气原理图的阅读分析方法

电气原理图阅读分析基本方法是"先机后电，先主后辅，化整为零，集零为整、统观全局，总结特点"。

1. 先机后电

首先应了解生产机械的基本结构，运行情况、工艺要求、操作方法。这样可以对生产机械的机械及其运行上有个总体的了解，进而明确对电力拖动自动控制的要求，为阅读和分析电路做好前期准备。

2. 先主后辅

先阅读主电路，看设备由几台电动机拖动，各台电动机的作用，结合加工工艺分析电动机的启动方法，有无正反转控制，采取何种制动方式，采用哪些电动机保护。看完主电路后再分析控制电路，最后再阅读辅助电路。

3. 化整为零

在分析控制电路时，从加工工艺出发，一个环节一个环节地去阅读和分析各台电动机的控制电路，先对各台电动机的控制划分成若干个局部电路，每一台电动机的控制电路又按启动环节、制动环节、调速环节、反向环节来分析电路。然后分析辅助电路，辅助电路包括信号电路、检测电路与照明电路等，这部分电路具有相对的独立性，仅起辅助作用，不影响主要功能，但这部分电路大多是由控制电路中的元件来控制的，可结合控制电路一并分析。

4. 集零为整

统观全局。在逐个分析完局部电路之后，还应统观全部电路，看各局部电路之间的联锁关系，机、电、液的配合情况，电路中设有哪些保护环节。这样可以对整个电路有清晰的理解。

5. 总结特点

各种设备的电气控制虽然都是由各种基本控制环节组合而成，但其整机电气控制都有各自的特点，这也是各种设备电气控制区别之所在，应很好地总结。只有这样，才能加深对电气设备电气控制的理解。

8.2 CA6140 型普通车床电气控制

车床是一种应用极为广泛的金属切削机床，能够车削外圆、内圆、端面、螺纹以及车削定型回转表面等，另外还可用钻头、铰刀等进行钻孔和铰孔等加工。

CA6140 普通车床型号的含义为：

8.2.1　CA6140 普通车床的主要结构和运动形式

图 8.1 所示为 CA6140 型普通车床的结构示意图。从图中可以看出，CA6140 型普通车床主要由床身、主轴箱、进给箱、溜板箱、刀架、丝杠、光杠、尾架等部分组成。

1—主轴箱；2—刀架；3—溜板和刀架；4—照明灯；5—尾架；6—床身
7、11—床腿；8—丝杠；9—光杠；10—溜板箱；12—进给箱；13—挂轮箱

图 8.1　CA6140 型车床结构示意图

车床的切削运动包括工件旋转的主运动和刀具的直线进给运动。车削速度是指工件与刀具接触点的相对速度。根据工件的材料性质、车刀材料及几何形状、工件直径、加工方式及冷却条件的不同，要求主轴有不同的切削速度。主轴变速是由主轴电动机经 V 带传递到主轴变速箱来实现的。CA6140 型车床的主轴正转速度有 24 种（10～1400 r/min），反转速度有 12 种（14～1580 r/min）。

车床的进给运动是刀架带动刀具的直线运动。溜板箱把丝杠或光杠的转动传递给刀架部分，变换溜板箱外的手柄位置，经刀架部分使车刀做纵向或横向进给。

车床的辅助运动为车床上除切削运动以外的其他一切必需的运动，如尾架的纵向移动，工件的夹紧与放松等。

8.2.2　CA6140 普通车床电力拖动的特点及控制要求

（1）主拖动电动机一般选用三相笼型异步电动机，不进行电气调速。

（2）采用齿轮箱进行机械有级调速。为减小振动，主拖动电动机通过几条 V 带将动力传递到主轴箱。

（3）在车削螺纹时，要求主轴有正、反转，由主拖动电动机正反转或采用机械方法来实现。

（4）主拖动电动机的启动、停止采用按钮操作。

（5）刀架移动和主轴转动有固定的比例关系，以便满足对螺纹的加工需要。

（6）车削加工时，由于刀具及工件温度过高，有时需要冷却，因而应该配有冷却泵电动机，且要求在主拖动电动机启动后，方可决定冷却泵开动与否，而当主拖动电动机停止时，冷却泵应立即停止。

（7）必须有过载、短路、欠压、失压保护。

（8）具有安全的局部照明装置。

8.2.3　CA6140 普通车床的电气控制电路分析

图 8.2 所示为 CA6140 型普通车床的电气控制原理图，其分为主电路、控制电路和照明电路等三部分。

1. 主电路分析

主电路共有三台电动机：M_1 为主轴电动机，带动主轴旋转和刀架作进给运动；M_2 为冷却泵电动机，用以输送切削液；M_3 为刀架快速移动电动机。

将钥匙开关 SB 向右旋转，再扳动断路器 QF 将三相电源引入。主轴电动机 M_1 由接触器 KM 控制，热继电器 FR_1 作为过载保护，熔断器 FU 作短路保护，接触器 KM 作失压和欠压保护。冷却泵电动机 M_2 由中间继电器 KA_1 控制，热继电器 FR_2 作为过载保护。刀架快速移动电动机 M_3 由中间继电器 KA_2 控制，由于是点动控制，故未设过载保护。FU_1 作为冷却泵电动机 M_2、快速移动电动机 M_3、控制变压器 TC 的短路保护。

2. 控制电路分析

控制电路的电源由控制变压器 TC 二次侧输出 110 V 电压提供。在正常工作时，位置开关 SQ_1 的常开触头闭合。打开床头皮带罩后，SQ_1 断开，切断控制电路电源，以确保人身安全。钥匙开关 SB 和位置开关 SQ_2 在正常工作时是断开的，QF 线圈不通电，断路器 QF 能合闸。打开配电盘壁龛门时，SQ_2 闭合，QF 线圈获电，断路器 QF 自动断开。

1）主轴电动机的控制

按下绿色的启动近钮 SB_2，接触器 KM 的线圈通电吸合，其主触点闭合，主轴电动机启动运行。同时，KM 动合触点（6～7）闭合，起自锁作用。另一组动合触点（10～11）闭合，为冷却泵电动机启动作准备。停车时，按下红色蘑菇按钮 SB_1，KM 线圈断电释放，M_1 停车。

2）冷却泵电动机 M_2 的控制

由于主轴电动机 M_1 和冷却泵电动机 M_2 在控制电路中采用顺序控制，所以，只有当主轴电动机 M_1 启动后，即 KM 常开触头（10 区）闭合，合上旋钮开关 SB_4，冷却泵电动机 M_2 才可能启动。当 M_1 停止运行时，M_2 自行停止。

3）刀架快速移动电动机 M_3 的控制

刀架快速移动电动机 M_3 的启动是由安装在进给操作手柄顶端的按钮 SB_3 控制，它与中间继电器 KA_2 组成点动控制线路。刀架移动方向（前、后、左、右）的改变，是由进给操作手柄配合机械装置实现的。如需要快速移动，按下 SB_3 即可。

4）照明、信号电路分析

控制变压器 TC 的二次侧分别输出 24 V 和 6 V 电压，作为车床低压照明灯和信号灯的电源。EL 作为车床的低压照明灯，由开关 SA 控制；HL 为电源信号灯。它们分别由 FU_4 和 FU_3 作为短路保护。

图 8.2　CA6140 型车床电气控制原理图

8.2.4　CA6140 型普通车床常见电气故障分析

1. 主轴电动机 M_1 不能启动

发生主轴电动机不能启动的故障时，首先检查故障是发生在主电路还是控制电路，若按下启动按钮，接触器 KM 不吸合，此故障则发生在控制电路，主要应检查 FU_2 是否熔断，过载保护 FR_1 是否动作，接触器 KM 的线圈接线端子是否松脱，按钮 SB_1、SB_2 的触点接触是否良好。若故障发生在主电路，应检查车间配电箱及主电路开关 QF 是否跳闸，导线连接处是否有松脱现象，KM 主触点的接触是否良好。

2. 主轴电动机启动后不能自锁

当按下启动按钮后，主轴电动机能启动运转，但松开启动按钮后，主轴电动机也随之停止。造成这种故障的原因是接触器 KM 的自锁触点的连接导线松脱或接触不良。

3. 主轴电动机不能停止

造成这种故障的原因多数为 KM 的主触点发生熔焊或停止按钮损坏所致。

4. 电源总开关合不上

电源总开关合不上的原因有两个，一是电气箱子盖没有盖好，以致 $SQ_2(2-3)$ 行程开关处于闭合；二是钥匙电源开关 SB 没有右旋到断开的位置。

5. 指示灯亮但各电动机均不能启动

造成这种故障的主要原因是 FU_2 的熔体断开，或挂轮架的皮带罩没有罩好，行程开关 $SQ_1(2-4)$ 断开。

6. 主轴电动机 M1 断相运行

按下 SB_2 时 M_1 不能启动并发出"嗡嗡"声，或是在运行过程中突然发出"嗡嗡"声，这是电动机发生断相故障的现象。发现电动机断相，应立即切断电源，避免损坏电动机。在找出故障原因并排除后，M_1 应能正常启动和运行。但是，平时应有针对性地进行检查，注意消除隐患。

7. 行程开关 SQ_1、SQ_2 故障

CA6140 车床在使用前首先应调整 SQ_1、SQ_2 的位置，使其动作正确，才能起到安全保护的作用。但是由于长期使用，可能出现开关松动移位，致使打开床头挂轮架的皮带罩时 $SQ_1(2-4)$ 触头断不开或打开配电盘的壁龛门时 $SQ_2(2-3)$ 不闭合，因而失去人身安全保护的作用。

8. 带钥匙开关 SB 的断路器 QF 故障

带钥匙开关 SB 的断路器 QF 的主要故障是开关锁 SB 失灵，以致失去保护作用，因此在使用时应检验开关锁 SB 左旋时断路器 QF 能否自动跳闸，跳开后若又将 QF 合上，经过 0.1 s 后断路器能否自动跳开。

8.3　Z3040 型摇臂钻床电气控制

钻床就是一种孔加工设备，可用来钻孔、扩孔、铰孔、攻丝及修刮端面等多种形式的加工。按用途和结构分类，钻床可分为立式钻床、台式钻床、多轴钻床、摇臂钻床及其他专用钻床等。

Z3040 型摇臂钻床型号的含义为

8.3.1　Z3040 摇臂钻床的主要结构和运动形式

摇臂钻床主要由底座、内立柱、外立柱、摇臂、主轴箱及工作台等组成，图 8.3 所示为 Z3040 型摇臂钻床结构示意图。

1—底座；
2—内立柱；
3—外立柱；
4—摇臂升降丝杠；
5—摇臂；
6—主轴箱；
7—主轴；
8—工作台

图 8.3　Z3040 型摇臂钻床结构示意图

内立柱固定在底座的一端，在内立柱的外面套有外立柱，外立柱可绕内立柱回转 360°。摇臂的一端为套筒，它套装在外立柱上，并借助丝杆的正反转，可沿着外立柱作上下移动。由于丝杆与外立柱连成一体，而升降螺母固定在摇臂上，因此摇臂不能绕外立柱转动，只能与外立柱一起绕内立柱回转。主轴箱是一个复合部件，由主传动电动机、主轴和主轴传动机构、进给和变速机构、机床的操作机构等组成。主轴箱安装在摇臂的水平导轨上，可以通过手轮操作，使其在水平导轨上沿摇臂移动。

当进行加工时，由特殊的夹紧装置将主轴箱紧固在摇臂导轨上，而外立柱紧固在内立柱上，摇臂紧固在外立柱上，然后进行钻削加工。钻削加工时，钻头一边进行旋转切削，一边进行纵向进给，其运动形式如下：

（1）摇臂钻床的主运动为主轴的旋转运动。

（2）进给运动为主轴的纵向进给。

（3）辅助运动有摇臂沿外立柱垂直移动、主轴箱沿摇臂长度方向的移动、摇臂与外立柱一起绕内立柱的回转运动。

8.3.2　Z3040 型摇臂钻床电力拖动的特点及控制要求

（1）摇臂钻床运动部件较多，为了简化传动装置，采用多台电动机拖动。Z3040 型摇臂钻床采用 4 台电动机拖动，他们分别是主轴电动机、摇臂升降电动机、液压泵电动机和冷却泵电动机,这些电动机都采用直接启动方式。

(2) 为了适应多种形式的加工要求,摇臂钻床主轴的旋转及进给运动有较大的调速范围,一般情况下多由机械变速机构实现。主轴变速机构与进给变速机构均装在主轴箱内。

(3) 摇臂钻床的主运动和进给运动均为主轴的运动,为此这两项运动由一台主轴电动机拖动,分别经主轴传动机构、进给传动机构实现主轴的旋转和进给。

(4) 在加工螺纹时,要求主轴能正、反转。摇臂钻床主轴正、反转旋转一般采用机械方法实现。因此主轴电动机仅需要单向旋转。

(5) 摇臂升降电动机要求能正、反向旋转。

(6) 内外立柱的夹紧与放松、主轴与摇臂的夹紧与放松可采用机械操作、电气-机械装置,电气-液压或电气-液压-机械等控制方法实现。Z3040 型摇臂钻床大多采用电气-液压-机械控制方法,因此备有液压泵电动机。液压泵电动机要求能正、反向旋转,并根据要求采用点动控制。

(7) 摇臂的移动严格按照摇臂松开→移动→摇臂夹紧的程序进行。因此摇臂的夹紧与摇臂升降按自动控制进行。

(8) 冷却泵电动机带动冷却泵提供冷却液,只要求单向旋转。

(9) 摇臂钻床电力拖动具有联锁与保护环节以及安全照明、信号指示电路。

8.3.3 Z3040 型摇臂钻床的电气控制电路分析

图 8.4 所示为 Z3040 型摇臂钻床的电气控制原理图,可分为主电路、控制电路和照明电路等三部分。

1. 主电路分析

如图 8.4 所示,M_1 为主轴电动机,M_2 为摇臂升降电动机,M_3 为液压泵电动机,M_4 为冷却泵电动机,QS_1 为总电源控制开关。各电机的控制和保护电器见表 8.1。

表 8.1 Z3040 型摇臂钻床各电机的控制和保护电器

名称及代号	控制电器	过载保护电器	短路保护电器
主轴电动机 M_1	KM_1	FR_1	FU_1
摇臂升降电动机 M_2	KM_2、KM_3	无	FU_2
液压泵电动机 M_3	KM_4、KM_5	FR_2	FU_2
冷却泵电动机 M_4	QS_2	无	FU_1

M_1 为单方向旋转,由接触器 KM_1 控制,主轴的正反转则由机床液压系统操纵机构配合正反转摩擦离合器实现,并由热继电器 FR_1 作电动机长期过载保护。

M_2 由正、反转接触器 KM_2、KM_3 控制实现正反转。控制电路保证,在操纵摇臂升降时,首先使液压泵电动机启动旋转,送出压力油,经液压系统将摇臂松开,然后才使电动机 M_2 启动,拖动摇臂上升或下降,当移动到位后,控制电路又保证 M_2 先停下,再自动通过液压系统将摇臂夹紧,最后液压泵电动机才停转,M_2 为短时工作,不用设长期过载保护。

M_3 由接触器 KM_4、KM_5 实现正、反转控制,并有热继电器 FR_2 作长期过载保护。

M_4 电动机容量小,仅 0.125 kW,由开关 QS_2 直接控制。

图 8.4　Z3040 型摇臂钻床电气控制原理图

2. 控制电路分析

1）主轴电动机的控制

按下启动按钮 SB_2，接触器 KM_1 的线圈通电吸合，其主触点闭合，主轴电动机启动运行。同时，KM_1 动合触点（2-3）闭合，起自锁作用。另一组动合触点（201-204）闭合，主轴旋转指示灯 HL_3 亮。按下停止按钮 SB_1，KM 线圈断电释放，M_1 停车，同时主轴旋转指示灯 HL_3 熄灭。

2）摇臂升降的控制

Z3040 型摇臂钻床摇臂的升降不仅需要电动机 M_2 的转动，而且还需要液压泵电动机 M_3 拖动液压泵，使液压夹紧系统协调配合才能实现。图 8.5 所示为 Z3040 型摇臂钻床液压夹紧系统原理图。

图 8.5　Z3040 型摇臂钻床液压夹紧系统原理图

（1）摇臂的上升。

按下摇臂上升点动按钮 SB_3，时间继电器 KT 线圈通电，瞬动常开触点 KT（13-14）闭合，接触器 KM_4 线圈通电，液压泵电动机 KM_4 启动旋转，拖动液压泵送出压力油，同时 KT 的断电延时断开触点 KT（1-17）闭合，电磁阀 YV 线圈通电。于是液压泵送出的压力油经电磁换向阀进入摇臂夹紧机构的松开油腔，推动活塞和菱形块，将摇臂松开。同时，活塞杆通过弹簧片压上行程开关 SQ_2，发出摇臂松开信号，即触点 SQ_2（6-13）断开，触点 SQ_2（6-7）闭合。前者断开 KM_4 线圈电路，液压泵电动机停止旋转，液压泵停止供油，摇臂维持在松开状态；后者接通 KM_2 线圈电路，使 KM_2 线圈通电，摇臂升降电动机 M_2 启动旋转，拖动摇臂上升。所以行程开关 SQ_2 是用来反映摇臂是否松开且发出松开信号的元件。

当摇臂上升到所需位置时，松开摇臂上升点动按钮 SB_3，KM_2 与 KT 线圈同时断电，M2 依惯性旋转，摇臂停止上升。而 KT 线圈断电延时闭合触点 KT(17-18)经延时 1~3 s 后才闭合，断电延时断开触点 KT(1-17)经延时后才断开。在 KT 断电延时的 1~3 s 时间内 KM_5 线圈仍处于断电状态，电磁阀 YV 仍处于通电状态，这段延时就确保了摇臂升降电动机在断开电源后到完全停止运转才开始摇臂的夹紧动作。所以时间继电器 KT 延时长短是根据 M2 电动机切断电源到完全停止的惯性大小来调整的。

当时间继电器 KT 断电延时结束，触点 KT(17-18)闭合，KM_5 线圈通电吸合，液压泵电动机 M_3 反向启动，拖动液压泵，供出压力油。同时触点断开，电磁阀 YV 线圈断电，这时压力油经电磁换向阀进入摇臂夹紧油腔，反向推动活塞和菱形块，将摇臂夹紧。同时，活塞杆通过弹簧片压下行程开关 SQ_3，使触点断开，KM_5 线圈断电，M_3 停止旋转，摇臂夹紧完成。所以 SQ_3 为摇臂夹紧信号开关。

（2）摇臂的下降。

摇臂的下降过程与上升过程的电气控制类似，这里就不再赘述。

摇臂升降的极限保护由组合开关 SQ_1 来实现。SQ_1 有两对常闭触点，当摇臂上升或下降到极限位置时相应触点断开，切断对应上升或下降接触器 KM_2 与 KM_3，使 M_2 停止旋转，摇臂停止移动，实现极限位置的保护。

摇臂自动夹紧程度由行程开关 SQ_3 控制。若夹紧机构液压系统出现故障不能夹紧，将使触点 SQ_3(1-17)断不开，或者由于 SQ_3 开关安装调整不当，摇臂夹紧后仍不能压下 SQ_3。这时都会使 M_3 长期处于过载状态，易将电动机烧毁，为此，M_3 主电路采用热继电器 FR_2 作过载保护。

3）主轴箱、立柱松开与夹紧的控制

主轴箱和立柱的夹紧与松开是同时进行的。当按下松开按钮 SB_5，接触器 KM_4 线圈通电，液压泵电动机 M_3 正转，拖动液压泵送出压力油，这时电磁阀 YV 线圈处于断电状态，压力油经电磁换向阀，进入主轴箱与立柱松开油腔，推动活塞和菱形块，使主轴箱与立柱松开，而由于 YV 线圈断电，压力油不会进入摇臂松开油腔，摇臂仍处于夹紧状态。当主轴箱与立柱松开时，行程开关 SQ_4 不受压，触点 SQ_4(201-202)闭合，指示灯 HL_1 亮，表示主轴箱与立柱确已松开。可以手动操作主轴箱在摇臂的水平导轨上移动，也可推动摇臂使外立柱绕内立柱作回转移动，当移动到位，按下夹紧按钮 SB_6，接触器 KM_5 线圈通电，M_3 反转，拖动液压泵送出压力油至夹紧油腔，使主轴箱与立柱夹紧。当确定已夹紧后，压下 SQ_4，触点 SQ_4(201-203)闭合，HL_2 灯亮，而触点 SQ_4(201-202)断开，HL_1 灯灭，指示主轴箱与立柱已夹紧，可以进行钻削加工。

4）冷却泵电动机 M4 的控制

冷却泵电动机 M4 的控制由开关 QS_2 进行单向旋转的控制。

5）完善的联锁，保护环节

行程开关 SQ_2 实现摇臂松开到位，开始升降的联锁。行程开关 SQ_3 实现摇臂完全夹紧，液压泵电动机 M_3 停止旋转的联锁。

时间继电器 KT 实现摇臂升降电动机 M_2 断开电源，待惯性旋转停止后再进行夹紧的连锁。

摇臂升降电动机 M_2 正反转具有双重互锁。

SB_5 与 SB_6 常闭触点串接在电磁阀 YV 线圈电路上实现进行主轴箱与立柱夹紧、松开操作时,压力油不进入摇臂夹紧油腔的联锁。

FU_1 作为总电路和电动机 M_1、M_4 的短路保护。FU_2 熔断器为电动机 M_2、M_3 及控制变压器 TC 一次侧的短路保护。FU_3 为照明电路的短路保护。

FR_1、FR_2 热继电器为电动机 M_1、M_3 的长期过载保护。

SQ_1 组合行程开关为摇臂上升、下降的极限位置保护。

带自锁触点的启动按钮与相应接触器实现电动机的欠电压、失电压保护。

3. 照明与信号指示电路分析

HL_1 为主轴箱、立柱松开指示灯,灯亮表示已松开,可以手动操作主轴箱沿摇臂移动或摇臂回转。

HL_2 为主轴箱、立柱夹紧指示灯,灯亮表示已夹紧,可以进行钻削加工。

HL_3 为主轴旋转工作指示灯。

照明灯 EL 由控制变压器 TC 供给 36 V 安全电压,经开关 SA 操作实现钻床局部照明。

8.3.4　Z3040 型摇臂钻床常见故障分析

Z3040 型摇臂钻床摇臂的控制是机、电、液的联合控制,这也是该钻床电气控制的重要特点。下面仅以摇臂移动中的常见故障作一分析。

(1)摇臂不能上升。从摇臂上升的电气动作过程可知,摇臂移动的前提是摇臂完全松开,此时活塞杆通过弹簧片压下行程开关 SQ_2,接触器 KM_4 线圈断电,液压泵电动机 M_3 停止旋转,而接触器 KM_2 线圈通电吸合,摇臂升降电动机 M_2 启动旋转,拖动摇臂上升,下面抓住 SQ_2 有无动作来分析摇臂不能移动的原因。

若 SQ_2 不动作,常见故障为 SQ_2 安装位置不当或位置发生移动,这样,摇臂虽已松开,但活塞杆仍压不上 SQ_2,致使摇臂不能移动。有时也会出现因液压系统发生故障,使摇臂没有完全松开,活塞杆压不上 SQ_2。为此,应配合机械、液压系统调整好 SQ_2 位置并安装牢固。

有时电动机 M_3 电源相序接反,此时按下摇臂上升按钮 SB_3 时,电动机反转,使摇臂夹紧,更压不上 SQ_2,摇臂也不会上升。所以,机床大修或安装完毕后,必须认真检查电源相序及电动机正反转是否正确。

(2)摇臂移动后夹不紧。摇臂移动到位后松开 SB_3 或 SB_4 按钮后,摇臂应自动夹紧,而夹紧动作的结束是由行程开关 SQ_3 来控制的。若摇臂夹不紧,说明摇臂控制电路能动作,只是夹紧力不够,这是由于 SQ_3 动作过早,使液压泵电动机 M_3 在摇臂还未充分夹紧时就停止旋转,这往往是由于 SQ_3 安装位置不当,过早地被活塞杆压上动作所致。

(3)液压系统的故障。有时电气控制系统工作正常,而电磁阀芯卡住或油路堵塞,造成液压控制系统失灵,也会造成摇臂无法移动。所以,在维修工作中应正确判断是电气控制系统还是液压系统的故障,然而这两者之间又相互联系,为此应相互配合共同排除故障。

8.4　M7130型平面磨床电气控制

磨床是用砂轮的周边或端面进行加工的精密机床。砂轮的旋转是主运动,工件或砂轮的往复运动为进给运动,而砂轮架的快速移动及工作台的移动为辅助运动,磨床的种类很多,按其工作性质可分为外圆磨床、内圆磨床、平面磨床、工具磨床以及一些专用磨床等。其中平面磨床应用最为普遍。

M7130型磨床型号的含义为:

M 7 1 30

磨床 —————— 工作台的工作面宽为300 mm

平面 —————— 卧轴矩台式

8.4.1　M7130型磨床的主要结构和运动形式

图8.6为M7130卧轴矩台平面磨床结构图。

1—床身;2—工作台;3—电磁吸盘;4—砂轮箱;5—滑座;
6—立柱;7—换向阀手柄;8—换向撞块;9—液压缸活塞杆

图8.6　M7130型磨床结构示意图

在箱形床身1中装有液压传动装置,工作台2通过活塞杆9由液压驱动在床身导轨上做往复运动。工作台表面有T形槽,用以安装电磁吸盘或直接安装大型工件。工作台往返运动的行程长度可通过调节装在工作台正面槽中的撞块8的位置来改变。换向撞块8是通过碰撞工作台往复运动换向手柄7来改变油路方向从而实现工作台往复运动的。

在床身上固定有立柱6,沿立柱6的导轨上装有滑座5,砂轮箱4能沿滑座的水平导轨作横向移动。砂轮轴由装入式砂轮电动机直接驱动,并通过滑座内部的液压传动机构实现砂轮箱的横向移动。

滑座可在立柱导轨上作垂直移动,由装在床身上的垂直进刀手轮操作。砂轮箱的水平轴向移动可由装在滑座上的横向移动手轮操作,也可由活塞杆连续或间断横向移动,连续移动用于调节砂轮位置或整修砂轮,间断移动用于进给。

　　M7130 卧轴矩台平面磨床的主运动是砂轮的旋转运动。进给运动有垂直进给，即滑座在立柱上的上下运动；横向进给，即砂轮箱在滑座上的水平运动；纵向进给，即工作台沿床身的往复运动。工作台每完成一次往复运动时，砂轮箱便作一次间断性的横向进给，当加工完整个平面后，砂轮箱作一次间断性的垂直进给。

8.4.2　M7130 型磨床电力拖动的特点及控制要求

1. 电力拖动特点

　　(1) M7130 型平面磨床采用多电动机拖动，其中砂轮电动机拖动砂轮旋转；液压电动机拖动液压泵，泵出压力油，经液压传动机构来实现工作台的纵向进给运动并通过工作台的撞块操纵床身上的液压换向阀，改变压力油的流向，实现工作台的换向和自动往复运动；冷却泵电动机拖动冷却泵，供给磨削加工时需要的冷却液。

　　(2) 为保证加工精度，机床运行必须平稳，工作台往复运动换向时应惯性小、无冲击，因此，进给运动均采用液压传动。

　　(3) 为保证磨削加工精度，要求砂轮有较高转速，通常采用两极笼形异步电动机拖动，为提高砂轮主轴的刚度，采用装入式电动机直接拖动，电动机与砂轮主轴同轴。

　　(4) 为减小工件在磨削加工中的热变形，并在磨削加工时冲走磨屑和砂粒，以保证磨削精度，需使用冷却液。

　　(5) 平面磨床常用电磁吸盘，以便吸持小工件，同时便于工件在磨削加工中因发热变形得以自由伸缩，保证加工精度。

2. 电气控制要求

　　(1) 砂轮电动机、液压泵电动机、冷却泵电动机都只要求单方向旋转。

　　(2) 冷却泵电动机应在砂轮电动机启动后才可选择其是否启动。

　　(3) 在正常磨削加工中，若电磁吸盘吸力不足或吸力消失时，砂轮电动机与液压泵电动机应立即停止工作，以防工件被砂轮打飞而发生人身和设备事故。当不加工时，即电磁吸盘不工作时，允许主轴电动机与液压泵电动机启动以便机床作调整运动。

　　(4) 电磁吸盘应有吸牢工件的正向励磁、松开工件的断开励磁以及抵消剩磁便于取下工件的反向励磁控制环节。

　　(5) 具有完善的保护环节。各电路的短路保护，各电动机的长期过载保护，零压与欠电压保护，电磁吸盘吸力不足的欠电流保护，零电压、欠电压保护，以及电磁吸盘断开直流电源时，将产生高电压，危及电路中其他电器设备的过电压保护等。

　　(6) 机床安全照明与工件去磁环节。

8.4.3　M7130 型磨床电气控制电路分析

　　图 8.7 所示为 M7130 型平面磨床电气控制原理图，其电气设备主要安装在床身后部的壁龛盒内，控制按钮安装在床身前部的电气操纵盒上。电气控制电路可分为主电路、控制电路、电磁吸盘控制电路和机床照明电路等。

图 8.7　M7130 型磨床电气控制原理图

1. 主电路分析

如图 8.7 所示，在主电路中，M_1 为砂轮电动机，M_2 为冷却泵电动机，M_3 为液压泵电动机，各电机的控制和保护电器见表 8.2。

表 8.2　M7130 型磨床各电机的控制和保护电器

名称及代号	控制电器	过载保护电器	短路保护电器
砂轮电动机 M_1	KM_1	FR_1	FU_1
冷却泵电动机 M_2	接插器、KM_1	无	FU_1
液压泵电动机 M_3	KM_2	FR_2	FU_1

砂轮电动机 M_1、冷却泵电动机 M_2 与液压泵电动机 M_3 皆为单方向旋转，并且无调速要求。其中 M_1、M_2 由接触器 KM_1 控制，由于冷却泵箱和床身是分开安装的，所以冷却泵电动机 M_2 经接插器 X_1 和电源连接，当需要冷却液时，将插头插入插座，电动机 M_3 由接触器 KM_2 控制。

三台电机共用熔断器 FU_1 作短路保护，M_1、M_2 由热继电器 FR_1 过载保护，M_3 由热继电器 FR_2 作长期过载保护。

2. 控制电路分析

1）砂轮电动机和冷却泵电动机的控制

按下启动按钮 SB_2，接触器 KM_1 的线圈通电吸合，其主触点闭合，砂轮电动机 M_1 启动并正常运行。同时，KM_1 动合触点(5-6)闭合，起自锁作用。按下停止按钮 SB_1，KM_1 线圈断电释放，M_1 停转。

冷却泵电动机 M_2 在插上插头 X_1 后，与砂轮电动机 M_1 同时启动、停止，如果不需要冷却液，可以拔下 X_1 插头。

2）液压泵电动机的控制

按下启动按钮 SB_4，接触器 KM_2 的线圈通电吸合，其主触点闭合，液压泵电动机 M_2 启动并正常运行。同时，KM_2 动合触点(7-8)闭合，起自锁作用。按下停止按钮 SB_3，KM_2 线圈断电释放，M_2 停转。

3）电磁吸盘的控制

(1) 电磁吸盘构造与工作原理：M7130 矩形平面磨床采用长方形电磁吸盘，图 8.8 为电磁吸盘结构示意图。图中 1 为钢制吸盘体，在它的中部凸起的芯体 5 上绕有线圈 6，钢制盖板 2 被隔磁层 7 隔开。在线圈 6 中通入直流电流，产生磁场，磁力线经由盖板、工件、芯体、吸盘体、芯体闭合，将工件 5 牢牢吸住，盖板中的隔磁层由铅、铜、黄铜及巴氏合金等非磁性材料制成，其作用是使磁力线通过工件再回到吸盘体，不致直接通过盖板闭合，增加对工件的吸持力。

(2) 电磁吸盘控制电路：电磁吸盘控制电路由整流装置、控制装置及保护装置等组成。

如图 8.7 所示，电磁吸盘整流装置由整流变压器 T_1 与桥式全波整流器 VC 组成，输出 110 V 直流电压对电磁吸盘供电。

电磁吸盘由转换开关 SA_2 控制。SA_2 有三个位置："退磁""放松""吸合"。当 SA_2 处于"吸合"位置时，触点 SA_2(205-206) 与 SA_2(208-209) 接通；当开关置于"退磁"位置时，触点 SA_2(205-206) 与 SA_2(207-208) 接通；当开关置于"放松"位置时，SA_2 所有触点都断开。

当 SA_2 处于"吸合"位置时，电磁吸盘 YH 获得 110 V 直流电压，其极性 208 号端头为

1—吸盘体；2—盖板；3—工件；4—磁路；5—芯体；6—线圈；7—隔离材料

图 8.8　M7130 型磨床电磁吸盘结构示意图

正极，210 号端头为负极，同时欠电流继电器 KA 线圈与 YH 串联，当吸盘电流足够大时，KA 吸合，触点 KA(3-4)闭合，表明电磁吸盘吸力足以将工件吸牢，此时可分别操作按钮 SB$_2$ 与 SB$_4$，启动 M$_1$ 与 M$_3$ 电动机进行磨削加工。当加工完成，按下停止按钮 SB$_1$ 与 SB$_3$，M$_1$ 与 M$_3$ 停止旋转。为使工件易于从电磁吸盘上取下，需对工件进行退磁，其方法是将开关 SA$_2$ 扳到"退磁"位置。当 SA$_1$ 扳至"去磁"位置时，电磁吸盘中通入反方向电流，并在电路中串入可变电阻 R$_2$，用以限制并调节反向退磁电流大小，达到既退磁又不致反向磁化的目的。去磁结束，将 SA$_2$ 扳到"放松"位置，便可取下工件。若工件对去磁要求严格，在取下工件后，还可用交退磁器进行退磁。交流退磁器可以使工件处于交变磁场下，其磁分子排列被打乱，当工件逐渐离开退磁器时剩磁也逐渐消失。交流退磁器是平面磨床的一个附件，使用时，将交流退磁器插点插在床身的插座 X$_3$ 上，现将工件放在退磁器上即可退磁。

（3）电磁吸盘保护环节：电磁吸盘具有欠电流保护、过电压保护及短路保护等。

电磁吸盘的弱磁保护。为了防止在磨削过程中电磁吸盘出现断电或线圈电流减小，引起电磁吸力消失或吸力不足工件飞出，造成人身与设备事故，故在电磁吸盘线圈电路中串入欠电流继电器 KA。当励磁电流正常，吸盘具有足够的电磁吸力时，KA 才吸合动作，触点 KA(3-4)闭合，为启动 M$_1$ 与 M$_3$ 电动机进行磨削加工做好准备，否则不能开动磨床进行加工，若在磨削过程中出现吸盘线圈电流减小或消失时，将使 KA 释放，触头 KA(3-4)断开，KM$_1$、KM$_2$ 线圈断电，M$_1$、M$_2$、M$_3$ 电动机立即停止旋转，避免事故发生。如果不使用电磁吸盘，可以将其插头从插座 X$_2$ 上拔出，将 SA$_2$ 扳到"退磁"挡，此时 SA$_2$ 的触点 SA$_2$(205-206)与 SA$_2$(207-208)接通，不影响对各台电动机的操作。

电磁吸盘的过电压保护。电磁吸盘线圈匝数多，电感量大，在通电工作时，线圈中储存着大量的磁场能量，当线圈断电时，由于电磁感应，在线圈两端产生很大的感应电动势，出现高电压，将使线圈绝缘及其他电器设备损坏，为此，在吸盘线圈两端并联了电阻 R$_3$，作为放电电阻，吸收吸盘线圈储存的能量，实现过电压保护。

电磁吸盘的短路保护。在整流变压器 T$_1$ 的副绕组上装有熔断器 FU$_4$ 作短路保护。

整流装置的过电压保护。当交流电路出现过电压或直流侧电路通断时，都会在整流变压器 T$_1$ 的副绕组上产生浪涌电压，该浪涌电压对整流装置 VC 的元件有害，为此在整流变压器 T$_1$ 的

副绕组并联由 R_1、C 组成的阻容吸收电路，用以吸收浪涌电压，实现整流装置的过电压保护。

4）照明电路

由照明变压器 T_2 将交流 380 V 降为 24 V，并由开关 SA_1 控制照明灯 EL。在照明变压器 T_2 的原绕组上接有熔断器 FU_3 作短路保护。

8.4.4 M7130 型磨床电气控制常见故障分析

平面磨床电气控制特点是采用电磁吸盘，在此仅对电磁吸盘的常见故障进行分析。

（1）电磁吸盘没有吸力。首先应检查三相交流电源是否正常，然后检查 FU_1、FU_2、FU_4 熔断器是否完好，接触是否正常，再检查接插器 X_2 接触是否良好。如上述检查均未发现故障，则进一步检查电磁吸盘电路，包括欠电流继电器 KA 线圈是否断开，吸盘线圈是否断路等。

（2）电磁吸盘吸力不足。常见的原因有交流电源电压低，导致整流直流电压相应下降，以致吸力不足。若整流直流电压正常，电磁吸力仍不足，则有可能是 X_2 接插器接触不良。造成电磁吸力不足的另一原因是桥式整流电路的故障。如整流桥一臂发生开路，将使直流输出电压下降一半，吸力相应减小。若有一臂整流元件击穿形成短路则与它相邻的另一桥臂的整流元件会因过电流而损坏，此时 T_1 也会因电路短路而造成过电流，致使吸力很小甚至无吸力。

（3）电磁吸盘去磁效果差，造成工件难以取下。其故障原因在于去磁电压过高或去磁回路断开，无法退磁或退磁时间掌握不好等。

8.5 X62W 型卧式万能铣床电气控制

铣床在机床设备中占有很大的比重，在数量上仅次于车床，可用来加工平面、斜面、沟槽，装上分度头可以铣切直齿齿轮和螺旋面，装上圆工作台，可铣切凸轮和弧形槽。铣床的种类很多，有卧式铣床、立式铣床、龙门铣床、仿形铣床和各种专用铣床等。

X62W 型卧式万能铣床型号的含义为

```
            X  6  2  W
铣床 ─────────┘  │  │  └───万能
卧式 ────────────┘  └───2号工作台（用0, 1, 2, 3, 4号表示工作台面宽度）
```

8.5.1 X62W 型卧式万能铣床的主要结构和运动形式

图 8.9 所为是 X62W 型卧式万能铣床外形结构示意图，主要由底座、床身、悬梁、刀杆支架、升降台、溜板及工作台等组成。

箱型床身固定在底座上，它是机床的主体部分，用来安装和联接机床的其他部件，床身内装有主轴的传动机构和变速操纵机构。

床身的顶部有水平导轨，其上装有带一个或两个刀杆支架的悬梁，刀杆支架用来支承铣刀心轴的一端，心轴的另一端固定在主轴上，并由主轴带动旋转。悬梁可沿水平导轨移动，以便调整铣刀的位置。

床身的前侧面装有垂直导轨，升降台可沿导轨上下移动，在升降台上面的水平导轨上，装有可在平行于主轴轴线方向移动（横向移动，即前后移动）的溜板，溜板上部有可以转动的回转台。

工作台装在回转台的导轨上，可以作垂直于轴线方向的移动（纵向移动，即左右移动）。工作台上有固定工件的 T 形槽。因此，固定于工作台上的工件可作上下、左右及前后三个方向的移动，便于工作调整和加工时进给方向的选择。

溜板可绕垂直轴线左右旋转 45°，因此工作台还能在倾斜方向进给，以加工螺旋槽。该铣床还可以安装圆工作台以扩大铣削能力。

X62W 型卧式万能铣床有三种运动，主轴带动铣刀的旋转运动为主运动，加工中工作台带动工件的移动或圆工作台的旋转运动为进给运动，工作台带动工件在三个方向的快速移动为辅助运动。

1、2—纵向工作台进给手动手轮和操纵手柄；3、15—主轴停止按钮；4、17—主轴启动按钮；
5、14—工作台快速移动按钮；6—工作台横向进给手动手轮；7—工作台升降进给手动摇把；
8—自动进给变还手柄；9—工作台升降、横向进给手柄；10—油泵开关；11—电源开关；
12—主轴瞬时冲动手柄；13—照明开关；16—主轴调速转盘；18—床身；19—悬梁；
20—刀杆支架；21—工作台；22—溜板；23—回转盘；24—升降台；25—底座

图 8.9   X62W 型万能铣床结构示意图

8.5.2   X62W 型卧式万能铣床电力拖动的特点及控制要求

（1）由于铣床的主运动和进给运动之间没有严格的速度比例关系，因此铣床采用单独拖动的方式，即主轴的旋转和工作台的进给，分别由两台笼形异步电动机拖动。其中进给电动机与进给箱均安装在升降台上。

（2）为了满足铣削过程中顺铣和逆铣的加工方式，要求主轴电动机能实现正、反旋转，但这可以根据铣刀的种类，在加工前预先设置主轴电动机的旋转方向，而在加工过程中则不需改变其旋转方向，故采用倒顺开关实现主轴电动机的正反转。

（3）由于铣刀是一种多刃刀具，其铣削过程是断续的，因此为了减小负载波动对加工质量造成的影响，主轴上装有飞轮。由于其转动惯性较大，因而要求主轴电动机能实现制动停车，以提高工作效率。

（4）工作台在 6 个方向上的进给运动，是由进给电动机分别拖动三根进给丝杆来实现的，每根丝杆都应该有正反向旋转，因此要求进给电动机能正反转。为了保证机床、刀具的安全，在铣削加工时，只允许工件同一时刻作某一个方向的进给运动。另外，在用圆工作台进行加工时，要求工作台不能移动。因此，各方向的进给运动之间应有联锁保护。

（5）为了缩短调整运动的时间，提高生产效率，工作台应有快速移动控制，这里通过快速电磁铁的吸合而改变传动链的传动比来实现。

（6）为了适应加工的需要，主轴转速和进给转速应有较宽的调节范围，X6ZW 型卧式万能铣床采用机械变速的方法即改变变速箱的传动比来实现，简化了电气调速控制电路。为了保证在变速时齿轮易于啮合，减小齿轮端面的冲击，要求主轴和进给电动机变速时都应具有变速冲动控制。

（7）根据工艺要求，主轴旋转与工作台进给应有先后顺序控制的联锁关系，即进给运动要在铣刀旋转之后才能进行。铣刀停止旋转，进给运动就该同时停止或提前停止，否则易造成工件与铣刀相碰事故。

（8）为了使操作者能在铣床的正面、侧面方便地进行操作，对主轴电动机的启动、停止以及工作台进给运动的选向和快速移动，设置了多地点控制（两地控制）方案。

（9）冷却泵电动机用来拖动冷却泵，有时需要对工件、刀具进行冷却润滑，采用主令开关控制其单方向旋转。

（10）工作台上下、左右、前后 6 个方向的运动应具有限位保护。

（11）应有局部照明电路。

8.5.3　X62W 型卧式万能铣床电气控制电路分析

图 8.10 所示为 X62W 型万能铣床电气控制原理图。该线路分为主电路、控制电路和照明电路三部分。

1. 主电路分析

主电路共有 3 台电动机，M_1 为主轴电动机，M_2 为工作台进给电动机，M_3 为冷却泵电动机。其控制和保护电器见表 8.3。

表 8.3　X62W 型万能铣床各电机的控制和保护电器

名称及代号	控制电器	过载保护电器	短路保护电器
主轴电动机 M_1	KM_1、KM_2、SA_5	FR_1	FU_1
进给电动机 M_2	KM_3、KM_4	FR_2	FU_2
冷却泵电动机 M_3	KM_6	FR_3	FU_2

（1）主轴电动机 M_1 由接触器 KM_1 控制启动和停止。其旋转方向由倒顺开关 SA_5 进行预先设置。接触器 KM_2、制动电阻器 R 及速度继电器的配合，能实现串电阻瞬时冲动和反接制动。

（2）进给电动机 M_2 接通接触器 KM_3、KM_4 进行反转控制，实现六个方向的常速进给，通过与行程开关及接触器 KM_5、牵引电磁铁 YA 配合，能实现进给变速时的瞬时冲动和快速进给。

（3）冷却泵电动机 M_3 由 KM_6 单向旋转启停控制。

（4）熔断器 FU_1 作机床总短路保护，也兼作 M_1 的短路保护；FU_2 作为 M_2、M_3 及控制变压器 TC 的短路保护，热继电器 FR_1、FR_2、FR_3 分别作为 M_1、M_2、M_3 的过载保护。

图 8.10　X62W 型万能铣床电气控制原理图

2. 控制电路分析

控制电路的电源由控制变压器 TC 输出 220 V 电压供电。

1) 主轴电动机 M_1 的控制

为方便操作，主轴电动机 M_1 采用两地控制方式，一组启动按钮 SB_3 和停止按钮 SB_1 安装在工作台上，另一组启动按钮 SB_4 和停止按钮 SB_2 安装在床身上，SQ_7 是主轴变速手柄联动的瞬时动作行程开关。主轴电动机 M_1 的控制包括启动控制、制动控制、换刀控制和变速冲动控制。

（1）主轴电动机启动：先将 SA_5 扳到主轴电动机所需的旋转方向，然后再按启动按钮 SB_3 或 SB_4 来启动电动机 M_1。M_1 启动后，速度继电器 KS 的一副常开触点闭合，为主轴电动机的停转制动做好准备。

（2）主轴电动机制动：按停止按钮 SB_1 或 SB_2，切断 KM_1 电路，接通 KM_2 电路，改变 M_1 的电源相序，进行串电阻反接制动。当 M_1 的转速低于 120 r/min 时，速度继电器 KS 的一副常开触点恢复断开，切断 KM_2 电路，M_1 停转，制动结束。

（3）主轴电动机变速时的瞬时冲动控制：利用变速手柄与冲动行程开关 SQ_7，通过机械上联动机构进行控制。主轴变速冲动控制示意图如图 8.11 所示。

图 8.11　主轴变速冲动控制示意图

变速时，先下压变速手柄，然后接到前面，当快要落到第二道槽时，转动变速盘，选择需要的转速。此时凸轮压下弹簧杆，使冲动行程开关 SQ_7 的常闭触点先断开，切断 KM_1 线圈的电路，电动机 M_1 断电；同时 SQ_7 的常开触点接通，KM_2 线圈通电动作，M_1 被反接制动。当手柄接到第二道槽时，SQ_7 不受凸轮控制而复位，M_1 停转。接着把手柄从第二道槽推回原始位置，凸轮又瞬时压动行程开关 SQ_7，使 M_1 反向瞬时冲动一下，以利于变速后的齿轮啮合。

2) 工作台进给电动机 M_2 的控制

工作台的纵向、横向和垂直运动都由进给电动机 M_2 驱动，接触器 KM_3 和 KM_4 实现正反转，用以改变进给运动方向。它的控制电路采用了与纵向运动机械手柄联动的行程开关 SQ_1、SQ_2 和横向及垂直运动机械操作手柄联动的行程开关 SQ_3、SQ_4 组成复合连锁控制。即在选择三种运动形式的六个方向移动时，只能进行其中一个方向的移动，以确保操作安全。当这两个机械操作手柄都在中间位置时，各行程开关都处在未压的原始状态。表 8.4 所列为圆工作台转换开关工作状态。

表 8.4　圆工作台转换开关工作状态

位置 触点	接通圆工作台	断开圆工作台
$SA_3 - 1$	－（断开）	＋（接通）
$SA_3 - 2$	＋	－
$SA_3 - 3$	－	＋

由图 8.10 可知：M_2 在 M_1 启动后才能进行工作。在机床接通电源后，将控制工作台的组合开关 SA_3 - 2(21 - 19)扳到断开状态，使触点 SA_3 - 1(17 - 18)和 SA_3 - 3(11 - 21)闭合，然后按下 SB_3 或 SB_4，这时接触器 KM_1 吸合，使 KM_1(8 - 13)闭合，就可进行工作台的进给控制。

(1) 工作台纵向(左右)运动的控制：工作台的纵向运动由 M_2 驱动，由纵向操纵手柄来控制。此手柄是复式的，一个安装在工作台底座的顶面中央部位，另一个安装在工作台底座的左下方。手柄有三个位置：向左、向右、零位。当手柄扳到向左或向右运动方向时，手柄的联动机构压下行程开关 SQ_1 或 SQ_2，使接触器 KM_3 或 KM_4 动作。控制进给电动机 M_2 转向。工作台左右运动的行程，可通过调整安装在工作台两端的撞铁位置来实现。当工作台纵向运动到极限位置时，撞铁撞动纵向手操纵手柄，使它回到零位，M_2 停转，工作台停止运动，从而实现纵向终端保护。表 8.5 所列为工作台纵向行程开关工作状态。

表 8.5　工作台纵向行程开关工作状态

位置 触点	纵向操纵手柄向左	纵向操纵手柄向中位	纵向操纵手柄向右
$SQ_1 - 1$	＋（接通）	－（断开）	－
$SQ_1 - 2$	－	＋	＋
$SQ_2 - 1$	－	－	＋
$SQ_2 - 2$	＋	＋	－

工作台向左运动：在 M_1 启动后，将纵向操作手柄扳至向左位置，一方面机械接通纵向离合器，同时在电气上压下 SQ_1，使 SQ_1 - 2 断开，而其他控制进给运动的行程开关都处于原始位置，此时 KM_3 吸合，M_2 正转，工作台向左进给运动。工作台向右运动：将纵向操作手柄扳至向右位置，一方面机械接通纵向离合器，同时在电气上压下 SQ_2，使 SQ_2 - 2 断开，而其他控制进给运动的行程开关都处于原始位置，此时 KM_4 吸合，M_2 反转，工作台向右进给运动。

(2) 工作台垂直(上下)和横向(前后)运动的控制：工作台垂直和横向运动，由垂直和横向进给手柄操纵。此手柄也是复式的，有两个完全相同的手柄分别装在工作台左侧前、后方。手柄联动机构一方面压下行程开关 SQ_3 或 SQ_4，同时能接通垂直或横向进给离合器。操纵手柄有五个位置(上、下、前、后、中间)，五个位置是连锁的，工作台的上下和前后的终端保护是利用装在床身导轨旁与工作台座上的撞铁，将操纵十字手柄撞到中间位置，使 M_2 断电停转。表 8.6 所列为工作台升降、横向行程开关工作状态。

表 8.6　工作台升降、横向行程开关工作状态

位置触点	升降横向操纵手柄向前/向下	升降横向操纵手柄中间	升降横向操纵手柄向后/向上
SQ_3-1	−	−	+
SQ_3-2	+	+	−+
SQ_4-1	+		
SQ_4-2		+	+−

工作台向后(或向上)运动的控制：将十字操纵手柄扳至向后(或向上)位置时，机械上接通横向进给(或垂直进给)离合器，同时压下 SQ_3，使 SQ_3-2 断开，SQ_3-1 连通，KM_3 吸合，M_2 正转，工作台向后(或向上)运动。工作台向前(或向下)运动的控制：将十字操纵手柄扳至向前(或向下)位置时，机械上接通横向进给(或垂直进给)离合器，同时压下 SQ_4，使 SQ_4-2 断开，SQ_1-1 连通，KM_4 吸合，M_2 反转，工作台向上(或向下)运动。

(3) 进给电动机变速时的瞬时冲动控制：变速时，为使齿轮易于啮合，进给变速与主轴变速一样，设有变速冲动环节。当需要进行进给变速时，应将转速盘的蘑菇形手轮向外拉出并转动转速盘，把所需进给量的标尺数字对准箭头，然后再把蘑菇形手轮用力向外拉到极限位置并随即推向原位，就在一次操纵手轮的同时，其连杆机构二次瞬时压下行程开关 SQ_6，使 KM_3 瞬时吸合，M_2 作正向瞬时冲动。由于进给变速瞬时冲动的通电回路要经过 SQ_1、SQ_2、SQ_3、SQ_4 四个行程开关的常闭触点，因此只有当进给运动的操纵手柄都在中间(停止)位置时，才能实现进给变速冲动控制，以保证操作时的安全。同时，与主轴变速冲动控制一样，电动机的通电时间不能太长，以防止转速过高，在变速时打坏齿轮。

(4) 工作台的快速移动控制：为了提高劳动生产率，要求铣床在不作铣削加工时，工作台能够快移动。工作台快速移动也是由进给电动机 M_2 来驱动的，在纵向、横向和垂直三种运动形式六个方向上都可以实现快速移动控制。

主轴电动机启动后，将进给操纵手柄扳到所需位置，工作台按照选定的速度和方向作常速进给移动时，再按下快速进给按钮 SB_5(或 SB_6)，使接触器 KM_5 通电吸合，接通牵引电磁铁 YA，电磁铁通过杠杆快速使摩擦离合器闭合，减少中间传动装置，使工作台按运动方向作快速进给运动。当松开快速进给按钮时，电磁铁 YA 断电，摩擦离合器断开，快速进给运动停止，工作台仍按原常速进给时的速度继续运动。

3) 圆工作台的运动控制

铣床如需铣削螺旋槽、弧形槽等曲线时，可在工作台上安装圆形工作台及其传动机构，圆形工作台的回转运动也是由进给电动机 M_2 驱动的。圆工作台工作时，应先将进给操作手柄都扳到中间(停止)位置，然后将圆工作台组合开关 SA_3 扳到圆工作台接通位置。此时，SA_3-1 断开、SA_3-3 断开、SA_3-2 连通，准备就绪后，按下主轴启动按钮 SB_3 或 SB_4，则接触器 KM_1 与 KM_3 相继吸合，主轴电动机 M_1 与进给电动机 M_2 相继启动并运转，而进给电动机仅以正转方向带动圆工作台作定向回转运动。其通路为：11→15→16→17→22→21→19→20→KM_3→0。由上可知，圆工作台与工作台进给有互锁，即当圆工作台工作时，不允许工作台在纵向、横向、垂直方向上有任何运动。

4) 冷却泵和照明控制

冷却泵电动机由转换开关 SA_1 控制。照明灯由转换开关 SA_4 控制，FU_4 提供短路保护。

8.5.4 X62W 型万能铣床电气控制常见故障分析

（1）主轴停车时无制动。主轴无制动时要首先检查按下停止按钮 SB_1 或 SB_2 后，反接制动接触器是否吸合，KM_2 不吸合，则故障原因一定在控制电路，检查时可先操作主轴变速冲动手柄，若有冲动，故障范围就缩小到速度继电器和按钮支路上。若 KM_2 吸合，则故障原因之一是主电路的 KM_2、R 制动支路中，至少有缺一相的故障存在。故障原因之二是速度继电器的常开触点过早断开。

（2）主轴停车后产生短时反向旋转。一般是由于速度继电器触点弹性调整过松，使触点分断过迟引起。

（3）按下停止按钮后主轴电动机不停转。如按下按钮，KM_1 不释放，则故障是主触点熔焊引起。如按下按钮，KM_1 能释放，同时伴有嗡嗡声或转速过低，则可断定制动时主电路有缺相故障存在。

（4）工作台不能作向上进给运动。要么是触点 $SQ_4 - 1$ 不能吸合，要么是机械磨损或移位使操纵失灵。

（5）工作台不能快速移动。常见的故障是牵引电磁铁电路不通，多数是由线头脱落、线圈损坏或机械卡死引起。

8.6 桥式起重机电气控制

起重机是用来起吊和搬移重物的一种生产机械，通常也称为行车或天车，它广泛应用于工矿企业、车站、港口、仓库、建筑工地等场所，以完成各种繁重任务，改善人们的劳动条件，提高劳动生产率，是现代化生产不可缺少的工具之一。

起重机按其结构的不同可分为桥式起重机、门式起重机、塔式起重机、旋转起重机及缆索起重机等，其中以桥式起重机的应用最为广泛，厂房中使用的起重机几乎都是桥式起重机。

8.6.1 桥式起重机的主要结构和运动形式

桥式起重机由桥架、装有提升机构的小车、大车走行机构及操纵室等几部分组成，其结构如图 8.12 所示。

1—梯子；2—大车轨道；3—辅助滑线架；4—电控柜；5—电阻箱；6—起重小车；
7—大车走行机构；8—厂房立柱；9—端梁；10—主滑线；11—主梁；12—吊钩；13—驾驶室

图 8.12 桥式起重机结构示意图

桥架是桥式起重机的基本构件,由主梁、端梁等组成。主梁跨架在车间上空,其两端连有端梁,主梁外侧装有走台并设有安全栏杆。桥架上装有大车走行机构、电控柜、起升机构、小车运行轨道以及辅助滑线架。桥架的一头装有驾驶室,另一头装有引入电源的主滑线。

大车走行机构由驱动电动机、制动器、传动轴、减速器和车轮等组成。其驱动方式有集中驱动和分别驱动两种。目前我国生产的桥式起重机大部分采用分别驱动方式,它具有自重轻、安装维护方便等优点。整个起重机在大车走行机构驱动下,沿车间长度方向作纵向移动。

小车运行机构由小车架、小车走行机构和起升机构组成。小车架由钢板焊成,其上装有小车走行机构、起升机构、栏杆及起升限位开关。小车可沿桥架主梁上的轨道作横向移行。在小车运动方向的两端装有缓冲器和限位开关。小车走行机构由电动机、减速器、制动器等组成。电动机经减速后带动主动轮使小车运动。

起升机构由电动机、减速器、卷筒、制动器等组成,起升电动机通过制动轮、联轴节与减速器连接,减速器输出轴与起吊卷筒相连。

通过以上分析可知,桥式起重机的运动形式有三种,即由大车拖动电动机驱动的纵向运动,由小车拖动电动机驱动的横向运动以及由起升电动机驱动的重物升降(垂直)运动。

8.6.2　桥式起重机电力拖动的特点及控制要求

桥式起重机械的工作条件恶劣,其电动机属于重复短时工作制。由于起重机的工作性质是间歇的(时开时停,有时轻载,有时重载),因而要求电动机经常处于频繁启动、制动和反向工作状态,同时能承受较大的机械冲击,并有一定的调速要求。为此,专门设计了起重用电动机,它分为交流和直流两大类,交流起重用异步电动机有绕线转子式和鼠笼式两种,一般用在中、小型起重机上;直流电动机一般用在大型起重机上。

为了提高起重机的生产效率及可靠性,对其电力拖动和自动控制等方面都提出了很高要求,这些要求集中反映在起升机构的控制上,而对大车及小车走行机构的要求就相对低一些,主要是保证有一定的调速范围和适当的保护。

起重机对提升机构电力拖动与自动控制的主要要求是:

(1) 空钩能快速升降,以减少辅助工作时间,提高效率。轻载的起升速度应大于额定负载的起升速度。

(2) 具有一定的调速范围,对于普通桥式起重机调速范围一般为 3:1,而要求高的地方则应达到 5:1~10:1。

(3) 在起升之初或重物接近预定位置附近时,都需要低速运行。因此,升降控制应将速度分为几挡,以便灵活操作。

(4) 提升第一挡,为避免过大的机械冲击,消除传动间隙,使钢丝绳张紧,电动机的启动转矩不能过大,一般限制在额定转矩的一半以下。

(5) 负载下降时,根据重物的大小,拖动电动机的转矩可以是电动转矩,也可以是制动转矩,两者之间的转换是自动进行的。

(6) 为确保安全,要采用电气与机械双重制动,既减小机械抱闸的磨损,又可防止突然断电而使重物自由下落造成设备和人身事故。

（7）具有完备的电气保护与联锁环节。

由于起重机使用很广泛，因而它的控制设备已经标准化。根据拖动电动机容量的大小，常用的控制方式有两种：一种是采用凸轮控制器直接去控制电动机的启停、正反转、调速和制动，这种控制方式由于受到控制器触点容量的限制，因而只适用于小容量起重电动机的控制；另一种是采用主令控制器与磁力控制屏配合的控制方式，适用于容量较大、调速要求较高的起重电动机和工作十分繁重的起重机。对于 15 t 以上的桥式起重机，一般同时采用两种控制方式，主提升机构采用主令控制器配合控制屏控制的方式，而大、小车移行机构和副提升机构则采用凸轮控制器控制方式。

8.6.3　凸轮控制器控制绕线式转子异步电动机电路

凸轮控制器控制线路具有线路简单，维护方便，价格便宜等优点，适用于中、小型起重机的走行机构电动机和小型起升机构电动机的控制。5 t 桥式起重机的控制线路一般就采用凸轮控制器控制。

图 8.13 所示是采用凸轮控制器控制绕线转子异步电动机实现启停、正反转、调速与制动的电气原理图。凸轮控制器控制电路的特点是以凸轮控制器圆柱表的展开图来表示。由图可见，凸轮控制器 SA 有编号为 1～12 的 12 对触点，以竖画的细实线来表示；而凸轮控

图 8.13　凸轮控制器控制绕线转子异步电动机电气原理图

制器的操作手柄右旋(控制电动机正转)和左旋(控制电动机反转)各有 5 个挡位,加上中间位置(称为"零位")共有 11 个挡位,用横画的细虚线表示;每对触点在各挡位是否接通,则在横竖线交点上用黑圆点表示,有黑点的表示接通,无黑点的则表示断开。

图中 M 为三相绕线转子异步电动机,在转子电路中串入三相不对称电阻 R,用作启动及调速控制。YB 为电磁制动抱闸的电磁铁,其三相电磁线圈与 M(定子绕组)并联。QS 为电源引入开关,KM 为控制电路电源的接触器。KA_0 和 KA_2 为过电流继电器,其线圈(KA_0 为单线圈,KA_2 为双线圈)串联在 M 的三相定子电路中,而其动断触点串联在 KM 的线圈支路中。

1. 电动机定子电路

在每次操作之前,应先将 SA 置于零位,由图 8.13 可知 SA 的触点 10、11、12 在零位接通,然后合上电源开关 QS,按下启动按钮 SB,接触器 KM 线圈通过 SA 的触点 12 通电,KM 的三对主触点闭合,接通 M 的电源,然后通过 SA 操纵电动机 M 的运行。SA 的触点 10、11 与 KM 的动合触点一起构成正转或反转时的自锁电路。

凸轮控制器 SA 的触点 1~4 用以控制 M 的正反转,由图 8.13 可见,SA 右旋五挡触点 2、4 均接通,M 正转;而左旋 5 挡是触点 1、3 接通,改变电源的相序,M 反转;在零位时 4 对触点均断开。

2. 电动机转子电路

凸轮控制器 SA 的触点 6~9 用以控制 M 的转子电阻 R,以实现对 M 启动和转速的控制。由图 8.13 可见,SA 的触点 6~9 在中间零位均断开,而在左、右旋各 5 挡的通断情况是完全对称的。在左(右)旋第一挡,SA 的触点 6~9 均断开,三相不对称电阻 R 全部串入 M 转子电路,此时 M 的转速最低;SA 置第 2、3、4 挡时,触点 5、6、7 依次接通,将 R 逐级不对称切除,电动机的转速逐步升高;当 SA 置第 5 档时,SA 的触点 6~9 全部接通,R 全部被切除,电动机 M 转速最高。

由以上分析可知,凸轮控制器是在启动的过程中逐级切除转子电阻,以调节电动机的启动转矩和转速,从第 1 挡到第 5 挡电阻逐渐减小至全部切除,转速逐渐升高。

3. 保护电路

图 8.13 电路有欠压、零压、零位、过流、行程终端限位保护和安全保护六种保护功能。

1) 欠压保护

接触器 KM 本身具有欠电压保护功能,当电源电压不足时,KM 因电磁吸力不足而复位,其动合主触点和自锁触点都断开,从而切断电源。

2) 零压保护和零位保护

采用按钮 SB 启动,SB 动合触点与 KM 的自锁动合触点相并联的电路,都具有零压(失压)保护功能,在操作中一旦断电,必须再次按下 SB 才能重新接通电源。在此基础上,采用凸轮控制器控制的电路在每次重新启动时,还必须将凸轮控制器旋回中间的零位,使触点 12 接通,才能够按下 SB 接通电源,这就防止在控制器还置于左右某一挡位,电动机转子电路串入的电阻较小的情况下启动电动机,造成较大的启动转矩和电流冲击,甚至事故。这一保护作用称为"零位保护"。触点 12 只有在零位才接通,而其他 12 个挡位均断开,故称触点 12 为零位保护触点。

3）过载保护

采用过流继电器作过流（包括短接、过载）保护，过流继电器 KA_0、KA_2 的动断触点串联在 KM 线圈支路中，一旦出现过电流便切断 KM 线圈回路，从而切断电源。此外 KM 的线圈支路采用熔断器 FU 作短路保护。

4）行程终端限位保护

采用行程开关 SQ_1 和 SQ_2 作为电动机正、反转的行程终端限位保护。

8.6.4　用凸轮控制器控制的 5～10 t 桥式起重机电气控制电路

1. 主电路

图 8.14 所示为 5～10 t 桥式起重机电气控制电路。

图 8.14　5～10 t 桥式起重机电气控制电路

图 8.14 中共有 4 台绕线转子异步电动机，它们分别是起升电动机 M_1、小车走行电动机 M_2、大车走行电动机 M_3、M_4，大车走行采用了分别驱动的方式。4 台电动机分别由 3 台凸轮控制器，SA_1 控制 M_1、SA_2 控制 M_2、SA_3 同步控制 M_3 和 M_4。R_1～R_4 分别为 4 台

电动机电路串入的调速电阻器；$YB_1 \sim YB_4$ 则分别为 4 台电动的制动电磁铁。三相电源由 QS_1 引入，并由接触器 KM 控制。过流继电器 $KA_0 \sim KA_4$ 作过电流保护，其中 $KA_1 \sim KA_4$ 为双线圈式，分别保护 M_1、M_2、M_3；KA_0 为单线圈式，单独串联在主电路的一相电源线中，作总电路的过电流保护。

图 8.14 桥式起重机电气控制电路的工作原理与图 8.13 相同，不同的是凸轮控制器 SA_3 共有 17 对触点，多出的 5 对触点用于控制另一台电动机的转子电路，因此可以同步控制两台绕线转子异步电动机。另外就是在起升和下降的操作时要按下述方式进行。

1）提升重物

提升重物时，起升电动机为正转（凸轮控制器 SA_1 右旋），第一挡的启动转矩很小，是作为预备级，用于消除传动齿轮的间隙并张紧钢丝绳，在 2～5 挡提升速度逐渐提高。

2）轻载下放重物

轻载下放重物时，起升电动机为反转（凸轮控制器 SA_1 左旋），因为下放的重物较轻，其重力矩 T_w 不足以克服摩擦转矩 T_f，则电动机工作在反转电动机状态，电动机的电磁转矩 T 与 T_w 方向一致迫使重物下降（$T_w + T > T_f$），在不同的挡位可获得不同的下降速度。

3）重载下放重物

重载下放重物时，起升电动机仍然反转，但由于负载较重，其重力矩 T_w 与电动机电磁转矩 T 方向一致而使电动机加速，当电动机转速大于同步转速 n_0 时，电动机进入再发电制动状态，在操作时应将凸轮控制器 SA_1 的手轮从零位迅速扳至第 5 挡，中间不允许停留，再往回操作时也一样，应从第 5 挡快速扳回零位，以免引起重物高速下降而造成事故。

由此可见，在下放重物时，不论是重载还是轻载，该电路都难以控制低速下降，因此在下降操作中如需要较准确的定位时，可采用点动操作的方式，即将控制器的手轮在下降（反转）第 1 挡与零位之间来回扳动以点动起升电动机，并配合制动器便能实现较准确的定位。

2. 保护电路

采用凸轮控制器控制的桥式起重机广泛使用保护箱，保护箱由刀开关，接触器和过电流继电器等组成，用于控制和保护起重机，实现电动机过流保护、失压保护、零位保护和限位保护。保护箱有定型产品。保护电路见图 8.14 中 7～11 区，主要是 KM 的线圈电路，该电路具有欠压、零压、零位、过流、行程终端限位保护和安全保护共六种保护功能。

1）欠压与零压保护

接触器 KM 本身具有欠电压保护功能，当电源电压不足时（低于额定电压的 85%），KM 因电磁吸力不足而复位，其动全主触点和自锁触点都断开，从而切断电源。

2）零位保护

采用凸轮控制器控制的电路在每次重新启动时，都必须将凸轮控制器旋回中间的零位，使零位触点 12 与 17 接通，才能够按下 SB 接通电源，这就防止在控制器还置于左右某一挡位，电动机转子电路串入的电阻较小的情况下启动电动机，造成较大的启动转矩和电流冲击，甚至事故。

3）过载保护

采用过流继电器作过流（包括短接、过载）保护，过流继电器 $KA_0 \sim KA_4$ 的动断触点串联在 KM 线圈支路中，一旦出现过电流便切断 KM 线圈回路，从而切断电源。此外 KM 的线圈支路采用熔断器 FU 作短路保护。

4）安全保护

SA₄ 为事故紧急开关，平常 SA₄ 处于闭合状态，一旦发生事故或出现紧急情况，可断开 SA₄，紧急停车。SQ₆ 是舱口安全开关，SQ₇ 和 SQ₈ 是横梁栏杆门的安全开关，平时驾驶舱门和横梁栏杆门都应关好，将 SQ₆、SQ₇、SQ₈ 都压合，若有人进入桥架进行检修时，这些门开关就被打开，即使按下 SB 也不能使 KM 通电。

5）行程终端限位保护

行程开关 SQ₁、SQ₂ 分别作小车右行和左行的行程终端限位保护，其动断触点分别串联在 KM 的自锁支路中。行程开关 SQ₃、SQ₄ 分别作大车的前进与后退行程终端限位保护，SQ₅ 作吊钩上升的限位保护。

8.6.5　用按钮开关操作小吨位桥式起重机电气控制电路

小吨位的桥式起重机可采用地面上控制，用按钮开关进行操作。图 8.15 为用按钮开关操作的小吨位起重机控制电路。

图 8.15　用按钮开关操作的小吨位起重机控制电路

图 8.15 所示电路中有 3 台电动机均为笼形异步电动机，不具有调速功能，而且 3 台电动机均采用点动控制，以确保搬运重物的安全。这种起重地面配电柜通常是安装在厂房一侧墙壁上，是固定不动的，当需要操纵起重机时，可打开配电柜盖，合上总电源开关 QS，按下总按钮 SB₂，则接触器 KM₁ 通电，闭合主触点 KM₁，三相交流电源给起重机的三根滑线供电。

起重机电路的操作过程如下：当需操纵起重机时，操纵人员站在起重机下方地面上，手握操纵按钮盒，先按下起重机按钮 SB₄，则接触器 KM₂ 通电，3 组主触点闭合，随后即启动操纵起重机上 3 台电动机中任一台电动机的运行，在操纵大车和小车运动时，人必须随大小或小车的运动方向一起运动。

行程开关 $SQ_1 \sim SQ_5$ 分作吊钩上升，大车前后、小车左右运动的行程终端限位保护。

本章实验实训

Z3040 型摇臂钻床电气控制电路安装操作实训

1. 实训目的

(1) 了解 Z3040 型摇臂钻床电气控制电路的基本原理。

(2) 掌握 Z3040 型摇臂钻床电气控制电路的接线技能。

(3) 熟悉 Z3040 型摇臂钻床电气控制电路的控制过程。

(4) 熟悉电气控制柜及采用线槽布线的布线工艺。

(5) 熟悉各控制元器件的工作原理及构造。

2. 实训器材

三相鼠笼式异步电动机 4 台，热继电器 2 个，交流接触器 5 个，时间继电器 2 个，按钮开关 6 个，旋钮开关 2 个，照明灯 1 个，指示灯 3 个，熔断器 6 个，小型三相断路器 1 个，小型两相断路器 2 个，连接导线及相关工具若干。

3. 实训内容与步骤

Z3040 型摇臂钻床控制电路的主电路如图 8.16 所示，Z3040 型摇臂钻床的控制电路如图 8.17 所示。

图 8.16　Z3040 型摇臂钻床的主电路

(1) 参考图 8.16 和图 8.17 接线，经指导教师检查后，方可进行通电操作。

(2) 合上控制柜内的电源总开关，按下控制柜面板上的电源启动按钮。

(3) 合上开关 QS_1、QS_2，分别给主电路和控制电路供电。

(4) 若钻床需要供照明灯，可合上开关 SA_2，EL 灯亮。

(5) 主轴电动机 M_1 的控制：

图 8.17　Z3040 型摇臂钻床的控制电路

① 按下启动按钮 SB_2，使 KM_1 线圈得电，接通主回路中 KM_1 的常开主触点，启动主轴电动机 M_1，观察并记录相关电气元件及电动机的运转情况。如果指示灯 HL_3 点亮，表明主轴电动机在旋转。

② 按下停止按钮 SB_1，使 KM_1 线圈断电，断开主回路中 KM_1 的主触点，停止主轴电动机的运转，观察并记录相关电气元件及电动机的运转情况。如果指示灯 HL_3 灭，表明电动机 M_1 停转。

（6）摇臂升降的控制：

① 上升控制：按下上升启动按钮 SB_3，使 KM_2 线圈得电，接通主回路中 KM_2 的常开主触点，启动摇臂升降电动机 M_2，观察并记录相关电气元件及电动机的运转情况。

② 下降控制：按下下降控制按钮 SB_4，使 KM_2 线圈断电，KM_3 线圈得电，使摇臂升降电动机 M_2 反向运转，观察并记录相关电气元件及电动机的运转情况。

（7）主轴箱和立柱松开与夹紧控制：

① 夹紧控制：按下夹紧控制按钮 SB_5，使 KM_4 线圈得电，接通主回路中 KM_4 的常开主触点，启动液压泵电动机 M_3，观察并记录相关电气元件及电动机的运转情况。

② 松开控制：放开 SB_5，按下松开控制按钮 SB_6，使 KM_4 线圈断电，KM_5 线圈得电，使液压泵电动机 M_3 反向运转，观察并记录相关电气元件及电动机的运转情况。

（8）实验完毕，断开开关 QS_1、QS_2，按下控制柜面板上的电源停止按钮，切断三相交流电源，拆除连线。

本 章 小 结

1. 分析生产机械电气控制的依据是生产机械的基本结构、运行情况，加工工艺要求和生产机械的电力拖动及电气控制的要求。

2. 电气控制分析的内容有设备说明书、电气原理图、电气设备总装接线图、电气元件布置图和接线图等。

3. 电气原理图阅读分析基本方法是"先机后电，先主后辅，化整为零，集零为整、统观全局，总结特点"。

4. 车床的切削运动包括工件旋转的主运动和刀具的直线进给运动。有三台电动机：M_1 为主轴电动机，带动主轴旋转和刀架作进给运动；M_2 为冷却泵电动机，用以输送切削液；M_3 为刀架快速移动电动机。

5. 摇臂钻床的主运动为主轴的旋转运动。进给运动为主轴的纵向进给。辅助运动有摇臂沿外立柱垂直移动、主轴箱沿摇臂长度方向的移动、摇臂与外立柱一起绕内立柱的回转运动。有四台电动机，M_1 为主轴电动机，M_2 为摇臂升降电动机，M_3 为液压泵电动机，M_4 为冷却泵电动机。

6. 平面磨床的主运动是砂轮的旋转运动。进给运动有垂直进给，横向进给和纵向进给。平面磨床采用 3 台电动机拖动，其中砂轮电动机拖动砂轮旋转；液压电动机拖动液压泵，冷却泵电动机拖动冷却泵。

7. 卧式万能铣床有三种运动，主轴带动铣刀的旋转运动为主运动，加工中工作台带动工件的移动或圆工作台的旋转运动为进给运动，工作台带动工件在三个方向的快速移动为辅助运动。卧式万能铣床有 3 台电动机，M_1 为主轴电动机，M_2 为工作台进给电动机，M_3 为冷却泵电动机。

8. 桥式起重机的运动形式有三种，即由大车拖动电动机驱动的纵向运动，由小车拖动电动机驱动的横向运动以及由起升电动机驱动的重物升降（垂直）运动。小型桥式起重机一般有 4 台绕线转子异步电动机，它们分别是起升电动机 M_1、小车走行电动机 M_2、大车走行电动机 M_3、M_4。可以采用凸轮控制器控制，也可采用按钮控制。

练 习 题

一、选择题

1. 分析电气控制原理时，应当（　　　）。

    A. 先机后电　　　　　B. 先电后机　　　　　C. 先辅后主　　　　　D. 化零为整

2. 下列各种电气图中，能用来表示电气元件实际安装位置的是（　　　）。

    A. 电气原理图　　　　B. 电气布置图　　　　C. 电气接线图　　　　D. 电气系统图

3. 机床的调速方法中，一般使用的是（　　　）。

    A. 电气无级调速　　　B. 机械调速　　　　　C. 同时使用以上两种调速

4. 车床控制中，不正确的说法是（　　　）。

    A. 主运动控制可能有正反转

    B. 冷却泵控制可能有正反转

    C. 快速移动采用点动控制

5. M7130 型机床是一台（　　　）。

    A. 摇臂钻床　　　　　B. 平面磨床　　　　　C. 卧式镗床　　　　　D. 万能铣床

6. Z3040 摇臂钻床升降电动机与夹紧电动机不设过载保护是因为（　　　）。

    A. 不会过载　　　　　B. 短时工作　　　　　C. 长期过载也没关系

7. 平面磨床的桥式整流电路中，如果因一个二极管烧坏而断开，则（　　　）。

    A. 整流输出电压为正常值的一半

    B. 整流输出电压为零

    C. 仍能正常工作

8. 若 X62W 万能铣床的主轴未启动，则工作台（　　）。

    A. 不能有任何进给

    B. 可以进给

    C. 可以快速进给

9. 电气原理图中，电源引入线采用（　　）。

    A. L_1、L_2、L_3 符号

    B. U、V、W 符号

    C. a、b、c 符号

10. 在接触器的触点索引中，（　　）。

    A. 左栏为主触点，中栏为辅助常开触点，右栏为辅助常闭触点

    B. 左栏为辅助常开触点，中栏为主触点，右栏为辅助常闭触点

    C. 左栏为辅助常开触点，中栏为辅助常闭触点，右栏为主触点

二、问答题

1. 电气控制电路分析的依据有哪些？分析的内容有哪些？

2. 电气控制电路图分哪几类？

3. 阅读电气控制原理图方法和步骤是什么？

4. CA6140 型车床主轴是如何实现正反转控制的？

5. CA6140 型车床的主轴电动机因过载而自动停车后，立即按启动按钮，但电动机不能启动，是什么原因？

6. Z3040 型摇臂钻床升降电动机的三相电源相序接反，会发生什么问题？

7. Z3040 型摇臂钻床主轴条和立柱不能放檻，试分析原因。

8. M7130 型平面磨床的电磁吸盘吸力不足会造成什么后果？

9. M7130 型平面磨床的电气控制原理图中，欠电流继电器 KA 和电阻 R_2 的作用分别是什么？

10. X62W 型万能铣床中有哪些电气互锁措施？

11. 分析 X62W 型万能铣床主轴变换冲动的控制过程。

12. X62W 型万能铣床可以左右进给，而不能上下、前后进给，试分析原因。

13. 桥式起重机上提升重物的绕线转子异步电动机启动和调速的方法是什么？

14. 桥式起重机上的凸轮控制器的零位开关联锁保护作用是什么？

15. 桥式起重机电气控制原理图中有六种保护功能，它们分别是什么？

附录 A 常用电气图形符号及文字符号

编号	符号名称	图形符号	文字符号	编号	符号名称	图形符号	文字符号
1	直流		—	12	三相变压器		TC
	交流		—				
	交直流		—				
2	正、负极	+ −	—		自耦变压器		TA(U)
3	三角形连接		—				
	星形连接		—				
4	接地		—	13	信号灯、照明灯		HL/EL
5	导线		—	14	他励直流电动机		MD
	导线交叉连接		—				
	导线交叉不连接		—		并励直流电动机		
6	端子	○	—				
	可拆卸的端子	∅	—		三相交流异步电动机		M
7	电阻器		R				
8	电容器		C				
	极性电容器			15	发电机		G
9	电感器		L	开关			
	带铁芯的电感器			16	单极控制开关		SA
10	电流互感器		TA				
					两极手动开关		
	电压互感器		TV		三极隔离开关		QS
11	电抗器		—				
12	单相变压器		TC		三极组合开关		

编号	符号名称	图形符号	文字符号	编号	符号名称	图形符号	文字符号
17	**行程(限位)开关**		SQ	21	**电压继电器**		KV
	常开触点				欠电压线圈	U<	
	常闭触点				常开触点		
	复合触点				常闭触点		
18	**按钮开关**		SB	22	**中间继电器**		KA
	常开按钮	E-\			线圈		
	常闭按钮	E-フ			常开触点		
19	**时间继电器**		KT		常闭触点		
	瞬时闭合常开触点			23	**接触器**		KM
	瞬时闭合常闭触点				常开辅助触点		
	通电延时常开触点				常闭辅助触点		
	通电延时常闭触点				常开主触点		
	通电延时线圈				线圈		
	断电延时线圈			24	**热继电器**		FR
	断电延时常开触点				热元件		
	断电延时常闭触点				常开、常闭触点		
20	**电流继电器**		KA	25	**速度继电器**		KS
	过电流线圈	I>			常开触点	n	
	欠电流线圈	I<			常闭触点	n	
	常开触点			26	熔断器		FU
	常闭触点			27	**电磁操作器**		
21	**电压继电器**		KV		电磁铁		YA
	过电压线圈	U>			电磁阀		YV
					电磁制动器		YB
					电磁离合器		YC

附录 B　中级维修电工考试大纲

（一）基本要求

1. 职业道德

2. 基础知识

2.1　安全用电操作规程

（1）国家供电规则

（2）工厂企业用电安全规程

（3）电业安全作业规程

（4）施工现场临时用电安全技术规范

（5）爆炸危险场所电气安全规程

（6）手持式电动工具的管理、使用、检查和维修安全技术规程

（7）安全电压

2.2　机械识图和焊接等知识

（1）电气图绘制和识图知识

（2）机械识图的基本知识

（3）机械传动基本知识

（4）液压传动的基本知识

（5）一般机械的零部件拆装

（6）一般焊接（锡焊和电焊）的知识

2.3　电工知识

（1）电路的基本分析与计算

（2）磁路的基本概念

（3）电工材料的使用知识

（4）接地与接零的种类、作用及要求

（5）防雷保护、防静电、防爆和防火的知识

2.4　电子技术知识

（1）二极管、三极管、晶闸管元件

（2）整流电路

（3）放大电路

（4）晶体管模拟电路基础知识和应用

（5）数字电路的基础知识和应用

2.5　电力拖动知识

（1）电机的安装与维护保养

（2）自动控制的基本知识

（3）变频调速控制原理和应用知识

（4）可编程控制器的原理和应用知识

2.6　工厂变配电知识

（1）变压器的安装、维护和保养

（2）照明电路的安装知识

（3）继电保护知识

2.7　微型计算机控制原理和应用知识

2.8　电气技术发展的简史

（二）中级电工要求

职业功能	工作内容	技能要求	相关知识
一、电机控制	（一）交流电动机控制	1. 电动机顺控、Y/△启动、能耗制动及双速控制线路安装接线； 2. 电动机顺控、Y/△启动、能耗制动及双速控制线路故障排除	1. 中、小型交流电动机绕组的分类、绘制绕组展开图、接线图并判别2、4、6、8极单路、双路绕组接线图； 2. 常用电气型号组成及表示方法； 3. 断路器、接触器、隔离开关规格型号及选择整定； 4. 中间继电器、热继电器及时间继电器型号规格及选择整定； 5. 常用按钮、行程开关、转换开关等型号、文字图形表示及选择； 6. 熔断器型号规格及熔丝选择计算
	（二）直流电动机控制	1. 直流电动机的正、反转、调速及能耗制动的控制； 2. 直流电动机的正、反转、调速及能耗制动控制线路的故障排除	1. 直流电机的结构及工作原理； 2. 直流电机的绕组与换向； 3. 直流电机的故障与排除
二、仪器仪表与电气参数测量	（一）仪器、仪表使用	1. 信号发生器的使用； 2. 毫伏表的使用； 3. 双踪示波器的使用； 4. 单臂电桥的使用	1. 电子工作台、信号发生器、毫伏表、双踪示波器、面包实验板结构、工作原理及使用注意事项； 2. 电桥的结构、工作原理及使用注意事项
	（二）电气参数测量	1. 电能与功率的测量； 2. 电感量的测量； 3. 功率因数的测量	1. 单相、三相有功电度表的构造工作原理与接线； 2. 功率表的结构与原理； 3. 功率因数表的构造、工作原理与接线； 4. 无功三相电度表的构造工作原理与接线

续表

职业功能	工作内容	技能要求	相关知识
三、电子技术应用	（一）电子元件的判别	1. 电感的类别、数值及质量的判别； 2. 桥堆、稳压管管脚质量的判别； 3. 单结晶体管、晶闸管类别、型号、管脚及质量的判别； 4. 常用与非门集成块型号与管脚的判别； 5. 常用运算放大器集成块型号与管脚的判别	电阻、电容、晶体管、与非门、集成运放的功能及使用注意事项
	（二）电子线路焊接与组装	1. 单管放大电路焊接与调试； 2. 单相整流电路焊接与调试； 3. 单相可控硅调压电路组装与调试； 4. 与非门功能测试电路组装与调试； 5. 反相运放电路组装与调试； 6. 串联型稳压电源电路	1. 晶体管基本放大电路类型、静态工作点作用及决定静态工作点的参数与调整方法； 2. 整流电路类型及 RC 滤波电路的作用； 3. 可控硅导通条件及单结晶体管触发电路的原理； 4. 数字电路的基本知识； 5. 运算放大器的基本知识； 6. 电子元件安装基本知识与线路焊接技术要求及注意事项
四、供电	（一）三相负载接线方式与测量	三相对称负载与不对称负载接线方式与电压、电流量的测量	1. 零序电流、零序电压的概念； 2. 相电流与线电流的概念与负载接线方式的关系
	（二）变压器的测试	1. 高低压绕组的判别； 2. 判断同名端； 3. 画出 Y/Y 及 Y/△ 连接的接线图和相量图； 4. 判别变压器接线组别	1. 电力变压器结构及工作原理； 2. 变压器接线组别的概念； 3. 变压器的相量图； 4. 变压器接线组别的判别； 5. 同名端判断的方法； 6. 变压器油性能的测试
	（三）供电系统、设备及备用电源	1. 供电系统图的绘制； 2. 低压供电设备的安装调试及二次接线； 3. 备用发电机组的操作与维护； 4. 绝缘预防性试验	1. 熟悉供电规则； 2. 熟悉柴（汽）油机及交流发电机的结构与工作原理； 3. 熟悉绝缘预防性试验的知识； 4. 熟悉继电保护的基本知识； 5. 熟悉消防供、配电基本知识
五、电气控制	可编程控制器	1. 电机正反转控制； 2. Y/△控制； 三速电机控制	1. 可编程控制器结构与工作原理； 2. 掌握 FX 型可编程控制器的逻辑指令； 3. 利用逻辑指令对电气控制系统进行编程

附录 C　中级维修电工鉴定要求

项目	鉴定范围	鉴 定 内 容	鉴定比重	备注
基本知识	1. 电路基础和计算知识	1. 戴维南定律的内容及应用知识； 2. 电压源和电流源的等效变换原理； 3. 正弦交流电的分析表示方法，如解析法、图形法、相量法等； 4. 功率及功率因数，效率，相、线电流和相、线电压的概念和计算方法		
	2. 电工测量技术知识	1. 电工仪器基本工作原理、使用方法和适用范围； 2. 各种仪器、仪表的正确使用方法和减少测量误差的方法； 3. 电桥和通用示波器、光电检流计的使用和保养知识		
专业知识	1. 变压器知识	1. 中、小型电力变压器的构造及各部分的作用，变压器负载运行的相量图、外特性、效率特性，主要技术指标，三相变压器联结组标号及并联运行； 2. 交、直流电焊机的构造、接线、工作原理和故障排除方法(包括整流式直流弧焊机)； 3. 中、小型电力变压器的维护、检修项目和方法； 4. 变压器耐压试验的目的、方法，应注意的问题及耐压标准的规范和试验中绝缘击穿的原因		
	2. 电机知识	1. 三相旋转磁场产生的条件和三相绕组的分布原则； 2. 中、小型单、双速异步电动机定子绕组接线图的给制方法和用电流箭头方向判别接线错误的方法； 3. 多速电动机出线盒的接线方法； 4. 同步电动机的种类、构造，一般工作原理，各绕组的作用及联接，一般故障的分析及排除方法； 5. 直流电动机的种类、构造、工作原理、接线、换向及改善换向的方法，直流发电机的运行特性，直流电动机的机械特性及故障排除方法； 6. 测速发电机的用途、分类、构造、基本工作原理、接线和故障检查知识； 7. 伺服电动机的作用、分类、构造、基本原理、接线和故障检查知识； 8. 电磁调速异步电动机的构造，电磁转差离合器的工作原理，使用电磁调速异步电动机调速时，采用速度负反馈闭环控制系统的必要性及基本原理，接线、检查和排除故障的方法； 9. 交磁扩大机的应用知识、构造、工作原理及接线方法； 10. 交、直流电动机耐压试验的目的、方法及耐压标准规范、试验中绝缘击穿的原因		

项目	鉴定范围	鉴 定 内 容	鉴定比重	备注
专业知识	3. 电器知识	1. 晶体管时间继电器、功率继电器、接近开关等的工作原理及特点； 2. 额定电压为 10 kV 以下的高压电器，如油断路器、负荷开关、隔离开关、互感器等耐压试验的目的、方法及需压标准规范、试验中绝缘击穿的原因； 3. 常用低压电器交直流灭弧装置的灭弧原理、作用和构造； 4. 常用电气设备装置，如接触器、继电器、熔断器、断路器、电磁铁等的检修工艺和质量标准		
	4. 电力拖动自动控制知识	1. 交、直流电动机的启动、正反转、制动、调速原理和方法（包括同步电动机的启动和制动）； 2. 数显、程控装置的一般应用知识（条件步进顺序控制器的应用知识例如 KSJ-1 型顺序控制器）； 3. 机床电气联锁装置（动作的先后次序、相互联锁），准确停止（电气制动、机电定位器制动等），速度调节系统（交磁电机扩大机自动调速系统、直流发电机、电动机调速系统、晶闸管、直流电动机调速系统）的工作原理和调速方法； 4. 根据实物测绘较复杂的机床电气设备电气控制线路图的方法； 5. 几种典型生产机械的电气控制原理，如 20/5 t 桥式起重机、T610 型卧式镗床、X62W 型万能铣床、Z37 型摇臂钻床、M7475B 型平面磨床		
	5. 晶体管电路知识	1. 模拟电路基础（共发射极放大电路、反馈电路、阻容耦合多级放大电路、功率放大电路、振荡电路、直接耦合放大电路）及其应用知识； 2. 数字电路基础（晶体二极管、三极管的开关特性，基本逻辑门电路、集成逻辑门电路、逻辑代数的基础）及应用知识； 3. 晶闸管及其应用知识（晶闸管结构、工作原理、型号及参数；单结晶体管、晶体管触发电路的工作原理；单相半波及全波整流电路的工作原理）		
相关知识	1. 相关工种工艺知识	1. 焊接的应用知识； 2. 一般机械零部件测绘、制图方法； 3. 设备起运吊装知识		
	2. 生产技术管理知识	1. 车产管理的基本内容； 2. 常用字电气设备、装置的检修工艺和质量标准； 3. 节约用电和提高用电设备的功率因数		

续表二

项目	鉴定范围	鉴定内容	鉴定比重	备注
技能要求	1. 安装、调试操作技能	1. 主持拆装 55 kW 以上异步电动机(包括绕线转子异步电动机和防爆电动机)、60 kW 以下直流电动机(包括直流电焊机)并做修理后的接线及一般调试和试验； 2. 拆装中、小型多速电动机和电磁调速电动机并接线、试车； 3. 装接较复杂电气控制线路的配电板并选择、整定电器及导线； 4. 安装、调试较复杂的电气控制线路,如 X62W 型铣床、M7475B 型磨床、Z37 型钻床、30/5 t 桥式起重机等线路； 5. 焊接一般的移相触发和调节器放大电路、晶闸管调速器、调功器电路并通过仪器、仪表进行测试和调整； 6. 计算常用电动机、电器、汇流排、电缆等导线截面并核算其安全电流； 7. 主持 10/0.4 kV、1000 kV·A 以下电力变压器吊心检查和换油； 8. 完成车间低压动力、照明电路的安装和检修； 9. 按工艺使用及保管员无纬玻璃带、合成云母带		
	2. 故障分析、修复及设备检修技能	1. 检修、修理各种继电器装置； 2. 修理 55 kW 以上异步电动机(包括绕线转子异步电动机和防爆电动机)、60 kW 以下直流电动机(包括直流电焊机)； 3. 排除晶闸管触发电路和调节器放大电路的故障； 4. 检修和排除直流电动机及控制电路的故障； 5. 检修较复杂的机床电气控制线路,如 X62W 型铣床、M7475B 型磨床、Z37 钻床等或其他电气设备(30/5 t 桥式起重机)等,并排除故障； 6. 修理中、小型多速异步电动机、电磁调速电动机； 7. 检查、排除交磁扩大机及其控制线路故障； 8. 修理同步电动机(阴尼环、集电环接触不良,定子接线处开焊,定子绕组损坏)； 9. 检查和处理交流电动机三相绕组电流不平衡故障； 10. 修理 10 V 以下电流互感器、电压互感器； 11. 排除 1000 kV·A 以下电力变压器的一般故障,并进行维护保养； 12. 检修低压电费终端和中间接线盒		
工具设备的使用与维修	1. 工具的使用与维护	合理使用常用工具和专用工具,并做好维护保养工作		
	2. 仪器、仪表的使用与维护	正确选用测量仪表、操作仪表,做好维护保养工作		
安全及其他	安全文明生产	1. 正确执行安全操作规程,如高压电气技术安全规程的有关要求、电气设备的消防规程、电气设备事故处理规程、紧急救护规程及设备起运吊装安全规程； 2. 按企业有关文明生产的规定,做到工作地整洁,工件、工具摆放整齐； 3. 认真执行交接班制度		

参 考 文 献

[1]　邹建华. 电机与控制技术[M]. 武汉：华中科技大学出版社，2013.
[2]　许晓峰. 电机及拖动[M]. 4 版. 北京：高等教育出版社，2014.
[3]　唐介. 电机拖动及应用[M]. 北京：高等教育出版社，2011.
[4]　吴裕隆. 电机及电力拖动[M]. 2 版. 北京：冶金工业出版社，2000.
[5]　赵承荻. 电机与电气控制技术[M]. 3 版. 北京：高等教育出版社，2011.
[6]　魏炳贵. 电力拖动基础[M]. 北京：机械工业出版社，1994.
[7]　杜德昌. 电工基本操作技能训练[M]. 2 版. 北京：高等教育出版社，2008.
[8]　李岚. 电力拖动与控制[M]. 北京：机械工业出版社，2011.
[9]　邹建华. 电工电子技术基础[M]. 4 版. 武汉：华中科技大学出版社，2014.